肉羊养殖
创业致富指导

ROUYANG YANGZHI CHUANGYE ZHIFU ZHIDAO

江喜春　主编

中国科学技术出版社
·北京·

图书在版编目（CIP）数据

肉羊养殖创业致富指导 / 江喜春主编 . —北京：
中国科学技术出版社，2017.6（2017.12）
　　ISBN 978-7-5046-7500-2

　　Ⅰ. ①肉…　Ⅱ. ①江…　Ⅲ. ①肉用羊－饲养管理
Ⅳ. ① 826.9

中国版本图书馆 CIP 数据核字（2017）第 092644 号

策划编辑	乌日娜
责任编辑	乌日娜
装帧设计	中文天地
责任校对	焦　宁
责任印制	徐　飞

出　　版	中国科学技术出版社
发　　行	中国科学技术出版社发行部
地　　址	北京市海淀区中关村南大街16号
邮　　编	100081
发行电话	010-62173865
传　　真	010-62173081
网　　址	http://www.cspbooks.com.cn

开　　本	889mm×1194mm　1/32
字　　数	201千字
印　　张	8.375
版　　次	2017年12月第1版
印　　次	2017年12月第2次印刷
印　　刷	北京威远印刷有限公司
书　　号	ISBN 978-7-5046-7500-2 / S・636
定　　价	29.00元

本书编委会

主　编：江喜春

副主编：朱前进　李　成　兰　力

编著者：

兰　力　安徽蓝力农业科技有限公司

田秀银　庐江祥瑞养殖有限公司

朱前进　潜山县青山牧业有限公司

江喜春　安徽省农业科学院畜牧兽医研究所

杜　鑫　长丰县养羊专业技术协会

刘晓东　庐江祥瑞养殖有限公司

刘学良　寿县康瑄山羊养殖有限公司

李向阳　安徽省宁国市荷叶生态牧业有限公司

李　静　临泉县动物疫病预防控制中心

李　成　潜山县油坝乡农业技术推广站

常　江　寿县联众畜牧养殖有限公司

黄国正　潜山三鑫畜牧养殖有限公司

$Preface$ 前言

　　随着人们生活水平的提高和膳食观念的更新，日常肉食已向高蛋白、低脂肪的肉类方向转变。羊肉瘦肉多、脂肪少、肉质鲜嫩、易消化、胆固醇含量低，而且肉羊是以食草为主，具有投入较少、出栏早、周转快的突出特点。

　　近年来，我国畜牧业产业结构得到不断调整和完善，明确了发展牛羊等节粮型草食动物的产业政策。羊肉因具有独特的风味和较高的营养价值及保健作用，成为越来越受消费者欢迎的"绿色"产品。因此，肉羊产业是畜牧业的一个重要组成部分，是一个永恒的产业。

　　我国羊只存栏接近3亿只，羊肉产量超过400万吨，均居世界首位。目前，我国是养羊大国，但不是强国，规模化和标准化饲养刚刚起步，养羊业正处在一个重要的战略转型期，即绵、山羊品种结构从毛、绒用羊为主转向肉用羊为主，羊肉生产结构由成年羊肉转向羔羊肉，饲养方式由粗放式经营逐渐转向集约化、商业化。

　　本书指导意义较强，阐述的内容层层深入，从入门篇、技术指导篇、养羊实践篇到羊肉产品加工利用与推广篇，让读者一读就懂，并逐步引导读者加深对肉羊养殖技术认识、理解和掌握。本书覆盖面广，主要涉及肉羊的品种、繁殖配种、饲料营养、疫病防治及市场营销等技术，并在每节后穿插可操作的案例，具有实用性和新颖性，适合规模羊场的技术与管理人员阅读，对从事畜牧业推广管理的行政人员具有参考意义，也对肉羊饲养初学者具有指导作用。

本书在编写过程中参阅了大量文献资料和图表，在这里对原作者表示衷心感谢，因编者水平有限，书中疏漏与错误之处一定不少，敬请读者批评指正。

编 著 者

Contents 目录

第一章 入门篇 ·······················1

一、你了解羊吗 ·······················1

（一）羊的起源 ·······················1

（二）羊的生活习性 ·······················2

（三）羊文化 ·······················4

（四）羊产品及其用途 ·······················6

二、肉羊养殖需要具备的条件 ·······················9

（一）投资者须三思而后行 ·······················9

（二）有吃苦拼搏的精神 ·······················10

（三）有不耻下问的态度 ·······················11

（四）有稳定的实力 ·······················12

（五）有胜任的人才 ·······················12

（六）选择适合品种 ·······················12

（七）饲料廉价，来源可靠稳定 ·······················13

（八）科学组织生产 ·······················13

（九）有市场营销意识 ·······················13

三、肉羊养殖规模"度"是关键 ·······················14

（一）规模养殖要把握科学概念 ·······················14

（二）规模养殖生产经营者应注意把握的特点 ·······················15

（三）发展规模养殖需具备的条件 ⋯⋯⋯⋯⋯⋯⋯⋯⋯⋯ 15

（四）肉羊规模养殖应遵循的原则 ⋯⋯⋯⋯⋯⋯⋯⋯⋯⋯ 16

（五）养殖规模的选择 ⋯⋯⋯⋯⋯⋯⋯⋯⋯⋯⋯⋯⋯⋯⋯ 17

［案例1-1］某肉羊场生产技术方案 ⋯⋯⋯⋯⋯⋯⋯⋯⋯ 18

四、肉羊业发展方向 ⋯⋯⋯⋯⋯⋯⋯⋯⋯⋯⋯⋯⋯⋯⋯⋯⋯⋯ 20

（一）国内外养羊业发展趋势 ⋯⋯⋯⋯⋯⋯⋯⋯⋯⋯⋯⋯ 20

（二）国内养羊业存在的问题 ⋯⋯⋯⋯⋯⋯⋯⋯⋯⋯⋯⋯ 21

（三）肉羊业发展的十个转变 ⋯⋯⋯⋯⋯⋯⋯⋯⋯⋯⋯⋯ 22

（四）国内发展养羊业的技术指导方案 ⋯⋯⋯⋯⋯⋯⋯⋯ 26

［案例1-2］种养结合现代生态循环农业方向发展模式 ⋯ 28

第二章　技术指导篇 ⋯⋯⋯⋯⋯⋯⋯⋯⋯⋯⋯⋯⋯⋯⋯⋯⋯⋯ 31

一、引种指南 ⋯⋯⋯⋯⋯⋯⋯⋯⋯⋯⋯⋯⋯⋯⋯⋯⋯⋯⋯⋯⋯ 31

（一）我国绵羊品种与国外引进品种 ⋯⋯⋯⋯⋯⋯⋯⋯⋯ 31

（二）我国山羊品种与国外引进品种 ⋯⋯⋯⋯⋯⋯⋯⋯⋯ 35

（三）优良肉用种羊引种建议 ⋯⋯⋯⋯⋯⋯⋯⋯⋯⋯⋯⋯ 38

［案例2-1］一起新建羊场引种后种羊

持续死亡案例分析 ⋯⋯⋯⋯⋯⋯⋯⋯⋯⋯⋯ 42

二、肉羊的本品种选育与杂交利用 ⋯⋯⋯⋯⋯⋯⋯⋯⋯⋯⋯⋯ 45

（一）选种选配关键技术 ⋯⋯⋯⋯⋯⋯⋯⋯⋯⋯⋯⋯⋯⋯ 45

（二）本品种选育 ⋯⋯⋯⋯⋯⋯⋯⋯⋯⋯⋯⋯⋯⋯⋯⋯⋯ 48

（三）杂交繁育 ⋯⋯⋯⋯⋯⋯⋯⋯⋯⋯⋯⋯⋯⋯⋯⋯⋯⋯ 49

（四）我国绵、山羊生产适宜的杂交组合 ⋯⋯⋯⋯⋯⋯⋯ 51

［案例2-2］"优良种羊基因的引进和利用研究"

项目实施情况 ⋯⋯⋯⋯⋯⋯⋯⋯⋯⋯⋯⋯⋯⋯ 58

三、不同生理阶段羊只生理与饲养要点 ··············· 62

　　（一）种公羊生理与饲养要点 ······················· 62

　　（二）妊娠母羊生理与饲养要点 ··················· 67

　　（三）哺乳母羊生理与饲养要点 ··················· 69

　　（四）羔羊生理与饲养要点 ························· 71

　　（五）育成羊生理与饲养要点 ····················· 81

四、肉羊的饲料配制原则与配方设计步骤 ··········· 84

　　（一）饲料配制的一般原则 ························· 84

　　（二）饲料配方设计步骤 ··························· 87

五、肉羊产业化经营模式 ····························· 92

　　（一）肉羊产业化经营模式中的主要组成元素 ····· 92

　　（二）国内外经营模式的分类情况 ················· 93

　　（三）产业化经营中的共同点 ····················· 94

　　（四）国内主要经营模式介绍与分析 ··············· 96

　　［案例2-3］助推羊业发展的"八化模式" ········· 101

六、养羊的方式 ····································· 106

　　（一）放牧 ······································· 106

　　（二）舍饲 ······································· 112

　　（三）放牧＋舍饲 ································· 114

　　［案例2-4］山羊四季放牧的方法 ················· 114

七、养羊需要掌握的知识 ····························· 117

　　（一）肉羊生理特征 ······························· 117

　　（二）羊的个体鉴定 ······························· 118

　　（三）肉羊繁育基本知识与繁育技术 ··············· 120

　　（四）羔羊早期断奶 ······························· 126

（五）抓羊相关技巧 …………………………………… 128

（六）修羊蹄 ………………………………………………… 129

（七）食品等级划分 ……………………………………… 130

［案例 2-5］羔羊代乳粉在羔羊超早期

断奶中的应用技术 ………………………… 131

第三章　养羊实践篇 ……………………………………………… 135

一、肉羊场基础设施建设 ………………………………… 135

（一）羊场场址选择 ……………………………………… 135

（二）相关备案手续 ……………………………………… 137

（三）常见羊舍类型及特点 …………………………… 137

（四）羊场建设规划布局 ……………………………… 141

［案例 3-1］某肉羊生态养殖基地功能区规划方案 …… 144

二、养羊需要的设备设施 ………………………………… 145

（一）羊床 …………………………………………………… 145

（二）护栏 …………………………………………………… 147

（三）草料架 ……………………………………………… 147

（四）饮水设备 …………………………………………… 148

（五）消毒池 ……………………………………………… 149

（六）饲草收获和饲草饲料加工设备 …………… 149

（七）青贮设施 …………………………………………… 150

（八）通风设备 …………………………………………… 151

（九）药浴设施 …………………………………………… 151

（十）人工授精设备设施 …………………………… 152

（十一）雨水污水分离和净道污道分离设施 ……… 152

（十二）磅秤和羊笼 ················· 153

（十三）剪毛设备 ················· 153

[案例3-2]某肉羊生态养殖区工程建设实例 ········· 154

三、肉羊的引进 ····················· 157

（一）引种的准备 ················· 157

（二）引进后的隔离观察 ············· 159

（三）引进羊只的饲养管理 ··········· 160

（四）羊病的预防和应对措施 ·········· 160

四、肉羊的营养与饲料调制加工 ············ 161

（一）肉羊所需的营养物质及其作用 ······· 161

（二）肉羊常用饲料及其营养特性 ········ 166

（三）常用粗饲料调制技术 ··········· 174

（四）青贮饲料的加工调制 ··········· 178

[案例3-3]肉羊全混合日粮配制技术与实例 ······· 189

五、肉羊的饲养管理 ·················· 195

（一）规模羊场饲养管理重点掌握的几个原则 ····· 195

（二）肉羊饲养管理要点 ············· 197

（三）肉羊生产的关键技术 ··········· 206

[案例3-4]羊同期发情技术方案与操作流程图 ····· 211

六、肉羊疾病防治 ··················· 215

（一）肉羊常见病的分类与诊断 ········· 215

[案例3-5]羊病的观察诊断 ············ 217

（二）羊常见传染病防治 ············· 218

（三）常见普通病防治 ·············· 223

[案例3-6]冬季羊普通病预防措施 ········· 240

（四）常见寄生虫病防治 ·· 241

第四章　肉羊产品加工利用与推广篇 ················ 248

一、羊粪的开发与利用 ·· 248

（一）堆肥腐熟，还田利用 ·· 248

（二）好氧发酵干燥，制成有机肥 ································ 249

二、肉羊屠宰与胴体分割 ··· 250

（一）肉羊屠宰加工流程 ·· 250

（二）胴体分割 ·· 252

三、羊场的销售管理 ·· 253

（一）销售预测 ·· 253

（二）销售决策 ·· 254

（三）销售计划 ·· 254

（四）销售形式 ·· 254

（五）销售管理 ·· 254

第一章

入门篇

一、你了解羊吗

（一）羊的起源

羊是人类最早开始狩猎和驯养的动物之一。绵羊和山羊统称为羊，但在动物分类学上，绵羊属洞角科的绵羊山羊亚科的绵羊属，染色体数目为27对。山羊与绵羊同一亚科但不同属，染色体数目30对。所以，绵羊和山羊之间不能交配产羔。

关于山羊和绵羊的直系祖先至今还未找到确切的物证，但人类对羊的驯养已有几千年历史。一般认为，家畜中的绵羊估计是由盘羊驯化而来。欧洲盘羊又叫摩弗伦羊，是唯一生活在欧洲的绵羊类，也是欧洲绵羊的野生祖先，原产在地中海的撒丁岛和科西嘉岛，后已被广泛引种到欧洲大陆。不过在欧洲各地均发现过它的化石，证明它过去也曾在欧洲广泛分布。在我国西藏、甘肃、新疆、青海等地广泛分布的盘羊是藏系家绵羊的祖先，古羌人驯化了盘羊，将其驯养成为短瘦尾的古羌羊，随着民族的迁徙和融合扩散到四方，形成如今的藏系绵羊。

家山羊的野生祖先，主要有角呈镰刀状和角呈螺旋状的两种，它们起源于欧洲和亚洲大陆。两个野生种的角型在中国山羊中都能见到，如镰刀状角的野生种在青藏高原就常有捕获，当地称之为岩羊。现在世界公认，山羊的主要发源地在中国西南部边疆、西藏及邻近的中亚细亚地区。

（二）羊的生活习性

1. 绵羊的生物学特性与行为习性

（1）**合群性强，饲料范围广**　绵羊的合群性比其他家畜强，但其群居性有品种间差异，地方品种比培育品种的合群性强，毛用品种比肉用品种的合群性强。绵羊的饲料利用范围很广，可采食的牧草种类很广。牧草、灌木和农副产品，均可作为它的饲料。在荒漠草原、灌丛草地、河畔路旁的低矮杂草，绵羊均可以采食。

（2）**耐受艰苦环境的能力强**　绵羊能耐受自然环境和营养状况的剧烈变化而生存。当夏秋牧草繁茂、营养丰富时，它能在较短时间内迅速增膘，蓄积大量脂肪。而在冬春枯草季节营养缺乏时，再将脂肪重新转化为糖原，供机体维持需要和繁殖生产之用。

（3）**性情温顺，喜干厌湿**　绵羊性情温顺、胆小怯懦，突然的惊吓容易发生"炸群"而四处乱跑、乱挤，所以圈门不能太小，以免撞伤。绵羊宜在干燥通风的地方采食和卧息，湿热、湿冷的圈舍对绵羊生长发育不利。所以，应遮阴，防止暴晒。在夏季炎热天气放牧，常常发生低头拥挤、呼吸急喘、驱赶不散"扎窝子"现象，细毛羊更为明显。高温高湿的环境尤其不利于绵羊生存，容易感染多种疾病，生殖能力也明显下降。

（4）**母子相认**　绵羊的母子即使在大群的情况下也可以准确相识，其中嗅觉起主要作用，听觉也起到一定的辅助作用。绵羊具有趾腺、眶下腺和腹股沟腺，是其与其他羊属动物区别的特征之一。而腹股沟腺的分泌物也是羔羊识别母亲的主要依据。

（5）**其他生活习性**　在舍饲绵羊时，要设置足够的运动场。另外，绵羊还有黎明或早晨交配的习性。研究表明，在繁殖季节，绵羊在中午、傍晚和夜间很少活动，在 6:30～7:30 交配比例最高，下午和黄昏时次之。因此，在采用人工授精时，为获得较高的受胎率，输精时间最好选择在早晨。

2. 山羊的生物学特性与行为习性

（1）**活泼好动，喜欢登高** 山羊生性好动，除卧息反刍外，大部分时间处于走走停停的逍遥运动之中。羔羊的好动性表现得尤为突出，经常有前肢腾空、身体站立、跳跃嬉戏的动作。山羊有很强的登高和跳跃能力，根据山羊的这一习性，舍饲山羊时应设置宽敞的运动场，圈舍和运动场的墙要有足够的高度。

（2）**适应性强，采食性广** 与其他家畜相比，山羊对生态的适应能力较强，无论高原或平原、森林或沙漠、热带或寒带、沿海或内陆均有山羊分布，山羊在地球上的分布之广，远超过其他草食家畜。我国的福建、广东、广西及海南等热带、亚热带地区没有绵羊，但却饲养着一定数量的山羊。山羊对水的利用率高，使它能够耐受缺水和高温环境。

山羊的觅食能力极强，能够利用大家畜和绵羊不能利用的牧草，对各种牧草、树木枝叶、作物秸秆、农副产品及食品加工的副产品及许多灌木均可采食，其采食植物的种类远多于其他家畜。

（3）**喜欢干燥，厌恶潮湿** 山羊同绵羊一样喜欢干燥，适宜在干燥凉爽的地区生活，在炎热潮湿的环境下山羊易感染多种疾病，特别是肺炎和寄生虫病，但山羊对高温、高湿环境适应性明显高于绵羊，在我国南方夏季高温高湿的气候条件下，山羊仍能正常生活和繁殖。

（4）**合群性好，喜好清洁** 山羊的合群性也较强，无论是放牧还是舍饲，一个群体的成员总喜好在一起活动，其中年龄大、后代多、身体强壮的羊常担任"头羊"的领导角色，带领全群统一行动。除繁殖季节公羊之间偶有因争夺配偶发生争斗外，一般一群羊各个成员之间都可以和睦相处。

山羊同绵羊一样，喜好清洁，采食前先用鼻子嗅，凡是有异味、污染、有粪便或腐败的饲料，或已遭践踏过的牧草都不爱吃。山羊也喜好清洁的饮水。在舍饲山羊时，饲草要放在草架里，以减少饲草的浪费；饮水要保持清洁，经常更换。

（5）**性成熟早，繁殖力强**　山羊的繁殖力强，主要表现为性成熟早、多胎和多产。山羊一般在 5～6 月龄达到性成熟，6～8 月龄即可初配，大多数品种的山羊每胎可产羔 2～3 只，平均产羔率超过 200%。

（6）**胆大灵巧，容易调教**　山羊胆大勇敢，神经敏锐，易于领会人的意图，在草原上放牧羊群时，牧羊人挑选去势山羊加以训练，作为头羊。

3. 其他习性

（1）**离群后自动归群**　离群羊主要靠嗅觉寻找其他伙伴，听觉和视觉起一定的辅助作用。一般认为羊失群时，可根据黏在草本上的腺体分泌物的气味找到羊群。

（2）**头羊的作用**　"头羊"是一个羊群的领导，它带领全群统一行动，在出圈、入圈、放牧饮水、换草地、运输等方面，只要"头羊"先行，其他羊就跟随而来。

（3）**羊的采食能力**　羊具有薄而灵活的嘴唇和锋利的牙齿，能够啃食接触地面的短草，能够利用许多其他家畜不能利用的饲草饲料。羊喜食细叶小草，如羊矛和灌木嫩枝等。在荒漠、半荒漠地区，牛不能很好地利用大多数植物，羊则可以有效利用。

羊不是一直牧食，而是吃饱后立即反刍、休息或游走，然后再吃草。日出前后及日落后最喜欢啃吃，而以早晨采食时间为最佳。

（三）羊 文 化

1. 羊食为養——羊与中国传统膳食　"養"字语源是"羊"。《说文·食部》："養，供養也。"从食羊声。中华民族自古以素食为主，所以许慎在《说文》中说："食，一米也。"但以米为食毕竟为果腹之需。因此，中国人在原始时代便有了家畜的喂养和食用。当时，豢养的家畜主要有羊、豕（猪）、犬、牛、马、鸡六畜，羊居首位，其原因在于"羊在六畜中，主给膳也。"正因为如此，意指膳食的"羞"字和意为供养的"養"字都把羊作为它们的字根。所以王筠说："凡食品，皆以羞统之，是羊为膳主，故字不从牛、犬等字而从羊也。"

2. 羊者祥也——羊与中国传统宗教信仰 羊被视为吉祥的象征渊源极早。《墨子·明鬼下》云："有恐后世子孙不能敬以取羊。"这里的"羊"字就是"祥"的意思。从古文"羊"与"祥"通用可以看出，在古人心目中，"羊"显然是吉祥的象征。羊被视为仁义祥物，原因应首先在于羊性温顺，易于驯养，并可为人们提供鲜美的滋味和丰富的营养。在崇尚甚至迷信自然的时代，羊的这种品格极易被神化，或被赋予种种美好的想象，或视为神物，或视为精灵。古代的祭祀活动将羊作为三大用牲之一，用以作为人、天沟通的使者，其原因也在这里。

3. 羊大为美——羊与中国传统审美取向 在研究中国古代人审美观念的形成中，"美"的字源学考察一直是国内外学者们关注的问题。国内学者臧克家从味觉和视觉两方面看到了"羊"与"美"的关联，但是仍旧不够全面，从中国古代的具体情况看，中国传统审美取向的形成与羊的确关系密切，"美"字不仅产生于对羊的味觉感受和视觉感受，同时还产生于对羊的精神感受。味觉感受和视觉感受是直观的，精神感受是意象的。它们尽管都是"美"产生的重要条件，但后者似乎更为重要。"羊"成为"美"的化身，于是它的美德就具有了人格的意义，而"美"的意义也随之得到了扩展和引申，有了素质优良、价格贵重、完美淳良、巨大功业、志趣高尚、称赞褒奖等意思。

4. 羊言为善——羊与中国传统道德标准 善的古字由"羊"和"誩"字组成，写作"譱"或"善"。不论从哪个方面说，"善"字都与"羊"字关系密切。"善"还有善良、慈善、正确等意思，但这些意思都是从对羊的认识中演化出来的。"羊"与"善"的关系，同样来自人们对羊的味觉感受、视觉感受和精神感受。羊被视为"善"的化身，不仅在于它是人类优秀的生物伙伴和食物来源，更在于它的品格被人类认同，并融入人的价值观中。羊性情温顺、宽厚仁义、知礼有仪，其美德让人景仰，因此受到中国传统道德观念的普遍推崇。羊作为人们祭天祭祖的牺牲，而且具有如此众多的优良品德，很自然地，这些品性也就成了人格化的道德准则。

5. 羊我为義（儀）——羊与中国传统礼仪法则　羊被视为有仁、义、礼之德的动物，它的"德"是中国传统道德标准制定的重要参照。然而，在"以德治国"的传统中国社会里，道德标准在某种程度上往往具有"法"或"礼"的意义，于是，"羊"在字源学上，又与"義（儀）"和"法（灋）"等礼法概念产生了紧密的联系。

（四）羊产品及其用途

羊产品主要有羊肉、羊奶、羊皮、羊绒、羊毛、羊杂及羊粪等。

1. 羊肉　羊肉，性温。羊肉有山羊肉、绵羊肉、野羊肉之分。古时称羊肉为殺肉、羝肉、羯肉。它既能御风寒，又可补身体，对一般风寒咳嗽、慢性气管炎、虚寒哮喘、肾亏阳痿、腹部冷痛、体虚怕冷、腰膝酸软、面黄肌瘦、气血两亏、病后或产后身体虚亏等一切虚状均有治疗和补益效果，最适宜于冬季食用，故被称为冬令补品，深受人们欢迎。由于羊肉有一股令人讨厌的羊膻怪味，故被一部分人所冷落。其实，1千克羊肉若能放入10克甘草和适量料酒、生姜一起烹调，既能够去其膻气，而又可保持其羊肉风味。

我国著名的地方羊肉有内蒙古鄂尔多斯、内蒙古巴彦淖尔、内蒙古海拉尔、宁夏盐池滩羊、苏州藏书、山东单县、四川简阳及安徽萧县等品牌。

2. 羊奶　羊奶，味甘、性温。羊奶在国际界被称为"奶中之王"，羊奶的脂肪颗粒体积为牛奶的1/3，更利于人体吸收，并且长期饮用羊奶不会引起发胖。羊奶中的维生素及微量元素明显高于牛奶，美国、欧洲的部分国家均把羊奶视为营养佳品，欧洲鲜羊奶的售价是牛奶的9倍。专家建议，患有过敏症、胃肠疾病、支气管炎症或身体虚弱的人群及婴儿更适宜饮用。

羊奶又分为山羊奶和绵羊奶。虽然同属于羊奶，但是二者的营养价值却相差较大。相比较而言，绵羊奶中含有更全面的营养元素，高钙、高蛋白、高维生素，脂肪球更小且易吸收。除此之外，绵羊奶不含牛奶中的过敏因子 α-S1 的酪蛋白，功效价值更甚于山羊奶及牛奶，因此有"羊奶优选绵羊奶"的行业共识。

3. 羊皮 羊皮分为山羊皮和绵羊皮。山羊或绵羊的皮含水分、蛋白质、脂肪及无机物质，后两者含量很少，构成表皮层的蛋白质主要为角蛋白；构成真皮层的主要是胶原及网硬蛋白，此外尚含弹性硬蛋白、白蛋白、球蛋白及黏蛋白等。羊皮的价值很高，一张好皮的价值占活羊总产值的 20%～50%。搞好羊皮的加工是增加收入、提高经济效益的重要一环。

4. 羊绒 也叫开司米。羊绒是生长在山羊外表皮层、掩在山羊粗毛根部的一层薄薄的细绒，入冬寒冷时长出，可抵御风寒，开春转暖后脱落，自然适应气候，属于稀有的特种动物纤维。羊绒之所以十分珍贵，不仅由于产量稀少（仅占世界动物纤维总产量的 0.2%），更重要的是其优良的品质和特性，交易中以克论价，被人们认为是"纤维宝石"和"纤维皇后"，是目前人类能够利用的其他纺织原料都无法比拟的，因而又被称为"软黄金"。世界山羊绒生产国主要有中国、蒙古、伊朗、印度、阿富汗和土耳其；其中，中国产量占世界总产量的 50%～60%，而且质量也最好，主要产地为内蒙古、新疆、辽宁、陕西、甘肃、山西、山东、宁夏、西藏、青海等省（区），其中以内蒙古的产量最高、质量最好。

5. 羊毛 羊毛主要由蛋白质组成。羊毛纤维柔软而富有弹性，可用于制作呢绒、绒线、毛毯、毡呢等纺织品。羊毛制品有手感丰满、保暖性好、穿着舒适等特点。绵羊毛在纺织原料中占相当大的比重。绵羊毛按细度和长度分为细羊毛、半细毛、长羊毛、杂交种毛、粗羊毛 5 类。中国绵羊毛品种有蒙古羊毛、藏羊毛、哈萨克羊毛。评定羊毛品质的主要因素是细度、卷曲、色泽、强度及草杂含量等。世界绵羊毛产量较大的有澳大利亚、苏联、新西兰、阿根廷、中国等。国内羊毛主产区在内蒙古自治区，其中东北部由于气候条件较好，所产羊毛柔软度最好，适合纺织行业选用。

6. 羊杂 羊杂主要有羊脑、羊眼、羊角、羊血、羊肝、羊腰（羊肾）、羊肺、羊肚、羊胎盘、羊宝（羊睾丸）、羊鞭（羊阴茎）及羊蹄等。下面简单介绍其主要功效。

羊脑，味甘、性温，有补虚健脑、润肤，主治体虚头晕、皮肤皲裂和筋伤骨折的作用。

羊眼，具有益肾气、补形衰、开胃健力和明目的作用。

羊角，具有镇静、安心、明目、平肝、益气的功效，适用于头晕目眩、惊风癫痫、高热神昏、头痛目赤、惊悸抽搐及高血压等症。

羊血，性味咸平，饮新热血最能止血，治呕血、衄血、便血、产后血晕、胸闷，并可下胎衣。

羊肝，味甘苦，性凉，有补肝益血而明目的作用，主治肝虚目暗昏花、青盲雀目（夜盲症）、血虚萎黄、虚劳羸瘦。

羊腰，性味甘温，补肾气，益精髓，治肾虚劳损、耳聋耳鸣、腰脊酸痛、脚膝无力、小便频数等症。

羊肺，性味甘平，补肺气利水道，治肺虚肺燥咳嗽日久、消渴尿多及小便不利等症。

羊肚，性味甘温，补虚健胃，治虚劳不足、手足烦热、尿频自汗等症。

羊胎盘，羊胎盘是自然界中最为接近人类胎盘的组织，能很好地被人体吸收。根据《本草纲目》记载："羊胎，母羊腹中的胎兽，性味甘温，具有益气补虚、温中暖下、调补肾虚、羸瘦之功效……"

羊宝，有很高的食疗价值，具有滋补壮阳、补肾益气、强身壮体的效果。

羊鞭，低脂肪、低胆固醇、低血糖、高蛋白，富含钙质，易于吸收，有滋阴补肾、养颜壮阳之功效，是养生美食，常食用者延年益寿，青春永驻。

羊蹄，含有丰富的胶原蛋白质，脂肪含量也比肥肉低，并且不含胆固醇，能增强人体细胞生理代谢，使皮肤更富有弹性和韧性，延缓皮肤的衰老，羊蹄还具有强筋壮骨之功效。

7. 羊粪 指羊的大便，黑色，一般成年羊其粪便大小如黄豆粒，近似椭圆形，是一种用途极广的动物粪便。羊粪经过发酵是一种很好的有机肥，使用它作肥料，可以改善土质，防止土地板结，经济价值很好。

二、肉羊养殖需要具备的条件

在食品安全高度重视和保健食品畅行的今天，羊肉以其高蛋白、低脂肪、低胆固醇，安全和绿色的特点，颇受消费者青睐。新入行的养羊企业有热情、有抱负、有资金，但缺技术，往往用从事其他行业的理念来认识、管理养羊业，出现了诸如上马快、标准高、投资大、目标偏、效果差等问题，究其原因是其现有资源并不完全符合当今养羊业条件。现就养羊企业应具备的条件，提出如下观点，供参考。

（一）投资者须三思而后行

养羊业不同于其他行业，在养殖业中也有其特殊性，这是由其自身特点决定的。

1. 相对于其他畜禽品种，周期较长 一般母羊 8～10 月龄开始配种，早熟品种 7 月龄初次配种，妊娠期 5 个月，哺乳 3 个月左右断奶，饲养条件好的可在 6 月龄左右出栏，1 只羊从出生到下一代出栏至少需要 22 个月的时间；而 1 头猪从出生到下一代出栏则只需要 14 个月；肉鸡从入孵到出栏不足 60 天。因此，投资养羊业，首先必须考虑羊的繁殖周期的技术参数。

2. 繁殖率低 羊发情配种有一定的季节性，年均 1.5 胎，平均每胎产羔 2 只左右，年产羔 3 只。而猪年均 2.2 胎，胎均产仔猪 10 头以上，年产仔 20 头以上，按年产仔比较，猪的产仔数是羊的 6 倍多。并且鸡、鸭、鹅等家禽若使用孵化机进行孵化，繁殖速度更快。

3. 产出低　出栏 1 只 35 千克的肉羊可产胴体 16 千克左右，而出栏 1 头 90 千克的肥猪可产胴体 67 千克左右，是羊的 4 倍多。

4. 风险大　主要表现在三点。

第一，市场风险。2013 年以前的 10 年期间，羊肉价格一路上扬，尤其是 2006—2013 年，羊肉价格以 18.71% 的年均增长率快速增长，羊肉价格从 2006 年的 18.62 元 / 千克上涨至 2013 年的 61.88 元 / 千克。但从 2013 年年底到 2014 年上半年，我国新疆、甘肃、内蒙古、宁夏等省（区）接连暴发小反刍兽疫，对我国整个肉羊产业造成了较大冲击，而且持续到现在羊肉价格低迷，一直没有回升。

第二，疫病风险。羊的疫病虽然较少，但随着流通的加大，也有发生疫病的隐患。例如，从 2013 年年底到 2014 年上半年我国部分省（区）发生的小反刍兽疫，因贩卖羊只没有做好防控导致我国部分省（市）发生。

第三，自然灾害风险。近几年，我国遭受的暴雪袭击、罕见高温、持续干旱、洪水灾害，也给我国养羊场（户）造成了一定的损失。

以上特点充分说明，养羊业也属于农业产业的初级阶段，投入多、回报率低、生产周期长、发展受多种因素影响，不可能有立竿见影的效果，更不会有一夜暴富的效益，只有循序渐进、脚踏实地、稳步推进，才能成功。这就要求投入养羊行业的从业者，要正确认识养羊业的特点，理清思路，坚定信心，奋力拼搏，才能大展宏图，取得成效。

（二）有吃苦拼搏的精神

从事任何一项事业，都要有积极进取、坚韧不拔、不怕苦、不怕累的精神。进入养羊业，更要注重发扬这些精神。

1. 进取精神 过去，错误的理念是不会从事其他工作的只能养羊，在现代化、标准化舍饲养羊业中，这种错误理念被彻底否定。标准化舍饲养羊是一个技术密集型的行业，特别是在当前畜产品绿色技术壁垒门槛渐高、绿色消费呼声日紧、市场竞争异常激烈的条件下，要想让自己的羊肉产品在市场上"硬起腰板，叫得响"，取得消费者的青睐，必须把养羊事业做大、做强、做实。

2. 吃苦精神 养羊是对羊生命全过程的动态管理，要充分体现"以羊为本"，只能按羊的生理要求和习性安排工作程序，不能以人的作息习惯对待羊。不管是天寒地冻，还是酷暑炎热，不管是漫天飞雪，还是阴雨绵绵，只能尽心，不得应付。除在完成羊的饲养管理外，还得从事羊的配种、接产、羔羊护理、成年羊育肥、环境消毒、疫病防控、档案记录、饲料供给和市场销售等。这就要求羊场管理者、技术人员，特别是饲养工，要做到以场为家，不怕脏，不怕累，兢兢业业、扎扎实实地做好羊场的日常工作，确保羊生产性能的正常发挥。

3. 持久精神 常言说"有利无利常在行"。养羊业受疫病、市场等多种因素的影响，效益不稳定，此起彼伏。这就要求养羊从业者有持久耐力，把握"低潮孕育高潮，高峰预示低谷"的市场规律，学会透过滚滚而过的信息预测市场风向，及时调整羊群结构和规模，保证其产量和质量，在变幻莫测的市场中寻找商机，随着波浪式前进的市场推动养羊业的发展。切忌"嫌贫爱富"，这山望着那山高，跟风转行，来回折腾。

4. 奉献精神 投身于养羊业还应有奉献精神，追求养羊经济效益的同时，还要兼顾保障羊产品的有效供给和食品安全。与此同时，还要有带动大家共同发展致富的意识，承担社会责任，充分发挥示范带动作用，引领羊业发展，共创羊业明天。

（三）有不耻下问的态度

进入养羊业前，觉得养羊不复杂，操作简单，技术易掌握。其实，现代养羊业涉及政策、技术、管理、营销等方面，这要求从事养羊业的人员，要端正态度，放下架子，虚心向有经验的同行或专家、老师请教和咨询，有选择性地参加养羊技术培训，在干中学、学中干，提高自己实际养羊的能力和水平。

（四）有稳定的实力

建设羊场需要在各方面有较强的经济实力，如土地的合法取得、圈舍的建造、品种的引进、设备的购置和人员的工资等方面，投入生产后，还要有一定的周转资金。这些都要求企业老板要有一定的经济实力，科学决策，根据经济实力确定生产规模。

（五）有胜任的人才

功以才成，业由才广。标准化规模舍饲养羊取代传统的放牧养殖模式，必须吸纳道德高尚、有知识、有能力的人才。一是管理人才，管理者最好是具有畜牧兽医专业知识、有责任感、懂经营会管理的人员。二是技术员，选择有专业知识、实践经验和懂实际操作技能的人员。三是饲养工，现代化羊场对饲养工的选用有了新的要求。选择热爱养羊业、有责任心、吃苦耐劳，最好了解养羊的基本知识和有一定文化水平的人员。四是科技人员，建议与高等院校、科研院所从事养羊专业的老师、专家建立产学研用合作关系，充分利用这些科研机构的技术、人才等资源及先进成熟的技术成果，利用企业的生产条件，开展肉羊技术产品的研发，将科研成果尽快地转化为生产力，从而提升肉羊生产的科技含量。

（六）选择适合品种

地方品种是在长期的自然选择过程中形成的，具有很强的适应性和抗逆性，但生长速度较慢，个体小。建议入行商品羊的生产企业，应以当地适应性强、繁殖率高的品种为母本，以引进产肉性能高的品种为父本，走杂交改良的路子，充分利用杂交优势，提高养羊业的经济效益。

（七）饲料廉价，来源可靠稳定

在羊的养殖过程中，饲料、饲草开支占养殖成本的 60% 左右，饲草料主要由精饲料和粗饲料组成。而作为羊的粗饲料来源广泛，所有牧草、作物秸秆、半灌木树枝树叶、农副产品及部分工业下脚料等，只要不发霉均可作为粗饲料开发利用。所以，养羊者要充分利用当地的饲料资源，合理调配，科学利用，降低养殖成本，从而提高养殖效益。

（八）科学组织生产

羊肉市场行情一直居高不下，但在高价位上运行也有一定的波动，且波动是有规律的，一般是在秋末到春初阶段行情好、价格高、售量大，特别是在元旦、春节前后更加突出。而羊也有在暑期和寒冷季节发情少、受胎率低和产羔成活率低的特点。所以，要根据市场规律和羊的繁殖特点，组织安排生产，科学选择配种、产羔和出栏时间，取得效益最佳化。

（九）有市场营销意识

养至出栏的羊，最终要销售出去。2013 年以前，羊的价格一直很好，而且不愁卖不出去。但从 2013 年年底羊价格一直下跌，而且持续到现在，大家才感受到羊价格太低，而且还不好卖出去。在这期间，笔者走访了很多养羊的朋友，从他们那里感受了目前正处于养羊困难时期。也了解到很多养羊户多方面拓宽销售渠道，大多数的养羊户学会了自己屠宰，然后在当地菜市场短期租用摊位进行销售；有的养羊老板投资了以羊产品为主的餐饮，以提升养羊的附加值，增加养羊的经济效益。

三、肉羊养殖规模"度"是关键

目前，我国广大农区肉羊养殖规模普遍较小，主要表现为以家庭为饲养单元的养殖形式。规模过小，不利于现代设施设备和技术的利用，劳动力成本过大，造成养殖效益较低。规模大，其规模效益比较高，也是畜牧业发展的理想模式，但受资金、技术、社会化服务体系建设、城镇化发展，以及农民文化、管理水平及心理等因素和条件的限制。规模一旦超出自己的经营管理能力，也难以获取计划收益。在我国，肉羊业的规模经营只能是一个渐进过程，必须根据市场、资金、技术、设备、管理经验等因素综合考虑。

（一）规模养殖要把握科学概念

规模养殖应有一个"度"。这个"度"的标准就是一个羊场或养殖户能够提供的生产资料（人力、物力、资金、技术等资源）的最有效组合。如一个可容纳 1000 只羊的羊场只养了 100 只羊，势必造成投资成本的增加和劳动时间、生产资料（如场舍资源）的浪费。但如果在各种条件或者某一种条件不具备的情况下，突然扩大规模，即使准备不断创造条件，也不能完全避免某种失败。如圈舍狭小，突然增加饲养量，往往会导致羊只拥挤、疾病暴发等。因此，规模经营是以一定的投入为前提的。

规模养殖不仅仅是以单个饲养单位为对象。规模经营应当表现在宏观管理上，应以区域经济乃至整个畜牧业为对象，求得各经营单位、行业、产业之间的合理组合，充分发挥各自优势，取得总体规模效益。规模经营的本质是畜牧生产力水平和生产社会化程度的反映，其规模及结构决定于科技水平、投资能力、劳动手段水平、原材料（羊）可供量及市场容量。

规模养殖要求各生产要素为优化组合。一种产业必然是由不同的生产要素组成和支持，如肉羊的养殖要素是羊、饲料、劳力、资金、技术、设施等。一定规模的产出必须以一定的物质投入为前提条件。有多大规模的产出，必须有多大规模的按比例投入；而且，在一定时期内，羊肉产品的生产总量必须符合市场支付能力的需求总量。规模是否经济合理，还要看该产业经营产出及整个产业的质量、结构和平均消耗，并不一定是规模越大效益越高。规模只是为生产提供了一个条件，利用这个条件，加强管理，提高技术，充分发挥劳动者的积极性，规模养殖的效益才能真正发挥出来。

规模养殖的核心是降低成本。规模越大，各生产要素的影响也越大；各生产要素配合、组成越复杂，相应的自然风险、社会风险及市场风险也越大。因此，规模养殖也是一种风险经营。

（二）规模养殖生产经营者应注意把握的特点

1. 有利于转变养殖经济增长方式 小规模养殖在单家独户小生产格局下，农户因受到信息、技术、销售等方面的制约，一般很难顺利进入市场，从而使羊产品无法变为商品。规模化可以打破社区界限，建立多种形式的联合体，有较好的条件采用先进的技术手段，提高羊肉产品的深加工，实现羊产品的增值，提高羊产品的价值水平和农民的收入水平。

2. 有利于培养人才 规模养殖有利于培养和造就一批能够掌握先进技术、具有经济头脑的新型农民，进一步提高农业经营者的素质。

适合肉羊短期育肥。肉羊批量育肥不仅有利于养殖成本的控制，而且有利于羊肉产品的统一加工、储存、运输和检验，实现商品化生产和经营。

（三）发展规模养殖需具备的条件

1. 经营能力 在其他条件具备时，规模经营的成败最终决定于生产者的素质和经营能力。一是从事一般体力劳动的生产者很难适应规模养殖的需要。二是要具备承受大规模生产存在较高风险的心理素质和能力。三是有较高的管理组织才能。另外，规模养殖场有一定的经济实力，包括养殖基础设施、设备、饲料购置费用及周转资金等。

2. 物质技术条件　规模养殖的主要特征之一是其产品科技含量高，科技在畜产品增长中贡献份额增大。只有物质、技术的大量投入，才能提高羊肉生产水平，保证规模养殖利益；否则，规模养殖就失去了依据和活力。

3. 政策环境　发展规模养殖时，要有必要的优惠政策和激励措施，养殖者的正当权利（包括经营权、收益权等）应得到保护。另外，还可制定实行适度风险保障制度等。

（四）肉羊规模养殖应遵循的原则

1. 因地制宜的原则　规模养殖是发展肉羊业的必然趋势，但一定要从实际出发，按照当地的自然条件或某一公司、羊场的环境条件、经济条件、技术条件制订发展计划，调整养殖规模。在不同的条件下可采用不同规模的养殖方式。对广大农户而言，在从事肉羊饲养初期，不具备大规模养殖条件的农户，应当重视目前的小规模家庭养殖模式，当各种支撑条件具备后，方可逐步扩大养殖规模，任何不切合实际的盲目上马、扩大养殖规模的做法都是不可取的。

2. 有利于发展生产力的原则　从根本上说，规模养殖就是为了发展生产力。实践证明，在条件具备的地方搞规模养殖，使生产资料得到合理配置，特别是提高了饲料加工机械、养殖场地、劳动力、资金的利用率，提高了劳动生产率、商品生产率和经营者的收入，养殖者具有经营安全感。如果条件不具备的地区或羊场仓促上马搞规模养殖，不但不能形成资源的合理配置，相反会打破原来较为合理的资源配置，使生产水平下降。

3. 市场畅销原则　规模大小与市场容量相一致。既要注重提高产量和质量，降低成本，又要注重调整品种和数量；既要考虑资源的合理配置，又要考虑市场的需求变化，把企业规模与区域市场和全国市场、短期市场和长期市场相联系。否则，就会造成产品的积压与资源的浪费。就羊肉而言，它不仅是人们最大众化的食品之一，而且因具备较高的营养特性和保健特性而受到越来越多人的欢迎。羔羊肉更因其品质优良，不仅具有持久的市场需求，而且具有强大的市场竞争力和广泛的市场空间。另一方面，羊肉，特别是优质羔羊肉的市场缺口很大，短期内不可能饱和。

4. 无污染原则　规模化养殖场的布局应从农业内部的生态结构、畜牧业良性循环需要出发，最大限度地减少其废弃物对生态环境的污染与破坏。首先养殖地址不应靠近中心城镇，应当与饲料粮和粮食主产区较好地结合起来。否则，就会形成城区外圈的污染层，如 20 世纪 90 年代初，北京市郊区有 3 000 多个规模化猪场、鸡场、牛场，这些养殖场提供了市区 90% 以上的畜产品。但其中 50% 的养殖场紧靠城区，而不在粮食主产区，一方面大量的畜肥未能及时处理而堆积如山，对城市环境造成污染；另一方面，大量占用了近郊昂贵的土地，增加了畜产品生产的成本和价格。

（五）养殖规模的选择

1. 农户养殖规模　农区养羊以舍饲为主。在饲料资源比较短缺的地区，每户养殖规模不宜太大，如陕西关中地区人多地少，几乎没有可种植牧草的耕地，羊的粗饲料来源主要是十分有限的路边杂草和作物秸秆，加之可用于羊舍建设的面积小，一般家庭只能养 10～20 只，但农户居住较集中，这种小规模可以构成一个村的大规模，可以通过组织化形式，如股份制进行改造。因此，在我们大力发展规模养羊的同时，也不要抛弃或忽略对农区的小规模养殖的改造。但对土地面积较大并种植一定面积的人工牧草的农户，养殖规模可增加到 100～200 只。

2. 牧区养殖规模　牧区肉羊的养殖规模也应根据草场的承载力和经济、技术等条件决定。以 300～500 只为宜，有条件的地方可扩大到 1 000～1 500 只，但冬春季节羊群应压缩 1/3～1/2。

3. 羊场养殖规模　一个羊场就是一个工厂。不论是种羊场，还是商品肉羊场；不论是大羊场，还是小羊场，都必须借用企业经营理念，每一个生产环节都要预先进行评估或预算，根据预算结果决定养殖规模。

［案例 1-1］　某肉羊场生产技术方案

1. 品种选择

项目饲养品种为湖羊，为我国特有白色羔皮羊品种，具有生长发育快、有理想产肉性能、肉质好、耐高温高湿等优良性状。成年公羊体重 42～50 千克，成年母羊体重 32～45 千克。羔羊生长发育快，3 月龄断奶体重公羔 25 千克以上、母羔 22 千克以上，即可出售，此时屠宰率高、肉质佳。

2. 产品方案

项目设计养殖场存栏肉羊 6 070 只。其中，存栏种公羊 70 只，能繁母羊 3 000 只，后备羊 300 只（留种率为 10%），育肥羊 2 700 只。

以品种生产工艺为依据，湖羊的繁殖季节一般安排在 4～5 月份配种，秋季 9～10 月份产羔，一年一胎。但一部分羊也可适当调整繁殖季节，安排在 9～11 月份配种，次年 2～4 月份产羔，以实现"一年两胎或两年三胎"。因此，养殖场 3 000 只能繁殖母羊，按平均两年三胎、母羊每胎 2 只、羔羊全程成活率 90% 估算，可年出栏肉羊 8 000 只。

3. 生产技术路线图

见图 1-1。

4. 生产技术说明

整个生产工艺可概括为四阶段、三自由、两计划。即按羊群不同生产阶段有针对性地进行饲养管理，划分为配种、妊娠、产羔哺乳、育肥 4 个阶段；实现自由饮水、自由运动和羔羊自由采食；实行计划配种、计划免疫。

（1）配种阶段　在此阶段待配母羊包括断奶后参加配种的母羊

羊舍类型   羊群流程   饲养阶段及时间

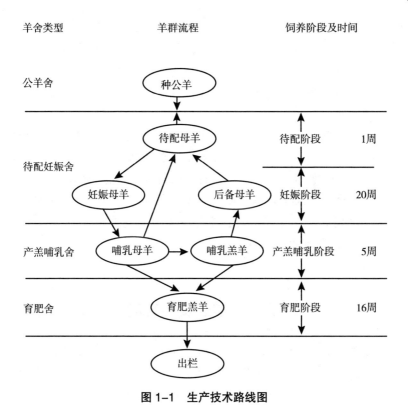

图1-1　生产技术路线图

和育成羊体重达到成年体重的 70% 的后备母羊。采取随时发情随时配种。完成配种后，母羊转入妊娠羊舍，继续观察 1 个情期，确定妊娠，没有配种的挑出参加下批配种。

（2）妊娠阶段　母羊的妊娠期为 20 周左右，母羊产前提前 1 周进入产羔舍待产羊圈。

（3）产羔哺乳阶段　同一周配种的母羊，要按预产期最早的母羊，提前 1 周同批进入产羔及哺乳舍。在此阶段要完成分娩和对羔羊的哺乳，哺乳期为 5 周，在产羔哺乳阶段的饲养期共 6 周。母羊临产前进入母子小圈，母羊产后与羔羊共同饲养在母子小圈 1 周，然后进入母子合圈饲养。母子合圈设羔羊补饲栏，只能允许羔羊自由通过、采食。羔羊 7 日龄开始补饲,利用优质配合饲料或颗粒料及优质干草,随着日龄增加和体重增长不断增加饲喂量直至断奶。

断奶后羔羊转入下一阶段饲养,母羊回到空怀舍参加下一个繁殖周期的配种。

(4)育肥阶段 留作繁殖用的羔羊 6～8 周龄后根据体重和发育情况分批断奶,分批转入待配羊舍,在待配羊舍饲养 20～24 周,体重达成年母羊体重 70% 以上时进入配种期,准备初配。

大部分公羔及不留作繁殖用的母羔都转入育成羊舍,根据断奶体重分群饲养,按育肥羊的饲养管理要求共饲养 16 周左右,体重约 25 千克,即可出栏上市。

四、肉羊业发展方向

随着农业产业结构的调整,肉羊养殖在农业经济中的地位日趋重要。近年来,肉羊养殖发展方向发生了根本性的转变,过去"养羊为产毛皮、淘汰才吃肉"的传统理念正被现代流行的"以肉为主,毛皮绒为辅"的生产理念所取代。

(一)国内外养羊业发展趋势

1. 由毛用向肉用方向发展 顺应日益增长的国际市场需求,英国、法国、美国、新西兰等养羊大国现今养羊业主体已逐步转变为肉用羊的生产,历来以产毛为主的澳大利亚、俄罗斯、阿根廷等国,其肉羊生产也居重要地位。法国 30 个绵羊品种中有肉羊品种 13 个。英国羊毛收入仅占全国养羊收入的 8%,羊肉收入占 85% 左右。因此,世界养羊业出现了由毛用向肉毛兼用甚至肉用转变的发展趋势,一些国家将养羊业的重点转移到羊肉生产上,用先进的科学技术建立起自己的羊肉生产体系。

2. 肥羔肉生产发展迅速 由于6月龄前的羔羊生长速度快、饲料报酬高，且羔羊肉生产的成本较低，同时羔羊肉具有瘦肉多、脂肪少、味美、鲜嫩、易消化等特点，一些养羊比较发达的国家都开始进行肥羔生产，并已发展到专业化生产程度。目前，羔羊肉生产已在国际上占主导地位。新西兰是世界上生产羔羊肉最多的国家，美国羔羊肉生产已成为养羊业的支柱产业。新西兰、法国、美国肥羔肉生产都占羊肉总产量的75%以上，澳大利亚也达到70%。

3. 利用现代化新技术，向规模化、集约化方向发展 养羊业发达的国家基本实现了品种良种化、草原改良化、放牧围栏化和育肥工厂化。这些国家在广泛采用多元杂交的基础上形成杂交体系，同时利用现代繁殖技术，调节光照，使用早配、早期断奶、诱导分娩等措施来缩短非繁殖期的时间。结合同期发情和人工授精技术，统一配种，集中产羔，规模育肥，从而大大提高了劳动生产效率，使肉羊生产逐渐向规模化、集约化和现代化方向迈进。

（二）国内养羊业存在的问题

1. 饲养方式落后 目前，我国养羊业仍未摆脱传统养羊的模式，基本上是农村千家万户分散饲养，管理粗放，靠天养畜。这种分散经营和粗放管理方式虽然饲养成本低，但造成养羊周期长、饲料转化率低、出栏率低；而且落后的传统生产方式不能充分有效地利用当地资源，不能目标明确地批量生产适销对路的产品，也不能有效地进入市场和参与市场竞争。同时，不利于采用先进实用的综合配套技术，提高产品的产量和质量，严重制约了养羊业的进一步发展。

2. 品种良种化程度低 尽管我国在引入国外优良品种、开展杂交改良，培育生产力高的绵、山羊品种，以及在选育提高地方品种方面做了大量的工作，取得了显著成效。但我国绵羊良种化程度依然不高，仅占全国绵羊总数的38%；山羊良种化程度则更低，这就大大影响了我国养羊业的总体生产水平和产品质量的提高，使我国羊业生产水平与发达国家相比差距较大。

3. 产业化程度低　我国肉羊生产的产业化进程慢，未形成完整配套的肉羊良种繁育体系、优质羔羊生产体系、疫病防治体系和草地畜牧业生态系统；另外，羊产品市场竞争无序，以及产品在销售前后的服务等方面存在的种种问题，均严重阻碍了养羊业的健康发展。

4. 缺乏有效的宏观调控　近年来，在绵、山羊产区分别从国外大量引进了优良肉用羊品种，如引进波尔山羊、无角陶赛特、萨福克、夏洛莱和特克塞尔等品种进行杂交。但是一些地方引入的种羊品质参差不齐，引进的种羊缺乏适时选育；甚至出现炒种、倒种等现象，严重影响了养羊业的健康发展。

（三）肉羊业发展的十个转变

目前，我国的养羊业正处在一个重要的战略转型期，即绵山羊品种结构从毛、绒用羊为主转向肉用羊为主，羊肉生产结构由成年羊肉转向羔羊肉，饲养方式由粗放式经营逐渐转向集约化、商业化。此外，在这个转型期，养羊业各环节正在悄悄地发生着转变，研究这些转变，认识这些转变，掌握这些转变方式和规律，对推动养羊业现代化进程，加快养羊业调整结构、转型升级，提升养殖水平，提高养殖效益，促进供给侧结构改革作用巨大。现将这些转变逐一进行分析，与同行探讨，为养羊生产提供参考。

1. 养殖观念的转变　随着肉羊产业的发展，养羊逐步摆脱家庭副业的地位，逐渐转变为农村经济的主要产业，成为当地农民经济收入的主要来源和增收的新途径，即养羊业由谋生手段向促进产业发展方向转变。随着科技的进步、规模化程度的提高，新成果、新技术、新产品的推广和应用，养羊企业对管理、生产人员提出了新的要求，专业化、高素质的技术人员成为企业生产和管理的主流，文化水平低、技术能力差的人员不能胜任现代化养羊业的发展，将退出养羊业的历史舞台。

2. 养殖品种的转变 由于历史的原因，我国的西北、东北地区，内蒙古、西藏等省、自治区主要以饲养绵羊为主，而长江以南及中原一带以饲养山羊为主。各地的地方品种抗逆性强，但养殖效率低。过去养羊者只重视在本品种内调剂，并不重视优良品种的引进和利用。随着养羊业的快速发展，对饲养品种的认识和利用上发生了巨大的变化。一是逐步加强对适应性、抗病力强、繁殖性能好的地方优良品种采取保护措施，并不断进行选种选育，保障种质资源不流失。二是利用当地这些肉羊品种为母本，从国内外引进在当地适应性强、产肉性能好、生长速度快、饲料转化高的优秀种公羊对本地品种进行杂交改良，采用杂交优势生产商品羊，利用现代生物技术加快肉羊生产速度，实现供给侧结构改革，达到肉羊产业转型升级、提质增效、保障供给的目的。

3. 养殖区域的转变 牧区、半农半牧区是我国养羊的重点区域，这些地区以草原广袤为主，部分或处山坡丘陵，占地面积大，气候寒冷，基础设施较差，冬春饲草供应不足。特别是禁牧以来，饲草供给更难以得到保证。随着人类对羊肉消费量的增加，牧区、半牧区的羊肉产量不能满足市场供给，在市场杠杆、国家政策等方面的调控下，养羊业逐步向自然条件好、饲草料资源丰富的农区发展。农区有充足的秸秆资源及粮食下脚料、工业副产品，配合肉羊饲草料的开发、加工、配制及饲喂方法等配套技术，保证了优质饲草料的充分供给。同时，达到了秸秆过腹还田、农牧有机结合、副产品资源化开发利用的目的，提高了农区单位面积综合效益。

4. 饲养模式的转变 我国养羊有放牧、"放牧＋补饲"、舍饲3种模式。放牧作为牧区和半农半牧区传统的养羊模式，受季节和气候影响较大，容易出现"夏饱、秋肥、冬瘦、春死"的现象。同时，根据保护生态环境和草畜平衡要求，发展数量受到了一定的限制，必须向农区转移。"放牧＋补饲"是当今牧区、半牧区和山区常用的方法，该方法可充分利用当地夏、秋季节自然资源的草地，降低饲草成本，在冬、春季补饲部分饲料，满足羊的营养需要，但存在补饲饲料来源不稳定、价格高的问题，这种模式缩小了养羊的利润空间。因此，放牧、"放牧＋补饲"这两种模式均受到了挑战，舍饲模式应运而生，并将在部分地区广泛开展，其最大优势是可充分利用农区大量的秸秆等，提高农作物的利用率，保护生态环境。但相对于放牧，存在养殖成本高、效益低的问题。未来，标准化、规模化舍饲养殖将是产业发展的主要模式，技术创新、分阶段养殖是饲养模式的发展趋势。

5. 养殖规模的转变 过去，我国养羊业以零星散养为主，规模小，弊端多。一是管理粗放，饲料、饲草品种单一，营养不足或不全面、不平衡，致使羊只体质下降，生长速度缓慢，易引发疫病；二是许多实用科学技术得不到应用，效率不高，养殖效益差；三是难以形成批量商品，出现了有产品无市场、销售价格没有话语权的问题。因此，加速了养羊业由零星散养向规模化推进。近年来，大多养羊企业理智大于盲从，充分考虑其资金、技术、管理水平、当地自然环境和资源禀赋、粪污无害化处理能力等综合因素，适度规模的集约化、规模化养羊模式取得了很大进展。据统计，2013 年，全国 100 只以下小规模饲养比重连续 3 年降低，规模化饲养比重实现三连增，特别是 500～1 000 只和 1 000 只以上的规模化养殖比重明显提升，相比 2010 年，500～1 000 只和 1 000 只以上规模化比重分别增长了 61.8% 和 93.1%。2014—2015 年，标准化规模养殖比重继续上升，有利于保障市场羊产品的有效供给、食品安全、疫病防控和养羊集成技术的充分发挥，提升了养殖效益。

6. 营销方式的转变 过去，千家万户的肉羊零星养殖者将羊拉到市场出售，或由经纪人从养殖地收购，交由屠宰加工企业，部分规模养殖场直接运输肉羊到屠宰加工企业。不分等级、价格统一，按胴体重支付。加工企业将加工的成品肉囤积，待客户上门以统一的批发价销售。现在，部分零星养殖户基本上是由经纪人收购并送往屠宰加工企业，而大部分零星养殖户以合作社等组织形式，同规模养殖场一样，与各屠宰加工企业订立合同，按合同约定的数量、时间和价格向屠宰加工企业提供羊源。活羊价格也因羊的品种、性别、月龄、饲养方式等不同，而羊肉价格也随之变化，可充分体现优质优价，并因品牌知名度发生变化。营销则以互联网等方式，有的将冷鲜肉直接进超市和社区，减少了销售环节，降低了营销成本。

7. 营养供给的转变 在以放牧为主的养羊时代，羊的营养供给主要是天然牧草，自由采食获取，来源及营养水平受地域、气候和季节影响极大，对羊的生长、发育和繁殖十分不利。而进入放牧＋补饲及全舍饲阶段，羊的营养供给由在草地自由采食向人为调控营养转变，即人类可按照羊的营养需求供给饲料，保障其生长、繁殖的营养需要。随着标准化、规模化进程的加快，羊的营养可实现按生长阶段供给，既可保证营养需要，又不会造成饲料浪费。此外，羊的饲料供给也由单一品种的饲料向全价混合饲料转变。在饲料配制方式上，由人工生产向机械设备生产饲料转变，使用全混合日粮（TMR）搅拌机，将饲草、饲料按需要科学搭配，统一投料。

8. 疫病防控的转变 在传统养羊的意识中，羊不发病，即使个别羊发病也按传统方法进行诊治，很少发生重大传染病，羊的疫病防控没有引起足够重视。随着养羊进入放牧＋补饲或全舍饲时代，养殖密度增加，羊的发病率增高，养羊者开始注重羊的疫病防控，由治疗羊病向预防＋治疗转变，即按当地疫病流行情况制定免疫程序来接种疫苗，增加羊的免疫力，减少疫病发生，如发生一般性疾病，则及时对症治疗。随着养羊规模的扩大和人类对肉食品安全的重视，疫病防控向保健＋预防转变，除预防接种外，更注重环境调控、营养配比和保健措施的实施，保障羊群的健康。

9. 安全意识的转变 过去，由于肉羊养殖企业对羊肉食品安全意识差，部分养羊场为了追求利润，超量或违禁使用矿物质、抗生素、类激素等，导致产品中激素、抗生素、重金属有害物质残留超标，严重危害人体健康，成为影响消费的重要障碍。随着国民经济的发展和人民生活水平的提高，肉羊产品的安全和卫生问题已成为社会共同关注的焦点。因此，推进肉羊健康养殖是养羊业面临的又一重要转变。国家施行食品安全追溯机制，促使养羊企业根据《中华人民共和国畜牧法》规定，建立起养殖档案，详细记录羊的来源和进出场日期，饲料、饲料添加剂、兽药等投入品来源、使用及检疫、免疫，消毒、疫病、无害化处理等情况，明确羊群的来源和去向，把控投入品的使用，确保上市产品安全可靠。

10. 产品加工的转变　肉羊产品主要是羊肉，过去，羊肉多以胴体或卷肉的形式投放市场，随着生活水平日益提高，产品很难满足不同层次城市居民的需求。迫使多数旧式肉类加工企业改造升级，新上马者进行高标准建设，适合生产符合国际标准的优质高档羊肉及产品的工艺流程，逐步实现简单屠宰加工向精深细加工转变，产品更加多样化。一是品种分类，出现了羔羊肉、成羊肉、后腿肉、羊排、羊蝎子、羊棒骨、龙骨、环骨等产品；二是重量分级，以1千克、2千克、2.5千克、5千克不等，在产品数量上满足不同群体的需求；三是注重包装，包装设置多样化，各种礼品盒应运而生；四是副产品开发，对羊副产品精细加工，备受消费者青睐，且价格不菲。五是品牌效应，多数加工企业开始树立自己的品牌，注册商标，提升价值，实现利润最大化。

（四）国内发展养羊业的技术指导方案

1. 重视良种良繁　引进国外品种只是我国羊肉起步阶段的权宜之计。培育本国肉羊品种，是保持肉羊产业可持续发展的战略措施。近年来，我国引入的国外肉羊优秀品种较多，并根据各地的实际情况和当地品种开展了卓有成效的杂交利用，应在大面积杂交的基础上，在生态经济条件和生产技术条件比较好的地区或单位，通过有目的、有计划的选育，培育出适应我国不同地区生态条件的若干各具特色的、早熟、高产、多胎和抗逆性强的专门化肉用新品种。

实际上，国内有着很多优质的羊种资源。可以说，每个品种都有着特定的优质品性，对于地方生态环境有着很高的适应性。例如，小尾寒羊、湖羊的高繁殖力，蒙古羊、滩羊、藏羊的耐粗饲和高抗病力等，这些优点的存在，将为优质经济杂交母本的选择提供更好的参考。就目前形势来看，合理开发利用地方优质品种已经有了很好的开始。以小尾寒羊为例，其有着适应性强、早期育肥快、多胎高产等特性，有鉴于此，很多地方以引入的肉羊良种为父本，充分发挥杂交优势进行肉羊生产。总的来说，随着肉羊产业的发展，地方优良品种选育工作将更加深入，这也是提高国内肉羊养殖产业效益的必由之路。

2. 建立良种繁育和杂交利用体系 杂交改良的目标就是既要提高本地羊的综合生产性能，又要保持和改善其原有的优良特性。根据引进良种的特点和当地的具体情况，科学制定出改良各地区羊的主导品种和改良方向。在此基础上，有计划、有步骤地建立羊良种繁育和杂交利用体系。该体系包括纯种繁育、杂交利用和商品育肥3个环节。在建立良种繁育体系的实践中，要充分考虑本地实际情况和经济杂交利用方式。如安徽省农科院畜牧兽医研究所采用波尔山羊×萨能山羊×安徽白山羊、波尔山羊×南江黄羊×安徽白山羊两种杂交改良模式，分别在黄淮平原、江淮丘陵地区使用，效果显著。

3. 趋于规模化、标准化方向发展 近年来，由于合作经济组织的出现，养殖合作社、家庭农场、协会等兴起，使肉羊养殖向规模化、集约化方向发展。因为只有规模化才会提高养殖效益，只有集约化才能整合现有生产工艺，提高养殖效益，促进肉羊业的飞速发展。规模化、集约化是一种趋势，更是一个渐进的过程，不可能在短时间迅速完成，各地区必须要结合地方资源特点，围绕着市场为中心，因地制宜地将养殖规模扩大。

结合农村产业结构调整，改变现有经营方式，逐步建立集约化舍饲养羊生产体系、良种繁育体系、种草与饲料加工体系及绿色畜产品加工体系。推广公司加农户等多种联营形式，使优良种畜、繁殖母畜和育肥商品畜组成协调生产体系，逐步形成产业化经营模式，实现生产、加工、销售一体化。

4. 推广饲草、饲料的加工调制技术 传统的养羊方式在放牧条件下，绵、山羊的饲草来源主要是天然草地、草山、草坡中的自然植被，很少使用农副产品和精饲料补喂。根据羊的生物学特性及现代化养羊生产的需要，应对天然草地进行人工改良，或种植人工牧草，在青绿饲料丰富时重点放牧加补饲，在枯草期则可完全舍饲喂养加运动。为此，应加大秸秆类粗饲料的利用，积极推广应用秸秆氨化、青贮、微贮等技术，研制秸秆类粗饲料的优良添加剂，使羊在枯草期能保证全价营养。

5. 应用养殖新技术 科学的饲养管理和疾病防治等是实现高效养羊的技术保证。在生产中应积极推广应用同期发情、胚胎移植、人工授精等繁殖技术和补饲精饲料、添加剂、舔砖等养殖技术。同时，现代化的养羊生产，必须建立适合于现代养羊生产的疾病防治体系，研究制定羊主要代谢疾病和传染病治疗和预防的措施。

[案例 1-2] 种养结合现代生态循环农业方向发展模式

1. 模式概要

通过湖羊养殖，产生的羊粪尿作堆肥、发酵、腐熟处理生产有机肥，羊粪有机肥用来种植牧草，牧草用于饲喂湖羊。在种草过程中，不使用农药、化肥，生态环保。所以，这是一种极其简单的生态农业循环模式（图1-2），此模式操作简便，具有可复制性，易于在全国各地示范推广。

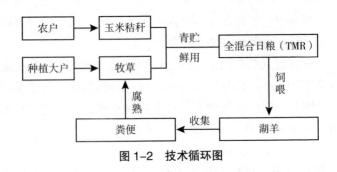

图1-2 技术循环图

2. 设计依据

按照每只羊年生产羊粪700千克计，公司存栏5000只湖羊，年生产羊粪3500吨，每667米²施羊粪有机肥5吨，可供种植牧草44.7公顷（700亩）。即每667米²牧草养殖湖羊7只。

3. 模式介绍

庐江祥瑞养殖有限公司位于冶父山镇马岗村，目前存栏羊5000只，其中繁殖母羊3800只，已建设标准化羊舍8栋，羊舍建筑面积4200米²，设有基础母羊舍、配种舍、产羔舍、育成舍和育肥羊舍等。配有草料库1000米²，不同大小青贮窖6座共3000米³。公司牵头成立庐江县平祥畜牧养殖专业合作社，带动周边23个农户发展肉羊养殖。

公司自有牧草地13.3公顷（200亩），合同种植牧草33.5公顷（500亩）。生产的牧草除鲜喂外，还可进行青贮，实现了长年均衡供给。

（1）牧草种植　目前，牧草种植方式主要有3种。

第一种：本公司在马岗、兆河村租地13.3公顷（200亩），种植高丹草、黑麦草等品种牧草，作为本场日常青饲料供应之用。

第二种：公司与白山镇戴桥村2个种粮大户合作，公司参股50%，种植青贮玉米20公顷（300亩），提供草种、羊粪、牧草播种及收割机械，签订牧草回收合同。

第三种：公司与羊场所在地农户合作，以"公司＋农户"模式种植优质牧草，公司提供草种、羊粪、种植技术，本地农户利用自家的田地种植牧草，公司包回收，每吨300元，种草13.3公顷（200亩）。

（2）农作物秸秆的利用　公司还大量收集周边农作物秸秆，主要是稻草、小麦秸、玉米秸，年收购6000吨，采取秸秆碱化、氨化及青贮（黄贮）等技术，变废为宝，"过腹"利用，减轻了秸秆禁烧的压力。

（3）粪便收集与利用　公司采用高床饲养，所产的粪尿全部收集，采取发酵堆肥生产有机肥的方式，一部分公司种草自用，另一部分提供给合作的牧草种植大户和农户。

（4）标准化养殖场建设 本场积极开展标准化养殖场建设工作，2015年获省级畜禽养殖标准化示范场称号，同年被评为市级龙头企业。规范化羊舍为羊提供了干净舒适的生产环境，充足的青饲料供给满足了羊对草类粗饲料嗜好的需求，提高了羊的福利。产羔率达260%，实现快乐养羊，高产养羊。

公司通过种养结合模范带动周边农户种草养羊，消化吸收农作物秸秆，这种以草兴牧、以牧促农，草、畜、粪相结合的现代农业生态循环模式，产生了良好的社会效益和经济效益。

第二章
技术指导篇

一、引种指南

（一）我国绵羊品种与国外引进品种

1. 我国地方绵羊品种简况　我国绵、山羊品种资源极为丰富，从高海拔的青藏高原到地势较低的东部地区均有其分布。根据地理分布和遗传关系，我国绵羊可划分为蒙古系绵羊、哈萨克系绵羊和藏系绵羊三大谱系。蒙古系绵羊是由分布在中亚山脉地区的野生原羊衍化而来，同羊、小尾寒羊、湖羊、滩羊等品种是其亚种。哈萨克羊系绵羊是独立于蒙古羊的古代西域肥臀羊，通常认为它与哈萨克斯坦的肥臀羊同源。与绵羊相比，我国是世界上山羊饲养量最多的国家，山羊品种资源丰富，分布广泛，生态类型多样。由于我国气候条件差异较大，山羊在经过数千年来的驯养和选育后，形成了对不同的生态类型适应性很强的品种和类群，在生产性能上各具特色，可以满足不同消费者和生产者的需求。

（1）我国肉用绵羊品种情况　经过长期的驯化和选育，我国培育出了丰富的绵羊品种，形成了生产类型多样化的中国绵羊。主要分成以下几大类：

①三大古老绵羊品种

蒙古羊：我国三大粗毛绵羊品种之一，也是我国分布地域最广的古老品种，数量最多，是国绵羊产业的主要基础品种。蒙古羊产于蒙古高原，中心产区位于内蒙古自治区锡林郭勒盟、呼伦贝尔市、赤峰市、乌兰察布市及巴彦淖尔市等。

藏羊：又称西藏羊、藏系羊，是我国三大粗毛绵羊品种之一，属粗毛型绵羊品种，主要有高原型（草地型）和山谷型两大类。藏羊原产于青藏高原，分布于西藏、青海、甘肃的甘南藏族自治区和四川省的甘孜、阿坝藏族自治州、凉山彝族自治州和云贵高原地区。

哈萨克羊：我国三大精毛绵羊品种之一，属肉脂兼用粗毛型绵羊地方品种。主要分布在新疆天山北麓、阿尔泰山南麓和塔城等地，甘肃、青海、新疆3省（区）交界处也有少量分布。

②具有高繁殖力的肉用型绵羊

湖羊：湖羊是太湖平原重要的家畜之一，是我国一级保护地方畜禽品种，主要分布于我国太湖地区，终年舍饲中国羔皮用绵羊品种，产后1～2日宰剥的小湖羊皮花纹美观，著称于世。湖羊也是世界著名的多胎绵羊品种，在2000年和2006年先后两次被农业部被列入了《国家畜禽遗传资源保护目录》。

小尾寒羊：我国肉裘兼用型绵羊品种，具有长发育快、早熟、繁殖力强、性能遗传稳定、适应性强的特性，被国家定为名畜良种，被人们誉为中国"国宝"、世界"超级羊"及"高腿羊"。

③风味浓郁的肉脂型绵羊

阿勒泰羊：又名阿勒泰大尾羊，是新疆维吾尔自治区的一个优良肉脂兼用型粗毛羊品种，主要产于新疆北部的福海、富蕴、青河等县。

同羊：又名同州羊，据考证该羊已有1 200多年的历史。主要分布在陕西省渭南、咸阳两市北部各县，延安市南部和秦岭山区有少量分布。饲养方式多为半放牧半舍饲。目前，数量急剧减少，已处于濒危状态。

④具有独特价值的肉用型绵羊

兰坪乌骨绵羊：以产肉为主的地方绵羊品种，是云南省兰坪县特有的、世界唯一呈乌骨乌肉特征的哺乳动物，是一种十分珍稀的动物遗传资源。原产地的普米族群众长期称乌骨羊为"黑骨羊"，2006 年国家正式将其名称定为"兰坪乌骨绵羊"，并被列入《中国珍稀动物名录》《世界珍稀动物名录》和《国家级畜禽遗传资源品种名录》，足见该品种资源的稀有与珍贵。

石屏青绵羊：主要分布于云南省石屏县北部山区，主产于龙武镇、哨冲镇、龙朋镇。石屏青绵羊是长期自然选择和当地彝族群众饲养驯化形成的肉毛兼用型地方品种。

（2）我国培育的肉用型绵羊

①巴美肉羊 肉毛兼用型品种，是根据巴彦淖尔市自然条件、社会经济基础和市场发展需求，以当地细杂羊为母本，德国肉用美利奴羊为父本，内蒙古巴彦淖尔市家畜改良站等单位的广大畜牧科技人员和农牧民经过 40 多年的不懈努力和精心培育而成的体型外貌一致、遗传性能稳定的肉羊新品种。

②乌珠穆沁羊 主产地为内蒙古锡林郭勒盟东部乌珠穆沁草原，主要分布在东乌珠穆沁旗、西乌珠穆沁旗等地区，产量总数已超过 100 万只。乌珠穆沁羊系蒙古羊在当地条件下，经过长期选育形成的一个优良类群，1982 年经国家农业部、国家标准总局的确认下，正式批准"乌珠穆沁羊"为当地优良品种。

③昭乌达肉羊 我国第一个草原型肉羊品种，于 2012 年经国家畜禽遗传资源委员会审定鉴定通过。该品种是以德国肉用美利奴羊为父本，当地改良细毛羊为母本培育而成。

（3）其他兼用型肉用绵羊品种

①多浪羊 麦盖提多浪羊是当地羊与阿富汗瓦哈吉脂臀羊混血形成的肉脂兼用型粗毛、半粗毛羊，是经过长期自然选择与人工选择而培育成的优育地方肉用品种，在全疆享有很高声誉，是肉用品种中的一颗璀璨的明珠。

②广灵大尾羊 山西省绵羊优良品种。

③兰州大尾羊 主要产在兰州市城郊，兰州地区处于黄土高原

北部、甘肃中部干旱地区西侧，大部分属黄土高原丘陵沟壑区，海拔1 500～3 000米。

④欧拉羊　藏系绵羊种，大于一般羊种，它具有耐高寒、生长快的特点。

⑤滩羊　我国独特的裘皮用绵羊品种。主产于宁夏回族自治区盐池等县，分布于宁夏及其毗邻的甘肃、内蒙古、陕西等地。

2. 国外引进优秀肉用绵羊品种　我国目前引进的肉用绵羊品种，不但自身生产性能好，而且还被广泛用于世界各地的肉羊品种改良与培育，为肉羊整体生产水平提高起到了积极的作用。主要品种有：

（1）澳洲白绵羊　澳大利亚第一个利用现代基因测定手段培育的品种。该品种集成了白杜泊绵羊、万瑞绵羊、无角陶赛特绵羊和特克赛尔绵羊等品种的基因，通过对多个品种羊特定肌肉生长基因标记和抗寄生虫基因标记的选择，培育而成的专门用于与杜泊绵羊配套的、粗毛型的中、大型肉羊品种，2009年10月在澳大利亚注册。

（2）杜泊羊　原产地南非，简称杜泊羊，用南非土种绵羊黑头波斯母羊作为母本，引进英国有角陶赛特羊作为父本杂交培育而成的肉用绵羊品种。无论是黑头杜泊还是白头杜泊，除了头部颜色和有关的色素沉着有不同，它们都携带相同的基因，具有相同的品种特点，杜泊绵羊品种标准同时适用于黑头杜泊和白头杜泊。是属于同一品种的两个类型。

（3）无角陶赛特羊　原产于大洋洲的澳大利亚和新西兰。该品种是以雷兰羊和有角陶赛特羊为母本、考力代羊为父本进行杂交，杂种羊再与有角陶赛特公羊回交，然后选择所生的无角后代培育而成。无角陶赛特羊具有早熟，生长发育快，全年发情和耐热及适应干燥气候等特点。

（4）萨福克羊　原产于英国英格兰东南部的萨福克、诺福克、剑桥和艾塞克斯等地。该品种羊是以南丘羊为父本，当地体型较大、瘦肉率高的旧型黑头有角诺福克羊为母本进行杂交培育，于1859年育成。

（5）**夏洛莱羊** 原产于法国中部的夏洛莱地区，是以英国莱斯特羊、南丘羊为父本与夏洛莱地区的细毛羊杂交育成的，具有早熟、耐粗饲、采食能力强、育肥性能好等特点。最优秀的肉用绵羊品种之一。

（6）**特克赛尔羊** 原产于荷兰，为肉用细毛羊品种。是用林肯羊和来斯特羊与当地羊杂交选育而成的。具有多胎、羔羊生长快、体大、产肉和产毛性能好等特征，是国外肉脂绵羊名种之一。是肉羊育种和经济杂交非常优良的父本品种。

（7）**德国肉用美利奴羊** 原产于德国，体格大，体质结实，结构匀称，头颈结合良好，胸宽而深，背腰平直，臀部宽广，肥肉丰满，四肢坚实，体躯长而深，呈良好肉用型。

（8）**罗姆尼羊** 原产于英国东南部的肯特郡罗姆尼和苏塞克斯地，故又称肯特（Kent）羊。现除英国以外，罗姆尼羊在新西兰、阿根廷、乌拉圭、澳大利亚、加拿大、美国和俄罗斯等国均有分布，而新西兰是目前世界上饲养罗姆尼羊数量最多的国家。

（二）我国山羊品种与国外引进品种

据调查，中国山羊品种分布遍及全国各地，北自黑龙江，南至海南省，东到黄海边，西达青藏高原。由于我国地域辽阔和各地区自然条件相差悬殊，加上多年的自然选择和人工选择，逐步形成各地区具有不同遗传特点、体型、外貌特征和生产性能的山羊品种。

1. 我国肉用型山羊地方优良品种

（1）**黄淮山羊** 因广泛分布在黄淮流域而得名，饲养历史悠久，500多年前就有历史记载，明弘治（1488—1506）《安徽宿州志》、正德（1506—1522）年间的《颖州志》均有记载。中心产区是河南省周口市的沈丘县、淮阳县、项城市、郸城县和安徽省阜阳市等地，故又名徐淮白山羊、安徽白山羊和河南槐山羊。

（2）**马头山羊** 湖北省、湖南省肉皮兼用的地方优良品种之一，主产于湖北省十堰、恩施等地区和湖南省常德、黔阳等地区。马头山羊体型、体重、初生重等指标在国内地方品种中荣居前列，是国内山羊地方品种中生长速度较快、体型较大、肉用性能最好的品种之一。1992年被国际小母牛基金会推荐为亚洲首选肉用山羊品种。国家农业部将其作为"九五"星火开发项目并加于重点推广，其中"石门马头山羊"为国家地理标志保护产品。

（3）**成都麻羊** 产于四川省成都平原及其附近丘陵地区，是南方亚热带湿润山地丘陵补饲山羊，属于肉乳兼用型。成都麻羊具有生长发育快、早熟、繁殖力高、适应性强、耐湿热、耐粗放饲养、遗传性能稳定等特性，肉质细嫩、味道鲜美、无膻味及板皮面积大为其显著特点。

（4）**贵州黑山羊** 主产于咸宁、赫章、水城、盘县等县，分布在贵州西部的毕节、六盘水、黔西南、黔南和安顺5个地、州（市）所属的30个县（区）。

（5）**雷州山羊** 主要分布于广东省的雷州半岛和海南省，中心产区为广东省徐闻县、雷州市。

（6）**西藏山羊** 主要分布在青海高原的西藏自治区、青海省、四川省阿坝州、甘孜州及甘肃省南部。

（7）**乐至黑山羊** 乐至县优良的地方品种资源，经长期选育而成，最早起源无法考证。早在清道光年间，《乐至县志》就有"惟黑山羊，纯黑味美，不膻"的记载。乐至黑山羊经过长期的自然选择和20多年与努比亚山羊的杂交培育，形成了具有适应性强、前期生长发育快、产肉性能好、繁殖性能突出、遗传性稳定等优良性状。2003年12月通过四川省畜禽品种审定委员会审定，并命名为四川省地方山羊新品种"乐至黑山羊"。

（8）**金堂黑山羊** 通过和努比亚山羊杂交然后经过60余年的群选群育而形成的具有良好生产性能和相当规模的黑山羊群体。也被誉为黑色努比亚山羊，金堂黑山羊是四川省优良地方肉用山羊品种。

（9）**新疆山羊** 主要产于新疆地区农区和牧区。在新疆各地均有分布，以南疆的喀什、和田及塔里木河流域；北疆的阿勒泰、昌吉和哈密地区的荒漠草原及干旱贫瘠的山地分布较多。

2. 我国培育的主要肉用型山羊品种

（1）**南江黄羊** 以努比亚山羊、成都麻羊、金堂黑山羊为父本，南江县本地山羊为母本，采用复杂育成杂交方法培育而成，其间曾导入吐根堡奶山羊血缘。1998年，被农业部批准为肉羊新品种。南江黄羊已成为全国首个进入中南海国宴的专用羊肉品种。

（2）**简州大耳羊** 原称简阳大耳羊，是努比亚山羊与简阳本地麻羊经过50余年，在海拔300～1 500米的亚热带湿润气候环境下通过杂交、横交固定和系统选育形成的。2013年，农业部批准为肉羊新品种，简州大耳羊正式成为新中国成立以来继南江黄羊后，我国培育的第二个肉用型山羊品种。这两个肉羊品种皆原产于四川。

3. 我国具有特色性状的山羊品种

（1）**长江三角洲白山羊** 因其主产区集中在海门、启东、崇明一带，故习惯上称为"海门山羊"。全身被毛白色，当年公羊颈脊部所产羊毛挺直有锋，富有弹性，是制湖笔的优良原料，故常将海门山羊称为笔料毛山羊；羊肉膻味少，肉质肥嫩鲜美，适口性好；板皮结实细致，属汉口路；具有早熟、繁殖力强，产羔多；耐高温高湿，耐粗饲，适应性强，抗病力强和遗传性稳定等特点。长江三角洲白山羊是国内外唯一生产优质笔料毛的肉、皮、毛兼用的山羊品种。

（2）**济宁青山羊** 鲁西南人民长期培育而成的优良羔皮用山羊品种，所产羔皮叫猾子皮，原产于山东省西南部的菏泽和济宁两市的20多个县。济宁青山羊是我国优异的种质资源，全年发情、多胎高产、羔皮品质好、早期生长快、遗传性能稳定、耐粗抗病。近10年来，由于青猾子皮市场的下滑和肉羊产业的兴起，各地盲目引入其他品种进行改良，致使纯种数量急剧下降。

（3）**乌骨山羊**　中国独有的珍稀羊种资源，乌骨羊分为乌骨山羊和乌骨绵羊，乌骨羊具有极高的药用和保健价值，被称为"药羊""羊王""黄金羊"，品种极其稀有和珍贵，是国内评价最高的羊种。乌骨绵羊原产地是在云南省兰坪县，乌骨山羊在湖北省也有少量分布。

（4）**弥勒红骨山羊**　简称红骨羊，是肉乳兼用型山羊品种。由于其牙龈、牙齿呈粉红色，连骨头都是红色的，与普通山羊不同，因此而得名。是一种稀有独特山羊品种资源。2009 年被列入云南省畜禽遗传资源保护品种及《国家畜禽遗传资源目录》。主要分布于云南省弥勒县东山镇大杨柳、小杨柳、旧城等自然村。石林、泸西县农村饲养的羊群中发现有少量存栏。

4. 引进国外优良肉用山羊品种

（1）**波尔山羊**　原产于南非，被称为世界"肉用山羊之王"，是世界上著名的生产高品质瘦肉的山羊，是一个优秀的肉用山羊品种。具有体型大，生长快；繁殖力强，产羔多；屠宰率高，产肉多；肉质细嫩，适口性好；耐粗饲，适应性强；抗病力强和遗传性稳定等特点。2004 年 5 月国家实施了《波尔山羊种羊》（GB 19376—2003）标准。波尔山羊是优良公羊的重要品种来源，作为终端父本能显著提高杂交后代的生长速度和产肉性能。

（2）**努比山羊**　又名努比亚山羊，因原产于埃及尼罗河上游的努比地区而得名，现在分布于非洲北部和东部的埃及、苏丹、利比亚、埃塞俄比亚、阿尔及利亚，以及美国、英国、印度等地。努比奶山羊因原产于干旱炎热的地区，所以耐热性好，对寒冷潮湿的气候适应性差。用它来改良地方山羊，在提高肉用性能和繁殖性能方面效果较好。我国广西、四川等地都曾引入过该品种，属肉乳兼用型品种。

（三）优良肉用种羊引种建议

近年来，我国肉羊产业不断发展壮大，农区、牧区引进优良种羊的数量逐渐增多，但由于一些养羊场（户）不懂技术盲目引种，造成一定的经济损失。建议从以下几方面引起注意。

1. 选择优良品种，促进肉羊改良 优良肉用种羊生产必须具备以下基本条件。

（1）**生长速度快** 高度培育品种肉羊的早期平均日增重可达300克以上，而一般地方品种仅150克左右。

（2）**繁殖率高** 平均胎产羔率200%以上，母羊泌乳性能好，母性好，与单胎相比可提高经济效益约1倍。

（3）**杂种优势显著** 在肉羊生产中一般认为每增加一元杂交组合可获得8%～12%的杂种优势率。在肉羊生产实践中，通过试验可筛选杂种优势率较显著的组合。

（4）**适应性好** 适应当地气候、饲草料及其他生态条件。羊只表现出较好的抗病力和较低的发病率、死亡率。

（5）**对亲本的基本要求** 父本：要求生长快，肌肉附着好，胴体品质好。母本：要求繁殖率高，泌乳力极好，母性好，适应性强，抗病力强，通过杂交使生长快与多产有机结合，实现高效产出。由于目前我国没有高度培育的肉羊品种，如在肉用绵羊生产中，父本主要从国外引进，而母本则多以小尾寒羊、湖羊为首选品种。小尾寒羊、湖羊具有以下突出优点：一是适合舍饲养殖；二是全年四季发情：三是产羔率高。其缺点是肌肉附着差，肉质品质较差及不易"上膘"，饲草料转化率低，但通过与引进优良品种杂交改良，上述缺点可以显著改善，其杂种共同的趋势是腿变短、肌肉附着由尻部下延，前胸开阔，具有一定的肉用体型外观。

2. 依托技术人员，挑选好的个体 最好请技术人员一同前往帮助挑选，切不可不懂装懂而购回一些劣质羊。选羊时需重视以下几点。

（1）**观外貌特征** 挑选体质结实紧凑，生长发育良好，外貌特征与品种要求一致的优良个体。

（2）**懂口齿特点** 根据门牙更换的情况可判断羊的年龄，中间的一对门牙更换成永久门齿时为 1～1.5 岁，长出 4 个门牙时为 1.5～2 岁，长出 6 个门牙时为 2.5 岁左右，长出 8 个门牙（俗称齐口）时为 3～4 岁，5 岁以上的羊繁殖力开始下降，不宜再作种用。

（3）**母羊的选择** 一看膘情，要求适度，不能过肥或过瘦，否则难以受胎；二看乳房，产过羔的母羊乳房松弛，而未产过羔的母羊乳房较紧，如成年母羊的乳房较紧，应考虑是否为难配种的母羊，同时还要求乳头要大；三看阴门，要求长而湿润，小而圆者多为不孕羊。另外，还要观察有无阴门或肛门闭锁现象。

（4）**公羊的选择** 除具有所选品种的典型特征外，还要求公羊雄性强，生人不易靠近。用手触摸其睾丸有无弹性或疼痛感，有睾丸炎的不宜选种。

（5）**引种的年龄** 青年羊作为引种的最佳选择，其原因：一是使用年限长，利用价值高；二是优种羊发育成熟早，见效快。一般 8～10 月龄即可配种，引种后度过适应期就能繁殖利用；三是通过挑选可避免购回具有繁殖疾病的个体。

（6）**挑优良个体** 按体质量购羊有很多害处，一是过秤麻烦，会给羊造成较大的应激；二是个别卖羊者让羊吃得过饱，会增加途中伤亡。一般可根据身高、体长和健康状况来判断发育情况，挑选优良个体。

3. 优良种羊引种注意事项

（1）**避免盲目引种，切忌追求新奇** 目前，国内肉用种羊热，不少省（区）不惜花费巨资从国外大量引种，国内种羊拍卖会波尔山羊、澳洲白等拍出一只十几万的天价，种羊热对我国的肉羊产业发展起到了积极的促进作用。但一些地区在发展中也存在热衷炒种的问题，对一些品种在没有经过试验研究的验证轻率推广，一些品种由于过分炒作甚至出现了假种羊。

（2）**引种中对种羊品质重视不够** 由于经营种羊利润高，导致国内大量从国外引种，一些品质不好的种羊也流入中国。在国内各省（市）相互间引种的过程中，一些育种场没有相应的育种标准，是纯繁羊即是种羊的误区十分严重，一些中小型养殖企业或农户对某一品种羊的生产性能并不十分了解，经常依据价格、外貌特点做出选择决定。如引种波尔山羊认为耳长要过嘴，头部毛色要棕红等，而实际上这些特征与产肉性能并无必然联系。笔者常见到安徽省从外省引进的体重仅有 50～60 千克的成年公羊的"种羊"，而且不具备种羊档案等基本条件，这些问题致使种羊市场较为混乱。在引种中要坚持品质第一的原则，即使在国外养羊发达国家的同一品种羊，在不同国家、不同地区、不同种畜场间仍表现出较大的差异。以萨福克为例，在新西兰不同的育种场，较差的基础母羊平均重 70 千克左右，而条件好、水平高的育种场，基础母羊平均体重可达 90 千克以上。从澳大利亚、新西兰绵羊育种协会提供的资料看，对每一品种种羊制定的品种标准都较低，因此在引种中一定要坚持多场选择，坚持把最好的种羊选回来。

4. 稳妥运输种羊，确保引种顺畅

（1）运羊前的准备　①根据气候条件和路途远近，备足草料和饮水用具，寒冷季节运羊车厢应加盖篷布；②准备手电等照明用具；③车厢需加固防护栏，以防途中羊只跳出；④办好各种手续，如购羊发票、产地检疫证明、种羊调运许可证等，以备途中检查；⑤装车时交易双方应安排专人负责清点羊数，以免出现差错。

（2）运种羊的工具　路途在 1 000 千米以内，一般采用汽车运输较好，不需要转车，途中时间短，羊的应激小。

（3）途中注意事项　①运输途中车速不能过快；②每走一段路程要停车检查，发现趴卧的羊只及时拉起，否则会因踩、压造成伤亡；③安排押运人员与羊同车，这样可避免意外伤亡或途中丢失羊只；④远途运羊应让羊饮好水，或喂些胡萝卜等多汁块根类饲料，以缓解饥渴。

5. 精心饲养护理，实现引种目的　种羊运到目的地后，稍作休息即可卸车。卸车时应搭建跳板，特别是种公羊体重过大时更应注意，也可 3～4 人一组，逐只往下抬，以免伤亡。下车后应慢慢驱赶羊到达目的地。长途运输羊易渴，下车后休息4～8小时方可让其饮水，并要控制饮水量，不能暴饮。饮水后可将铡碎的青干草放入饲槽让其采食。种羊刚引回不能出坡放牧，应先舍饲，前10天让羊吃八成饱，不可过食，尤其是精饲料不能过量。种羊舍要清洁卫生、干燥，通风良好，温度适宜。种羊运回后7天左右应用伊维菌素等驱虫药物进行驱虫，根据当地羊病的发生情况接种羊四联疫苗、口蹄疫疫苗、布鲁氏菌病疫苗等。饲养人员应经常观察羊只情况，对停食、乏弱、发病的羊及时进行治疗或人工补食。

[案例2-1]　一起新建羊场引种后种羊持续死亡案例分析

2012年，临清市某新建羊场从上海某地先后引进湖羊共6000只，到场后陆续出现鼻流清涕、鼻流脓性鼻液、咳嗽、发热、采食量下降、食欲废绝、逐渐消瘦等症状。1周后出现零星死亡，以后逐渐增加到每日死亡8～14只不等。虽经治疗，但未见根本好转，一直持续出现零星死亡。鉴于此，本中心组织专门人员对此问题进行了调研。

1. 调查结果

主要有：①羊到场那几日昼夜温差比较大，中午比较热，早晚较冷，有降雨。②因长途运输到场后，羊体表普遍比较脏，于是到场数日后，对所有的羊进行了剪毛洗澡；③临清、上海纬度差异4°41′，7～9月份，两地月平均温度相差2℃～10℃，其余的相差不大。④羊舍空气质量不好。羊床离地面太近、通风不良、近地面空气质量很差、有害气体严重超标。⑤羊舍空间不足导致羊的活动不足。⑥营养水平偏低，羊偏瘦。⑦兽医5人，其中主管兽医1人、助理兽医2人、操作人员2人。相对兽医人员配备不足。⑧饲养人员6人，一人负责1000只羊，很难做到精细管理。⑨管理制度不健全，没有具体详细的奖惩制度，羊的死活和饲养管理人员的利益没有挂钩。

2. 病因分析

可能是：①长途运输应激，当时昼夜温差大，中午气温较高，加上车内拥挤，导致羊大量出汗；夜晚气温较低，加上冷风吹、饥饿、雨淋造成大批羊感冒是难以避免的。②上海到本地距离比较大，羊到场后不能适应本地水质、气候。剪毛增加了羊感冒和蚊蝇传播血液疾病的概率。③一次引种6 000只，羊的来源复杂，各种细菌病毒到新环境，必须经过一段时间，才能达到平衡、稳定，形成新的群落。在此期间，作为宿主的羊，不能适应微生物群落的变化，结果患病。④饲料改变，会导致羊肠道菌群的紊乱，羊不能很好地适应新饲料，影响了羊对营养物质的吸收。⑤饲养方式的改变，由散养变为大规模集中饲养，运动减少，消化功能降低。⑥营养水平低：正常情况下的成年湖羊维持体重、健康和基本活动只需要采食足够的粗饲料和青绿饲料就能满足。但是，该场粗饲料和青绿饲料品种单一，只有青贮饲料，羊对青贮饲料适应的很不好，采食量不足，羊逐渐消瘦。因此，当羊病时体况都比较差，这是造成病羊难以治愈的根本原因。⑦管理不到位：由于缺少经验，本场还处于粗放管理阶段，不能做到精细管理每一头羊。羊病后没有被及时发现，当严重时虽然被发现，却错过了最佳的治疗时机。⑧由于缺乏兽医人员、饲养人员，病羊得不到很好的治疗。总之，羊大量死亡的原因是由于制度不健全，饲养管理人员不足，病羊没有得到及时的救治，加上环境恶劣、营养不足，造成大量羊感冒并继发细菌病毒感染，而百病丛生，最终死亡。

3. 防控方案

主要有：①加强通风改善空气质量。②减少饲养密度。③坚持每日清扫、消毒羊舍、消灭蚊蝇鼠害。④早晚比较冷时注意保温，尽量防治新感冒病例的发生。⑤增加营养：每只羊喂给0.4千克优质羊草，精饲料200克另外在精饲料中按照1千克/吨添加复合维生素预混剂。天气炎热的时候，在饲料中添加适量的维生素C、碳酸氢钠，可以提高采食量。羊嗅觉特别敏感，对发霉变质、粪尿污染的饲料会拒食，因此在饲喂过程中，应当少量多次，多喂几次粗饲料，剩余部分应当及时清除。青贮饲料由于营养丰富、多汁很容易被杂菌污染，产生大量的霉菌毒素，也会降低青贮饲料的适口性。因此，在取青贮饲料时首先应当去除上层被污染的饲料大约10厘米厚，取下层没有被污染的饲料，饲料取出后应当及时饲喂，以防污染变质，造成羊不喜欢吃，采食量下降。不取料时取料口应当尽量排尽空气、封严，以防污染。羊吃饱了的标志应当是左膁部平了或稍微鼓起，而不是停止采食。⑥按照羊的健康状况、身高、体重、性别，重新对大群进行分群。以后坚持每日观察羊群，及时将病羊挑出，并隔离治疗。对病羊按照同病同群、隔离治疗、安排兽医人员坚持2次/天治疗。⑦全群驱虫保健、修蹄，保健药选用肝虫净（驱除肝片吸虫及线虫）皮下或肌内注射。由于绦虫、螨虫、焦虫治疗困难危害性大，应当单独隔离治疗或及时淘汰。⑧淘汰病羊，对经过3天连续治疗没有明显好转的，应予以淘汰。适时淘汰病羊是减少经济损失、增加养殖效益的重要手段，因此，羊场应根据自己的情况制定自己的淘汰目标，一般羊场的年淘汰率应当在20%～33%，才能维持羊场的选择压，保证本场的生产性能不断提高。⑨治疗处方（以40千克体重计）：青霉素400万单位或头孢噻肟钠1克，环丙沙星注射液10毫升或恩诺沙星注射液10毫升，安乃近5～10毫升，根据体温不同适当加减，复合维生素B4毫升，地塞米松1～2毫升，维生素C2毫升，肌内注射，2次/天。结果，按照以上方案经过1个月的整顿治疗，羊的零星死亡现象逐渐减少，直至消失，羊群恢复了健康，进入稳定增长期。

总结：羊长途调运应做好充分的准备，调运前应当做好可行性分析，尽量对可能出现的问题做出预测，并制定好针对性强的应对方案。

4. 引进羊的运输与管理

应做好：①新建羊场种羊来源越复杂，到达稳定所需要的时间就越长，此期间死亡的羊也就越多。因此，应当尽量减少种羊的来源场，能从一个场引种的，绝不从两个场引种。②羊装车前应当组织兽医技术人员和检疫人员进行逐只检查，严防老弱病残羊上车。③长途运输后，首先应补充0.5%盐水、维生素、优质青干草；水的供给应当少量多次，以防一次饮用过多的水而致病。其次，应进行 3 天抗应激、抗感冒治疗。④ 3 天后应按照健康状况、身高、体重重新分群。⑤继续对有治疗价值的病羊进行康复治疗同时淘汰没有治疗价值的病羊。⑥羊场的管理不能盲目相信所谓的专家或者生搬硬套书本，应密切联系本地实际，重视温度、湿度、有无贼风、水质、场房设备、人员素质、执行能力。比如，剪毛、洗澡让羊更加干净舒适、健康，加快上膘速度。但是不能让羊感冒。为了适应当地寒冷的气候，可以将剪毛改为修毛（保留一定的长度）。洗澡也应当在比较温暖的环境中进行，洗完澡应立刻擦干、吹干，避免感冒。由于大规模集约化饲养，羊的体质下降了，免疫力下降，膘情差了很难保证羊的健康。因此，大规模集约化饲养情况下繁殖母羊应当保持中上等膘情。羊的管理归根结底就是环境和营养的管理，营养充足、环境良好羊的健康才有保障。

二、肉羊的本品种选育与杂交利用

（一）选种选配关键技术

选种和选配是常用的两大育种手段，选种就是选出本身性能优良，且能将优良性状遗传给后代的个体；选配主要包括纯种繁育和杂交繁育两个方面，通过对优良个体开展纯种繁育和杂交繁育产生品质优良的后代。通过加强培育，创造合理的饲养条件，保证正常生长发育，使遗传性得到充分发挥，提高养羊业的经济效益。

1. 选 种

（1）选种的依据 选种主要根据个体本身的体型外貌、生长发育和生产性能、同胞和后裔品质、系谱资料等方面进行。

①体型外貌 体型外貌在纯种繁育中非常重要，凡是不符合本品种特征的羊只不能留做种用。因为体型是体质和功能的综合外部

表现，与生产性能有直接关系。一般要求肉用种羊头轻小，四肢较短，背腰宽广平直，后躯丰满多肉，体躯呈圆桶状。

②生长发育和生产性能　生长发育主要测定出生、断奶、周岁、初配和成年阶段的体重和体尺，种羊必须达到品种相应标准；生产性能包括经济早熟性、日增重、饲料转化率、屠宰率、繁殖力、产毛量等方面。尤其是生长性状的遗传力较高，通过个体本身选择效果明显，是选择肉用种羊的关键。

③同胞和后裔品质　胴体和肉质性能需要在同胞或后裔中测定，但同胞测定可缩短测定时间，主要测定屠宰率、胴体长、眼肌面积、肉品质等性状；由于选种羊的目的是要产生品质优良的后代，本身具备了优良性能是选种的前提条件，但更重要的是让它的后代性能优良。如果优良性能不能遗传给后代，即使种羊本身的体型外貌和生产性能优良也不能继续留作种用。

④系谱资料　系谱资料是开展早期选种的重要依据，它不仅提供了种羊亲代的有关生产性能记录和血统来源，而且对一些隐性基因和遗传缺陷在群体中的淘汰很有帮助。

（2）选种的方法

①个体性能鉴定　肉用种羊的鉴定有个体鉴定和等级鉴定两种。个体鉴定要按体型外貌评分、体尺测量和生产性能等的记录结果逐项进行，通常在初生、断奶、6月龄、周岁时进行体质外形和生长发育鉴定，等公羊到了成年、母羊第一次产羔后体型外貌和生产性能达到充分表现时重点依生产性能高低决定去留；等级鉴定不做具体的个体记录，根据个体鉴定结果评定等级高低。等级标准可根据育种目标的要求制定，一般肉用种羊等级分为特级、一级、二级和三级等标准。

②系谱选择　根据系谱记载，通过审查备选个体各代祖先的体型外貌评分和生产性能表现及是否有遗传缺陷等情况，是对种羊进行早期选种的主要依据，但系谱选择只能得出备选种羊与祖先之间的血缘关系远近，只对备选个体做出品质优劣的大致判断。

③同胞选择　是通过对备选种羊的全同胞或半同胞的进行生产性能等方面的测定，以推断备选个体的品质优劣。同胞选择对于低遗传力性状（如繁殖性状）、被选个体本身无法直接度量的性状（如胴体和肉质性状）、线性性状（产肉、产奶性状）选择效果明显。

④后裔选择　是通过测定肉用种羊后代的各项性能表现来评定个体种用价值高低的一种选择方法。重点测定后代品质的同时，对后代的适应性、抗病力等方面也要权衡考虑。由于选种的目的是要产生品质优良的后代，所以后裔选择是评定个体种用价值最可靠的方法，但后裔选择所需时间长、耗费大，通常只对经测定认为最优秀的种公羊才开展后裔选择。

2. 选配

（1）选配的作用　选配是对种羊的交配进行人为控制，使优良个体获得更多的交配机会，使优良基因更好地重组，促进畜群的改良和提高。具体作用是选配可以创造必要的变异；可以把握变异方向；避免非亲和基因的配对；加速基因纯化；控制近交程度，防止近交衰退。

（2）选配的方法

①品质选配

同质选配：就是将具有相同生产特性或优点的公母羊进行交配，使后代保持和发展亲代的特点，使遗传性趋于稳定的选配方法。同质选配的目的在于巩固和发展双亲的优点。但过分强调同质选配的优点，容易造成单方面的过度发育，使体质变弱，生活力降低。因此，在本品种选育过程中开展同质选配，要根据育种工作的实际需要而定。

异质选配：就是选择具有不同优良性状的公母羊交配，或具有优良性状的种公羊与具有某些缺点的母羊相配，使所生后代能结合双亲的优点，或克服母羊的某些缺点的选配方法。这种选配方式的优缺点，在某种程度上与同质选配相反。

②亲缘选配　就是具有一定亲缘关系的公、母羊之间的交配。亲缘选配的作用是可稳定遗传性，揭露有害基因，保持优良个体的血缘，提高羊群的同质性等优点；但亲缘选配容易引起后代的适应性、生活力降低，羔羊体质衰弱，体格变小，繁殖性能和生产性能降低等衰退现象。为防止亲缘选配产生衰退等不良后果，首先必须严格选择和淘汰，根据体质外型和生产性能选择体质强壮的公、母羊配种，凡所生后代体质衰弱、生活力低的个体必须予以淘汰；其次是开展血缘更新，可把亲缘选配的后代与培育在不同条件下没有血缘关系的同品种个体间交配，可以减少衰退发生；再次是对亲缘选配产生的后代，要加强和改善饲养管理条件，即良种需良养。

（二）本品种选育

1. 肉羊场开展本品种选育的必要性　本品种选育指以保持和发展品种固有优点为目标，在本品种内通过选种选配、群体繁育、改善培育条件等为基本措施，提高品种性能的一种育种方法。本品种选育的根本任务是保持和发展本品种的优良特性，增加品种内优良个体的比例，克服范围内小规模导入杂交。

肉羊品种与其他任何品种一样，并非都是完全纯合的群体，本品种选育的前提正是品种内存在着差异。肉羊品种尤其是高产的肉羊品种，受人工选择的影响较大，品种内异质性更大，这些有差异的个体间交配，由于基因重组会使后代表现多种变异，为选育提供了丰富的素材，为全面提高本品种质量打下了基础。当一个品种存在一定缺点而导入杂交时，一旦放松选育提高工作，自然选择作用相对增长，使群体向着原始类型发展，导致品种退化。因此，为了巩固和提高肉羊的产肉性能，本品种选育是羊场经常性的育种活动。

2. 肉羊场开展本品种选育的措施　尽管肉羊品种资源繁多，品种特点各不相同，选育措施也不应当完全一样，在肉羊场进行本品种选育的过程中，有其共同的基本原则和措施。

（1）**进行品种普查**　摸清品种分布区域及其自然生态条件、社会经济条件及产区群众养羊习惯，掌握羊群数量和质量消长及分布特点，根据品种现状，制定品种标准。

（2）**制定本品种资源的保存和利用规划**　提出选育目标，保持和发展品种固有的经济类型和独特优点，根据品种普查状况，确定重点选育性状和选育指标。

（3）**划定选育基地，建立良种繁殖体系**　本品种选育工作应以品种的中心产区为基地，在选育基地范围内，逐步建立育种场和良种繁育场。一般的饲养场，建立健全繁育体系，使良种不断扩大数量，提高质量。在育种场内要建立良种核心群，为选育场提供优良种羊，促进整个品种性能的提高。

（4）**严格执行选育技术措施，定期进行性能测定**　本品种选育要拟定简便易行的良种鉴定标准和办法，实行专业选育与群众选育相结合，不断精选育种群，扩大繁殖群。在选种选配方案及选育目标的指导下，以同质选配为主导与异质选配相结合，严格执行选种标准，强化选优淘劣，迅速提高羊质纯度。同时，要改善饲养管理条件，实行合理培育原则。

（5）**开展品系繁育，全面提高品种质量**　根据品种内的区域性差异和不同区域（或羊场）的羊群类型或性能特点，建立起各具特色的生长快、胴体品质优良的品系，把品种的优良特性提高到一个新的高度。

（6）**加强组织领导**　充分调动群众选育工作的积极性，建立育种协作组织，制订选育方案，定期进行种羊鉴定，广泛开展良种登记和评定交流活动，积极推进本品种选育工作。

（三）杂交繁育

简称杂交，是选择不同品种（品系）的公、母羊之间的交配，即"异种群选配"。这种差异主要表现在表型、基因型或群体特性3个方面。

1. 杂交的作用 一是杂交育种，即通过杂交实现遗传素材重组，使基因和性状重新组合，培育新的肉羊品种；二是杂交利用，即杂种优势利用，通过杂交使后代在生活力、抗逆性、生产性能等方面优于亲本纯种个体，利用杂种优势，提高产肉性能。

2. 杂交的方法

（1）引入杂交 又称导入杂交。针对我国地方品种羊本品种选育无法克服的产肉性能低的缺点可采用导入杂交。导入杂交应在生产方向一致的情况下进行，我国目前还没有自己培育的专门化肉羊品种，可对肉用性能较好的地方品种（如小尾寒羊等）采用国外优良肉羊品种（如萨福克等）开展引入杂交，当改良用的种公羊与原地方品种母羊杂交一次后，再选用杂交一代肉羊与地方品种羊回交，使外血缘含量在1/8～1/4后进行自群繁育。导入杂交在肉羊业中广泛应用，其成败在很大程度上取决于改良用品种公羊的选择和杂交中的选配及羔羊的培育条件等方面，还要加强原地方品种羊的选育工作，以保证选择好的回交种羊。

（2）级进杂交 又称改造杂交、吸收杂交。指用优良肉羊品种的公羊作为改良品种与当地母羊杂交，所产各代杂种母羊继续用改良品种公羊交配，当杂交到4～5代后杂种羊的生产性能基本与改良品种相似，达到育种目标后应停止杂交，选择符合条件的杂种公母羊进行横交，采用级进杂交可以快速有效地获得既生产性能高又适应性强的肉羊。我国生产性能低下的地方品种羊应与国外优良肉羊品种开展级进杂交，不仅可以提高生产性能，而且可培育适应当地条件的肉羊品种。

（3）经济杂交 是为了利用杂种优势而采用两个具有不同优点的羊品种杂交，杂种后代全部商品利用，生产畜产品的一种杂交方法。一代杂种由于具有杂种优势，生活力强，生长发育快，在肥羔肉生产中经常应用。经济杂交的优点在于，杂种一代的公羔生长快，生产商品肉有重要意义，杂种一代的母羊不仅可以作为肉羊，也可用于杂交生产的母本而提高生产性能。

（四）我国绵、山羊生产适宜的杂交组合

目前，我国肉羊生产正在快速发展，已取得了令人瞩目的成就。利用引进的肉羊品种与我国地方优良品种进行杂交，已成为商品肉羊生产的主要方式。本节对我国各地进行的肉用绵羊和肉用山羊杂交组合试验效果进行了归纳、总结和分析。

1. 肉用绵羊适宜的杂交组合

（1）肉用绵羊二元杂交组合

①萨寒杂交组合　萨福克羊是最著名的肉用绵羊品种之一，是传统的"肉羊之王"，具有生长速度快、出生羔羊重等优势，可秉承杂交双亲的优良性状。以萨福克羊为父本和小尾寒羊为母本进行的二元杂交，羔羊初生重 5.34 千克，0～3 月龄间日增重 271 克，3～6 月龄间日增重 200 克，6 月龄重 46.86 千克。

②白寒杂交组合　白萨福克羊原产于澳大利亚，由萨福克羊、无角陶赛特羊及边区莱斯特羊等杂交选育而成，生产性能类似于萨福克羊，但被毛品质优于萨寒杂交组合。以白头萨福克羊为父本和小尾寒羊为母本进行的二元杂交。羔羊初生重可达 4.16 千克，0～3 月龄间日增重 280 克，3～6 月龄间日增重 203 克，6 月龄活重 47.39 千克。白寒组合初生重较小，但羔羊生长速度超过萨寒组合。

③陶寒杂交组合　无角陶赛特羊由有角陶赛特羊与考力代羊杂交育成，具有两年三产、繁殖周期短、羔羊断奶前增重速度较快等特点。以无角陶赛特羊为父本和小尾寒羊为母本进行二元杂交。羔羊初生重 3.72 千克，4 月龄重 23.77 千克，6 月龄活重 30.54 千克。

④夏寒杂交组合　夏洛莱羊主要用作育肥羊生产的终端父本，具有耐干旱、潮湿及寒冷等恶劣气候，季节性发情，产羔率在 135%～190%，较其他绵羊的产羔率 110%～130% 高出很多。以夏洛莱羊为父本，与小尾寒羊进行二元杂交。羔羊初生重 4.76 千克，4 月龄重 22.82 千克，6 月龄重 28.28 千克。夏寒杂交 F_1 母羊繁殖指数的杂种优势率为 11.2%。

⑤德寒杂交组合　德国肉用美利奴羊属肉毛兼用型，具有羔羊生长发育快、繁殖力强及被毛品质好等特点，常年发情，可两年三产，产羔率在150%～250%。以德国肉用美利奴羊为父本，与小尾寒羊进行二元杂交。羔羊初生重3.2千克，3月龄重21.09千克，6月龄重可达36.64千克。

⑥南寒杂交组合　南非肉用美利奴羊是南非从德国引进的肉用美利奴羊经选育而成的新品种，具有耐粗饲、耐干旱炎热环境、饲料转化率高、母性性情温顺、泌乳量高等特点，可四季发情，常年繁殖。以南非肉用美利奴羊为父本，与小尾寒羊进行二元杂交。羔羊初生重3.07千克，100日龄断奶重达36千克，日增重为335克。

⑦兰寒杂交组合　兰德瑞斯羊属于芬兰北方短脂尾羊，以多胎多产、性成熟早、羔羊生长快、产毛量高、毛品质优良著称。可常年繁殖，多产3～4羔，母羊母性好，泌乳量高。以兰德瑞斯羊为父本，与本地小尾寒羊进行二元杂交。3月龄兰寒杂交肉羊的日增重288克，比小尾寒羊对照的日增重高72克，屠宰率达50.48%，净肉率为41.4%。

⑧杜寒杂交组合　杜泊羊是南非用波斯黑头羊和有角陶赛特羊杂交育成，分黑头和白头两种类型。具有生长速度快、适应性好、耐粗饲等优点，肉质细嫩可口，瘦肉率高，被誉为"钻石级"绵羊肉。羔羊初生重不大，但出生后生长速度快，3月龄前增重和特克塞尔羔羊持平，但3～6月龄增重高于特克塞尔羊。可两年三产，产羔率达150%。以杜泊羊为父本，与小尾寒羊进行二元杂交。羔羊初生重3.88千克，3月龄重为24.6千克，6月龄重51千克。0～3月龄间日增重230克，3～6月龄间日增重293克。

⑨特寒杂交组合　特克塞尔羊源于荷兰的特克塞尔岛，具有母性好、饲料转化率高、耐粗饲等优点。在英国几乎与萨福克羊平分秋色。可常年发情，两年三产，产羔率150%～190%。以特克塞尔羊为父本，与小尾寒羊进行二元杂交。羔羊初生重3.97千克，3月龄重24.2千克，6月龄活重48千克。0～3月龄日增重为225克，

3～6 月龄日增重 263 克。

⑩杜湖杂交组合 以杜泊羊为父本，与湖羊进行二元杂交。羔羊初生重 2.6 千克，3 月龄重为 15.7 千克，6 月龄重 24.2 千克。0～6 月龄日增重 120 克。各项指标与同环境下饲养的杜寒杂种羔羊相似。

⑪萨哈杂交组合 以萨福克羊为父本，与哈萨克羊进行二元杂交。羔羊初生重 3.87 千克，4 月龄重为 23.74 千克，6 月龄重 30.34 千克。0～6 月龄日增重 120.2 克。

⑫萨福克羊、无角陶赛特羊与阿勒泰大尾羊杂交分别以萨福克羊、陶赛特羊为父本，与阿勒泰大尾羊进行二元杂交 萨阿杂种羔羊初生重、1 月龄重、3 月龄重分别为 5.14、13.17、22.62 千克，分别较阿勒泰大尾羊高 7.76%、6.81%、2.36%。陶阿杂种羔羊初生重、1 月龄重、3 月龄重分别为 4.94、12.91、22.01 千克，分别较阿勒泰大尾羊高 3.57%、4.70%、4.21%。可见，各种引进肉羊与新疆土种羊（阿勒泰大尾羊，哈萨克羊）杂交优势普遍较小。

⑬陶赛特羊、小尾寒羊、内蒙古细毛羊三品种不同组合以无角陶赛特羊、小尾寒羊为父本，与蒙古细毛羊进行二元杂交 陶细杂种羔羊初生重 4.26 千克，4 月龄重 31.12 千克，0～4 月龄日增重平均 223 克。寒细杂种羔羊初生重 4.02 千克，4 月龄重 22.38 千克，0～4 月龄日增重平均 158 克。

⑭陶赛特羊、特克塞尔羊、萨福克羊与藏羊杂交 陶藏杂种羊初生重、断奶重、6 月龄重分别为 3.8、18.7、33.7 千克，萨藏杂种羊初生重、断奶重、6 月龄重分别为 3.9、17.9、33.5 千克，特藏杂种羊初生重、断奶重、6 月龄重分别为 3.9、18.5、32.9 千克。3 种杂种羔羊的初生重分别较藏羊高 21.80%、25.00%、25.00%，断奶重分别高 66.70%、59.82%、65.18%，6 月龄重分别高 45.26%、44.40%、41.80%。可见，3 种肉羊与藏羊的杂交效果非常显著。

（2）肉用绵羊杂交组合

①特陶寒杂交组合 无角陶赛特羊与小尾寒羊二元杂交，F₁母羊再与特克塞尔公羊杂交。羔羊初生重 3.74 千克，3 月龄重 20.63

千克，6月龄重29.91千克，0～3月龄日增重207克。

②南夏考杂交组合 夏洛莱羊与考力代羊二元杂交，F_1母羊再与南非肉用美利奴公羊杂交。羔羊初生重4.65千克，100日龄断奶重22.35千克，0～100日龄日增重176克，100日龄断奶至6月龄日增重80克。

③南夏土杂交组合 夏洛莱羊与山西本地土种羊进行二元杂交，杂交F_1母羊再与南非肉用美利奴公羊杂交。羔羊初生重4.05千克，100日龄断奶重16.30千克，0～100日龄日增重122克，100日龄断奶至6月龄日增重51克。该组合是山西等地重要的杂交组合类型。

④陶夏寒杂交组合夏洛莱羊与小尾寒羊二元杂交，F_1母羊再与无角陶赛特公羊杂交 杂种羔羊3月龄重29.97千克，6月龄重44.98千克，0～6月龄日增重165克。这种杂交组合的产羔率为162%。

⑤萨夏寒杂交组合 夏洛莱羊与小尾寒羊二元杂交，F_1母羊再与萨福克公羊杂交。杂种羔羊3月龄重27.21千克，6月龄重42.59千克，0～6月龄日增重166克。这种杂交组合的产羔率为222%。

⑥德夏寒杂交组合 夏洛莱羊为父本与小尾寒羊二元杂交，F_1母羊再与德国肉用美利奴公羊杂交。杂种羔羊3月龄重32.63千克，6月龄重53.19千克，0～6月龄日增重223克。这种杂交组合的产羔率为127%。

⑦陶赛特羊、萨福克羊、德国肉用美利奴羊与夏洛莱羊级进小尾寒羊F_2杂交以夏洛莱羊为父本与小尾寒羊二元杂交，F_1母羊再与夏洛莱公羊级进杂交，杂二代母羊再与陶赛特公羊杂交 这种杂交组合F_3羔羊初生重、断奶重分别可达4.11、28.00千克，F_2母羊产羔率160%，较陶夏寒杂交组合低2%。在夏洛莱羊级进杂交小尾寒羊基础上，杂二代母羊再与萨福克羊杂交，这种杂交模式F_3羔羊初生重、断奶重分别可达3.52、27.81千克，F_2母羊产羔率173%，较萨夏寒杂交组合低49%。若在夏洛莱羊级进杂交小尾寒羊基础上，杂二代母羊再与德国肉用美利奴羊杂交，这种杂交模式F_3羔

羊初生重、断奶重分别可达 3.10、25.5 千克，F_2 母羊产羔率 114%，较德夏寒杂交组合低 13%。

⑧陶寒滩杂交组　以小尾寒羊为父本与滩羊二元杂，F_1 母羊再与陶赛特公羊杂交。三元杂交单羔、双羔、三羔、四羔初生重分别为 4.29、3.01、2.15、1.78 千克；三元杂交羔羊 1 月龄重、3 月龄重、6 月龄重分别可达 11.03、15.56、30.37 千克，分别比小尾寒羊×滩羊二元杂交羔羊提高 25.06%、16.29%、28.58%。

⑨特寒滩杂交组合　以小尾寒羊为父本与滩羊二元杂交，F_1 母羊再与特克塞尔公羊杂交。三元杂交初生重、3 月龄重、6 月龄重分别可达 4.26、23.62、41.15 千克，而相同环境下饲养的陶寒滩三元杂交羔羊的相应指标分别为 4.42、21.93、39.34 千克。与滩羊相比，特寒滩三元杂交羔羊和陶寒滩三元杂交羔羊初生重分别提高 44.44%、39.22%，断奶重分别提高 53.57%、65.41%，6 月龄重分别提高 43.26%、50.45%。

⑩陶赛特羊与夏细杂种羊杂交无角陶赛特羊分别与夏洛莱羊和东北细毛羊的杂一代母羊杂交　杂二代公羔的初生重、1 月龄重、断奶重分别可达 5.0、13.1、22.0 千克，较夏细杂种羊的相应指标分别高 11.11%、21.29%、26.44%。

⑪萨福克羊、陶赛特羊、夏洛莱羊、杜泊羊与寒蒙杂种母羊杂交　先以小尾寒羊公羊与蒙古母羊交配，杂一代母羊再与不同的终端父本进行杂交。萨寒蒙杂种羔羊初生重、3 月龄重、6 月龄重分别为 3.96、23.67、39.97 千克，陶寒蒙杂种羔羊初生重、3 月龄重、6 月龄重分别为 3.98、24.18、40.18 千克，夏寒蒙杂种羔羊初生重、3 月龄重、6 月龄重分别为 3.97、24.30、40.48 千克，杜寒蒙杂种羔羊初生重、3 月龄重、6 月龄重分别为 4.10、26.48、43.68 千克，可见杜寒蒙杂交组合效果最好。

2. 肉用山羊杂交组合

（1）肉用山羊二元杂交组合

①波鲁杂交组合　波尔山羊具有生长快、抗病力强、繁殖率高

和饲料报酬高等特点，是世界上唯一经过多年生产性能测验，目前最受欢迎的肉用山羊品种。可四季发情、多胎多产，母羊排卵数为1～4个，平均为1.7个，产羔率可达200%以上。波尔山羊公羊与鲁北白山羊母羊杂交，6月龄、12月龄杂种羊体重分别为35.85、59.05千克，分别较鲁北白山羊提高25.57%、14.00%。

②波宜杂交组合　波尔山羊公羊与宜昌白山羊母羊杂交。杂种羔羊初生重、2月龄断奶重、8月龄重分别为2.82、12.08、25.43千克，分别较宜昌白山羊提高51.96%、30.59%、83.61%。屠宰率（47.26%）比宜昌白山羊高6.67%。

③波黄杂交组合　波尔山羊公羊与黄淮山羊母羊杂交。F_1羊初生重、3月龄重、6月龄重、9月龄重分别达2.89、16.31、21.59、43.85千克，分别比黄淮山羊提高69.50%、105.93%、41.76%、138.44%。

④波南杂交组合　南江黄羊具有肉乳生产性能好、繁殖力高、板皮品质佳等特性，是国家农业部重点推广的肉用山羊品种之一，而且是国内地方山羊品种中生长速度较快、体型较大、肉用性能最好的品种之一。1992年被国际小母牛基金会推荐为亚洲首选肉用山羊品种。波尔山羊公羊与南江黄羊母羊杂交，F_1公、母羊初生重分别为2.67、2.44千克，2月龄重10.69、9.10千克，8月龄重22.56、20.84千克，杂种羊从出生到周岁的体重比南江黄羊高30%以上。

⑤波长杂交组合　波尔山羊与长江三角洲白山羊杂交，F_1初生、断奶、周岁体重分别为2.50、11.18、22.1千克，比长江三角洲白山羊分别提高72.60%、83.58%、42.11%。周岁胴体重可达14.37千克，比长江三角洲白山羊分别提高7.20千克；屠宰率54.35%。初生重和产羔率的杂种优势率分别为10.13%、12.8%。

⑥波乐杂交组合　乐至黑山羊主要分布于四川资阳乐至县，初产羊羔率为231.18%，经产母羊为268.95%，母羊日均泌乳量可达1.43千克。波尔山羊与乐至黑山羊杂交，F_1初生重、2月龄重、6

月龄重、12 月龄重分别达 3.29、15.58、28.78、43.74 千克，分别比乐至黑山羊提高 24.22%、28.64%、40.83%、13.55%。

⑦波简杂交组合　波尔山羊与简阳大耳羊杂交，F_1 初生重及 2 月龄重、6 月龄重、12 月龄重分别达 3.59、15.58、28.15、38.94 千克，分别比大耳羊提高 52.44%、41.06%、44.41%、30.34%。

⑧波马杂交组合　马头山羊是国内地方山羊品种中生长速度较快、体型较大、肉用性能最好的品种之一。波尔山羊与马头山羊杂交，F_1 初生重、3 月龄重、6 月龄重、9 月龄重、12 月龄重分别达 2.7、18.5、22.7、28.8、32.7 千克，分别比马头山羊提高 54.3%、48.0%、29.0%、26.3%、16.8%。

⑨努马杂交组合　努比亚山羊是一种肉、乳、皮兼用型山羊。其耐热性能好，羔羊生长速度快，产肉多。努比亚山羊与马头山羊杂交，F_1 初生重、3 月龄重、6 月龄重、9 月龄重、12 月龄重分别为 2.8、11.8、19.6、26.0、31.5 千克，分别比马头山羊提高 60.0%、0、11.4%、14.0%、12.5%。

⑩波福杂交组合　波尔山羊公羊与福清母山羊杂交，羔羊初生重、3 月龄重、8 月龄重分别为 2.87、16.08、22.63 千克，分别较福清山羊提高 14.34%、23.12%、34.27%。

⑪波川杂交组合　波尔山羊公羊与川东白山羊母羊杂交，羔羊初生重、2 月龄重、9 月龄重分别为 2.50、8.71、24.35 千克，分别较川东白山羊提高 41.65%、31.12%、30.97%。

⑫波陕杂交组合　波尔山羊与陕南白山羊杂交，F_1 初生重、3 月龄重、6 月龄重、12 月龄重、18 月龄重分别为 3.4、16.60、27.26、40.33、46.30 千克，分别比陕南白山羊提高 56.0%、15.27%、39.79%、37.20%、40.73%。

⑬波贵杂交组合　波尔山羊与贵州白山羊杂交，F_1 初生重、3 月龄重、6 月龄重、12 月龄重、18 月龄重分别为 2.48、13.68、22.95、31.05、38.10 千克，分别比贵州白山羊提高 50.46%、54.61%、51.84%、61.09%、59.38%。

（2）肉用山羊杂交组合

①杂交组合努比亚山羊公羊先与马头山羊母羊杂交，F_1母羊再与波尔山羊公羊杂交 F_2初生重、3月龄重、6月龄重、9月龄重、12月龄重分别为3.0、12.0、22.0、27.9、34.0千克，分别比马头山羊提高24.5%、25.2%、25%、22.2%、21.4%。

②杂交组合关中奶山羊公羊先与陕南白山羊杂交，F_1母羊再与波尔山羊公羊杂交 波奶陕、波陕、奶陕、陕南白山羊羔羊的初生重分别为3.63、3.07、2.45、2.18千克。波奶波、波陕、奶陕、陕南白山羊羔羊3月龄重分别达19.46、16.60、15.19、14.40千克，6月龄重分别达32.30、27.45、21.35、19.50千克。

［案例2-2］"优良种羊基因的引进和利用研究"项目实施情况

"优良种羊基因的引进和利用研究"项目为安徽省"九五"科技攻关项目，由安徽省科委于1996年立项，安徽省农科院畜牧所和安徽省农委畜牧局承担，研究期限为1996—2000年12月。

1. 攻关内容

（1）引进种羊 引进波尔山羊、萨能奶山头、马头山羊等山羊品种，做适应性观察，并对引进羊进行扩繁，选育提高，以便持续不断地向社会提供种羊。

（2）杂交试验 筛选适宜的杂交组合，确定适宜的改良代数。

（3）推广配套技术 为了保证改良效果，同时推广肉用山羊相应的增产配套技术和科学的饲养管理技术。

2. 项目背景

近20年来，养羊业由于受到化纤工业发展的影响，人们对羊毛的需求日益减少，伴随人们生活水平的不断提高，对羊肉的消费量逐年增加；同时，羊肉以其高蛋白、低脂肪、低胆固醇而更受现代消费者的喜爱，因此羊肉生产近年来发展较快。

肉羊业发达的国家主要利用二元或三元肉用品种杂交，生产羔羊肉。羔羊肉瘦肉多，肌肉纤维细嫩，膻味轻，味美多汁，生产羔羊肉周期短、成本低。我国肉羊与发达国家相比起步比较晚，尤其是肉用山羊生产还比较落后，不像肉猪、肉用绵羊那样已筛选出供推广的经济杂交组合。

安徽省山羊资源丰富，山羊的饲养量在 1400 万只以上，年出栏山羊 700 多万只，品种为安徽白山羊，系黄淮山羊的一个地方类群。该羊肉皮兼用，板皮属"汉口路"，质量优良，是制革工业的上等原料；成年公羊体重 30 千克，成年母羊 22 千克，屠宰率 50%，净肉率 37%；繁殖力较高，公母羊 3 月龄可发情配种，一般年产 2 胎或二年三胎，产羔率约 260%。作为肉羊，安徽白山羊体型过小，产肉量低，影响了山羊养殖效益，制约着我省山羊业的发展。1995 年，我国首次从德国引进了世界著名的大型肉用山羊——波尔山羊，为肉用山羊生产提供了优秀的父本。1996 年安徽省科委就"优良种羊基因的引进和利用研究"作为省"九五"科技攻关项目给予立项资助。

3. 主要做法

（1）引种　引进了 7 个山羊品种，分别是波尔山羊、萨能奶山羊、马头山羊、南江黄羊、吐根堡山羊、努比山羊和简阳大耳羊。对波尔山羊、萨能奶山羊、马头山羊与安徽白山羊的杂交利用进行了比较系统深入的研究，其他品种也做了引种饲养观察。

（2）二元杂交　以引进的良种山羊为父本，当地安徽白山羊为母本进行二元杂交，杂一代育肥上市。

（3）三元杂交　以当地安徽白山羊为母本，引进的奶用山羊品种（萨能奶山羊、吐根堡和努比山羊）为第一父本，波尔山羊为第二父本进行三元杂交，杂交羊育肥出栏。

（4）级进杂交　以安徽白山羊为母本，波尔山羊为父本进行级进杂交，在级进杂交二代及其以上的高代杂种中，选择符合肉用羊要求的杂种公羊作为种羊，继续改良安徽白山羊。

（5）生长发育性能研究　对二元杂交、三元杂交、级进杂交和安徽白山羊的初生、1 月龄、2 月龄、4 月龄、6 月龄、8 月龄、12

月龄、24 月龄体重、体高、体长、胸围及管围进行测量，分析研究不同杂交组合各年龄阶段的生长发育情况。

（6）肉用性能研究　对波×萨×安组合、马×萨×安组合、波×安组合、萨×安组合和安徽白山羊 6 月龄屠宰性状和肉质性状进行了研究。测定性状包括宰前活重、空腹体重、血重、皮重、头重、四肢重、胴体重，以及宰前活重屠宰率等指标。

（7）板皮性能研究　对波×萨×安组合、马×萨×安组合、波×安组合、萨×安组合和安徽白山羊 6 月龄时的板皮性能进行了研究。测定性状包括鲜皮重、皮肤面积、颈腹臀 3 个部位毛纤维细度和密度、板皮抗张强度、断裂伸长率、撕裂强度、颈腹臀 3 个部位表皮层皮下组织的厚度、胶纤维束生长情况等。

（8）繁殖性能研究　统计不同杂交组合的产羔率。

（9）胚胎移植研究　对波尔山羊进行了超排处理，利用手术法进行胚胎移植。

（10）细管冻精研制　研制波尔山羊细管冻精和颗粒冻精，并大面积推广。

（11）杂种优势研究　利用 RAPD 技术预测杂种优势。

（12）配套技术研究　筛选适合我省推广的优质山羊肉生产配套技术。

（13）边研究边推广　制定具体的杂交改良方案，在安徽省内规模山羊养殖场进行示范推广。

4. 研究结果

（1）测试的杂交组合　波尔山羊简称波，萨能奶山羊简称萨，马头山羊简称马，安徽白山羊简称安。

经测试的杂交组合为：波×安、萨×安、波×萨×安、波×波×安和安徽白山羊。

（2）生长发育性能　用波尔山羊和萨能奶山羊与安徽白山羊杂交，杂一代羊体重、体尺和日增重比安徽白山羊大幅提高。6 月龄体重，波×安羊和萨×安羊分别为 25.20 千克和 22.14 千克，比安徽白山羊（11.46千克）分别提高119.9%和93.19%。

（3）肉用性能　胴体重、屠宰率、胴体产肉量、净肉率、肉骨比、眼肌面积等性状表现为波×萨×安组合＞马×萨×安组合＞安徽白山羊；内脏脂肪沉积能力，波×萨×安组合和马×萨×安组合大于安徽白山羊；波×萨×安组合和马×萨×安组合的多数肉质指标较安徽白山羊有不同程度的下降，包括肉色变淡、pH值下降、拿破率变小、大理石纹变差、失水率较多及肌纤维变粗等。

（4）板皮性能　鲜皮重、皮张面积、真皮层厚度表现为波×萨×安组合＞马×萨×安组合＞安徽白山羊；撕裂强度、断裂伸长率、毛纤维密度，波×萨×安组合和马×萨×安组合较安徽白山羊有不同程度的下降。

（5）繁殖性能　波×萨×安组合产羔率190%，马×萨×安组合产羔率157%，波×安组合产羔率196%，萨×安组合产羔率207%，安徽白山羊产羔率260%。

（6）配套技术

①种植高产牧草　根据安徽省气候、土壤类型和山羊消化特性，筛选出黑麦草、苇状羊茅、白三叶、紫花苜蓿、菊苣、苏丹草、高粱及苏丹草等高产牧草品种和栽培技术进行推广，将养羊和种草结合起来，以生产优质山羊肉。栽培技术包括整地、播种方法、田间管理和收获等环节。

②补饲配合精饲料　依据肉羊的营养需要和当地饲料资源特点，供给山羊配合精饲料，有条件的地区推广肉羊预混料、浓缩料和全价料。项目实施中采用的配合精饲料配方：玉米58%、麦麸20%、棉籽饼10%、豆饼3%、干槐树叶粉5%、预混料4%，其营养水平为：粗蛋白质14.4%，消化能达14.7兆焦/千克，育肥效果较好。

③农作物秸秆加工　农作物秸秆是我省农区养羊的主要饲料，秸秆的种类有麦秸、稻草、玉米秸、豆秸、甘薯藤、花生秧等。针

对不同秸秆分别采取切短、粉碎、青贮、碱化、氨化等不同处理方法进行加工。

④创造良好的生活环境　山羊喜欢干燥、凉爽的生活环境，在炎热潮湿的环境下，易感染多种疾病。因此，山羊舍应建在地势高或干燥的地方，要保持羊舍通风良好。对于炎热、多雨潮湿的南方地区，宜采用高床饲养。山羊喜欢清洁，对异味敏感，采食前先用鼻子嗅，凡是有异味、被污染或有腐败的饲料，已践踏的牧草，都不愿意采食。故提供给山羊饲草饲料适口性要好，不能被污染，饮水要清洁。

⑤驱虫和疫病预防　肉用山羊育肥前必须对育肥羊驱除体内外寄生虫，以免影响育肥效果。驱虫种类可根据当地常发生的寄生虫的种类为目的地来选择驱虫药物，常用的驱虫药有左旋咪唑、丙硫咪唑、双甲脒、二嗪磷、阿维菌素等。对于肉用山羊生产危害严重的疾病要根据地区流行特点，事先注射疫苗，切断病菌传播途径。

⑥适时出栏　对于二元杂交和三元杂交的肉用山羊，前期生长发育较快，特别是 6 月龄前生长速度较快，6 月龄后生长速度变慢，8 月龄后生长速度更慢。因此，育肥的杂交山羊，在 6 月龄左右屠宰较好，最迟不要超过 8 月龄。

三、不同生理阶段羊只生理与饲养要点

（一）种公羊生理与饲养要点

1. 种公羊的生理特点　种公羊全年的营养需要必须保持在较高的水平，以保证常年健康、活泼和精力充沛，保持中等以上的膘情，但不能过肥，要加强运动，种公羊繁殖季节性欲比较旺盛，精液品质好。进入冬春季，性欲减弱，食欲逐渐增强，这时应有意识地加强饲养管理，使其体况良好，精力充沛。夏季天气炎热，影响采食量，此时若营养不良，则很难完成秋季配种。配种期种公羊性欲强烈，食欲下降，很难补充身体消耗，只有尽早加强饲养，才能保证在配种期性欲旺盛，精液品质良好，提高种公羊的利用率。

2. 种公羊的选择

（1）根据其系谱进行选择 要选择系谱清楚，双亲资料齐全，父、母均为良种羊，遗传力强，生产性能好，无明显遗传缺陷的种公羊。只有选择遗传力强、生产性能好的种公羊，才能最大限度地发挥其生产潜力，提高生产力。

（2）根据公羊的体型外貌进行选择 一般选择种公羊，体格较同种母羊要高大，胸宽深，肩宽厚，背宽而平直，肋骨开张良好，尻部宽长而不过斜，臀部肉厚轮廓明显，股部肌肉丰满，腿强健，腿长与体高比例适中，整个体躯圆厚而紧凑，生殖器官发育良好。

（3）根据后裔测定成绩进行选择 实践证明，根据后裔测定成绩进行选择的种公羊，效果比较理想，选择系谱记录详细，且至少3代以上，体型外貌符合本品种特征，有条件的种羊场，依据后裔测定进行科学合理的选择。

3. 种公羊的饲养管理要点 俗话说"母羊好，好一窝；公羊好，好一坡"。种公羊管理的优劣直接影响养羊场（户）的经济效益，因此在种公羊饲养管理中应做到合理饲养，科学管理。

（1）种公羊的饲养 对种公羊的饲养，应采取放牧与补饲相结合的方法，并根据配种期和非配种期给予不同的饲养标准。

①非配种期种公羊的饲养 此期较长，几乎经历了冬、春、夏、秋4个季节，这一时期的种公羊，虽无配种任务，但它直接关系到种公羊全年的膘情、配种期的配种能力及精液的品质。所以，此期的饲养，一定要坚持常年放牧为主、补饲为辅的原则。具体饲养方法分3个时期。

增膘复壮期的饲养：种公羊于10月上、中旬配种，到12月中旬左右结束，经过2个月的配种，体力和营养消耗很大，同时又值严寒冬季，水凉草枯采食量下降，消耗热量也多，故应做好以下3项工作：首先，于配种结束后，立即停止单纯运动，以防继续消耗体力；其次，按配种期的饲养标准，逐渐减少精饲料量，不要立即停喂精饲料；再次，加强放牧，延长放牧时间，使公羊在牧地充分采食，返舍后精心补饲和饲养，使公羊迅速增膘复壮。

严冬、晚春和夏季的饲养：这一时期长达 7 个月左右，冬季寒冷，春季气温变化无常，夏季酷热。枯草期除供给足够热能外，还应注意蛋白质、维生素、矿物质的充分供给。冬、春季在减少精饲料的情况下，保持中、上等体况。因此，一定要保证放牧时间和放牧距离，以增强种公羊的体质，同时要保证补饲饲草、饲料的数量和质量。青草期的晚春及夏季，除加强放牧外，还要保证放牧时间和放牧里程，日喂混合料 0.3 千克，切实保证种公羊非配种期的营养需要，并为配种预备期做好准备。

配种预备期的饲养：这一时期正值秋季放牧时期，天气凉爽适宜，牧草开始枯黄，但子实已成熟，田间果园残留粮谷果实丰盛，是抓膘增重、为配种期蓄积营养的良好时期，所以除加强放牧运动外，还应按配种期精饲料标准 60%～70% 的比例，逐渐增加到配种期的标准；并要坚持排精检查精液质量，开始时每周排精 1 次，接近配种期前 1 个月内，每周排精 1～2 次，直至隔日排精 1 次，并严格检查精液品质，发现问题，及时研究改进饲养方法，保证配种期公羊精液的品质。

②配种期种公羊的饲养

配种前期种公羊的饲养：加强饲养。为了保证种公羊在配种季节有良好健康的体况，能够承担和完成配种任务，在配种前期即配种季节到来前 1～1.5 个月要着重加强种公羊的补饲和运动锻炼，精饲料的补饲量由每只每天 0.3 千克逐渐增加到 0.7 千克，在精饲料中要注意增加蛋白质饲料的比例，种公羊每天的运动时间要增加到 4 小时以上。

配种训练：公羊初次参加配种前要进行调教才能配种。在开始调教时，选发情盛期的母羊允许进行本交。有的公羊对母羊不感兴趣，既不爬跨，亦不接近，对这样的公羊可采用以下方法进行调教：

一是把公羊和若干只健康母羊合群同圈饲养，几天以后，种公羊就开始接近并爬跨母羊；二是在别的种公羊配种或采精时，让缺乏性欲的公羊在旁"观摩"；三是每日按摩公羊睾丸，早、晚各1次，每次10～15分钟，或注射丙酸睾酮，隔日1次，每次1～2毫升，注射3次，或用发情母羊的阴道分泌物或尿涂在种公羊鼻尖上，有助于提高公羊性欲。

精液品质检查：公羊经过几次调教后，每只公羊要人工采精3～5次，检查精液的品质。精液检查的目的是确定精液是否可用于输精配种。一般的检查项目是：密度、活力、射精量及颜色、气味等。正常精液的颜色为乳白色，无特殊气味，肉眼能看到云雾状。射精量为0.8～1.8毫升，一般为1毫升，每毫升含有精子10亿～40亿个，平均30亿个，密度和活力要用显微镜检查。根据精液的品质调整饲料配方和补饲量，预测配种能力。

安排配种计划：羊群的配种期不宜拖得过长，应争取在1.5个月左右结束配种。配种期越短，产羔期越集中，羔羊的年龄差别不大，既便于管理，又有利于提高羔羊的存活率。

配种期种公羊的饲养：配种是种公羊的主要任务，配种对种公羊的体力消耗是非常大的，尤其是在配种任务大时更是如此，因此如果在此阶段饲养管理不到位，就不能很好地完成配种任务。配种期最重要的是进行合理的补饲。补饲量可根据羊的体重大小、膘情和配种任务而定，每只种公羊每天补饲含蛋白质较高的精饲料0.7～1.5千克，食盐15克，骨粉10克，冬季还应补饲胡萝卜1千克，分2～3次补饲，先喂精饲料，再自由采食青草或青干草。在配种任务较大时，为了提高种公羊的精液品质，可在羊的饲料中加入生鸡蛋2～3枚，将鸡蛋捣碎拌入料中。其次是要加强运动。通过运动可增进种公羊的肌肉、韧带和骨骼健康，防止肢蹄变形，保证种公羊举动活泼，性欲旺盛，精液质量优良，防止公羊过肥，减少疾病的发生。在配种期，种公羊的运动时间要增加到4～6小时。平常要保证充足洁净的饮水，配种或采精后不能让公羊立即饮冷水，必须停15～20分钟后才可饮水，冬季要饮温水。

配种后恢复期种公羊的饲养：种公羊经历了一段时间的配种后，体力消耗很大，往往出现体重减轻的现象，为了尽快恢复体况，在配种完成后的一段时间内仍要加强对种公羊的饲养管理。每只种公羊每天仍要补饲精饲料0.5～0.8千克，并逐渐减少，饲料中的蛋白质含量可以适当降低。大约需1个月的恢复期，使种公羊的膘情恢复到配种前的体况，然后按非配种期的饲养管理方法进行。

（2）种公羊的管理　无论配种期与非配种期，对种公羊的管理都应格外细致，要经常观察种公羊的食欲好坏，发现食欲不振时，即应查明原因，及时解决。种公羊圈舍应宽敞、坚固，通风良好，保持清洁干燥、定期消毒、定期防疫、定期驱虫、定期修蹄，保证种公羊有一个健康的体魄。

种公羊应常年保持中等膘情，不能过肥。舍饲的种公羊每天必须进行运动，即采取快步驱赶，要在40分钟内走完3千米，这样，可使种羊体质健壮，精力充沛，精子活力旺盛。

公羊喜欢顶斗，尤其是配种期间，互相争斗、互相爬跨，不仅消耗体力，还易造成创伤，因此饲养人员应多观察，发现公羊顶架时要及时驱散。

种公羊要单独组群饲养，除配种外，尽量远离母羊，不能公母混养，以防乱配过度伤身，导致雄性斗志衰退。

3. 种公羊的合理利用

（1）要适龄配种　种公羊应在体成熟以后开始配种利用，不同品种的羊，达到体成熟的年龄有所不同，一般在12～18月龄。

（2）要加强对种公羊的调教　使其不怕人、容易接近，性格温顺，听从使唤。

（3）保证配种受胎率和公羊体质　羊群应保持合理的公母比例。自然交配情况下公母比例为1∶30，人工辅助交配情况下公母比例为1∶60，人工授精情况下公母比例为1∶5 000。

（4）每周采精1次，检查种公羊精子　对于精液外观异常或精子的活力和密度达不到要求的种公羊，暂停使用，查找原因，及时纠正。人工授精情况下，每次输精前都要检查精子的活力和密度，精子活力低于0.6的精液或稀释精液不能用于输精。

（5）**掌握好种公羊的使用频度** 1.5岁左右的种公羊每天采精1～2次，采取隔天利用；成年种公羊每天配种或采精3～4次，每次采精间隔1～2小时，每周至少安排休息1天。

（6）**种公羊繁殖利用期限** 种公羊繁殖利用的最适年龄为3～6岁，这一时期，配种效果最好。要及时淘汰老公羊并做好后备公羊的选育和储备。

（二）妊娠母羊生理与饲养要点

1. 妊娠母羊的生理特点 妊娠是母羊特殊的生理状态，是由受精卵开始，经过发育，一直到成熟胎儿产出为止，所经历的这段时间称为妊娠期。母羊配种后20天不再表现发情，则可判断已经妊娠，其妊娠期平均为150天。

妊娠期间，随着胚胎的发育，母羊的生殖器官和整个机体发生一系列形态和生理的变化，以适应妊娠需要，同时也保持了机体内环境的稳定状态。母羊妊娠前期（妊娠的前3个月），是胚胎形成阶段，胎儿的体重增加很少，主要是进行组织器官的分化，对营养物质的量要求不高，但是要求严格的饲料质量和营养平衡。在生产中，妊娠前期的营养需要与空怀期大致相同，一般按维持水平饲养，但应补喂一定量的优质蛋白质饲料，以满足胎儿生长发育和组织器官对蛋白质的需要。妊娠后期，胚胎发育加快，为适应胎儿生长发育需要，母羊体内物质代谢急剧增强，表现为食欲增加、对饲料消化吸收的能力增强。在正常饲养条件下，胎儿和母羊合计可增重7～8千克，怀双羔或三羔的甚至可增重15～20千克，其中纯蛋白质的总蓄积量可达1.8～2.4千克，80%是在妊娠后期蓄积的。妊娠后期的热量代谢，要比空怀母羊高出15%～20%。钙、磷需要也相应增加，维生素A和维生素D更不能缺乏，它与钙、磷配合起作用，否则所产羔较弱，抵抗力差，母羊瘦弱，泌乳不足。

2. 妊娠母羊的饲养管理要点 根据不同妊娠期特点科学管理。

妊娠前期，胎儿发育较慢，所需营养与母羊空怀期大体一致，但必须注意保证母羊所需营养物质的全价性，主要是保证此期母羊对维生素及矿物质的需要，以提高母羊的妊娠率。保证母羊所需要营养物质全价性的主要方法是对日粮进行多样搭配。在青草季节，一般放牧即可满足，不用补饲。在枯草期，羊放牧吃不饱时，除补喂野干草或秸秆外，还应饲喂一些胡萝卜、青贮饲料等富含维生素及矿物质的饲料。舍饲饲养，则必须保证饲料的多样搭配，切忌饲料过于单一，并且应保证青绿多汁饲料或青贮饲料、胡萝卜等饲料的常年持续平衡供应。

在妊娠后期（分娩前 2 个月），胎儿生长发育迅速，初生羔羊 3/4 的体重是在此期完成的，因此母羊对营养物质不仅需要高的质量，需要的数量远远超过妊娠前期。若母羊营养供应不足，就会带来一系列不良后果，影响羔羊的初生重和其他生理功能，也影响母羊的泌乳哺乳功能，但此期母羊养得过肥，容易出现食欲不振，反而引起胎儿营养不良。妊娠后期，因母羊腹腔容积有限，对饲料干物质的采食量相对减少，饲喂饲料体积过大或水分含量过高的日粮均不能满足其营养需要。因此，对妊娠后期母羊而言，除提高日粮的营养水平外，还应考虑日粮中的饲料种类，逐步提高精饲料的补饲分量，一般在产前 3 周可达日粮的 30% 左右。产前 1 周，适当减少精饲料比例，以免胎儿体重过大造成难产。

羊的消化功能正常时，羊瘤胃微生物能合成所需要的 B 族维生素和维生素 K，一般不需日粮提供；羊体内也能合成一定数量的维生素 C；但羊体所需的维生素 A、维生素 D、维生素 E 等则必须由日粮供给。

母羊妊娠前期要防止发生早期流产，后期要围绕保胎来考虑。进、出圈要慢，翻山过沟不能急，饮水要防滑倒和拥挤，防止羊群受惊吓，不能紧追急赶，出、入圈时严防拥挤，草架、饲槽及水槽要有足够的数量，防止喂饮时拥挤造成流产。妊娠后期不能驱虫和进行防疫注射。临产前几天，不要远出放牧，应就近观察护理。规模化舍饲时，应将妊娠后期的母羊从大群中分出，另组一群。产前1周，夜间应将母羊放入待产圈中饲养和护理。

妊娠期母羊不能吃腐败、发霉或冰冻的饲料，也不能给过多的易在胃中引起发酵的青贮饲料。放牧时应避开霜和冷露，早上出牧可晚一些，不能饮过冷的水，最好饮温水。羊舍不应潮湿，不应有贼风。

（三）哺乳母羊生理与饲养要点

母羊哺乳期一般为60～120天，可以分为哺乳前期和哺乳后期。

1. 哺乳前期 哺乳前期是指产羔后的2个月内，哺乳母羊的饲养管理与妊娠后期的饲养管理一样重要，是饲养种母羊的关键。其原因有以下几点：一是母羊产羔后，体质虚弱，需要尽快恢复。二是羔羊在哺乳期生长发育快，需要较多的营养。但是由于羔羊瘤胃发育不完全，采食能力和消化能力差，所以羔羊的营养完全依赖于母羊的乳汁，若母羊泌乳性能好、产奶量多，则羔羊生长发育快、成活率高。三是从母羊的泌乳特点来看，母羊产羔后，15～20天的泌乳量增加很快，并且在随后的1个月内保持较高的泌乳量，在这个阶段母羊将饲料转换为乳汁的能力比较强，增加营养可以起到增加泌乳效果的作用。所以，在泌乳前期必须加强哺乳母羊的饲养和营养。夏季要充分满足母羊的青草的供应，在冬季要饲喂品质较好的青干草和各种树叶等。同时，要加强对哺乳母羊的补饲。

哺乳前期的饲养管理主要是恢复产羔母羊体质，满足羔羊哺乳需要。舍饲状态下的母羊应注意以下几点：

第一，刚产后的母羊腹部空虚，体质衰弱，体力和水分消耗很大，消化功能较差，这几天要给予易消化的优质干草，多饮用盐水、麸皮汤等效果更好。青贮饲料和多汁饲料有催奶作用，但不能给得过早且太多。产羔后 1～3 天，如果膘情好，可少喂精饲料，以喂优质干草为主，以防消化不良或发生乳房炎。

第二，母羊产后 7 天左右，乳汁消耗逐渐增多，此时开始增加鲜干青草、多汁饲料和精饲料，并注意矿物质和微量元素的供给。母羊在最高泌乳时期的营养需要约为空怀母羊的 3 倍，因此必须经常供给骨粉、食盐、胡萝卜素、维生素 A 和维生素 D，钙、磷需要量也相应增加。此外，在土壤和牧草缺硒的地区，还应注意维生素 E 和硒的补给，否则所生羔羊易患白肌病。

第三，加强母羊运动，有助于促进血液循环，增强母羊体质和泌乳能力。每天必须保证 2 小时以上的运动。

第四，该时期母羊营养消耗较大，既要恢复体况，又要分泌乳汁，此时要增加粗蛋白、青绿多汁饲料的供应。日粮可参照妊娠后期日粮标准，另外增加苜蓿草 0.25 千克、青贮饲料 0.25 千克或 0.15 千克的混合精饲料。

第五，注意哺乳卫生，防止发生乳房炎。

第六，哺乳前期单靠放牧不能满足母羊泌乳的需要，因此必须补饲草料。哺乳母羊每天饲喂精饲料的数量应根据母羊食欲、反刍、排粪、腹下水肿和乳房肿胀消退情况及所哺育羔羊数、所喂饲草的种类及质量而定。一般产单羔的母羊每天补饲精饲料 0.3～0.5 千克、青干草 2 千克、多汁饲料 1.5 千克，或者每天补喂精饲料 0.5～1 千克、食盐 10～15 克、骨粉 10～15 克。产双羔母羊每天补饲精饲料 0.4～0.6 千克，干草 1 千克，多汁饲料 1.5 千克。但是体重在 50～60 千克哺育双羔的母羊，即使是在以优质花生秧为饲草的情况下，哺乳前期（产后 45 天以内）每天也至少需要 600～700 克含饼类 40% 左右的精饲料；若哺育单羔，可适当减少。如果哺育 3 羔乃至 4 羔，那就需要更多的精饲料了，以便能够最为充分地发挥哺乳母羊的泌乳潜力。若计划提前进行羔羊断奶，应到临羔羊断奶的 3～4 天减喂，甚者停喂，以便促进干奶。总之，饲料的增加要从少到多，有条件时多喂青绿饲草及补充胡萝卜等。

在生产实践中有一点必须引起我们足够重视，就是哺乳母羊不可多喂精饲料，原因主要有两点：一是母羊分娩后不久，特别是在产后的 2～3 天脾胃虚弱，消化功能减退。而精饲料与牧草不同，对羊而言，它属于较难消化的饲料，一旦多喂，特别是对于瘦弱的个体，在原来很长时间没有喂过精饲料的情况下，极易发生消化不良，甚至引发消化性疾病。二是如果母羊产前膘情不是很好，并且已有腹下水肿或乳房严重肿胀等现象，多喂精饲料不仅会提高饲养成本，而且会因营养过剩而加剧其腹下水肿或乳房水肿的症状，甚至导致其患乳房疾病。为了促进母羊的身体康复，同时有利于其乳汁分泌，此时应多喂一些青绿多汁、容易消化且有一定轻泻作用的饲料，如新鲜牧草、糠麸或胡萝卜等其他块根块茎饲料。

2. 哺乳后期 产羔后的第三、第四个月称为哺乳后期。在哺乳后期的 2 个月中，母羊泌乳能力逐渐下降，虽然加强补饲，但也很难达到哺乳前期的泌乳水平。同时，羔羊的采食能力和消化能力也逐渐提高，此期羔羊已能采食大量青草和粉碎饲料，对母乳的依赖程度减小，羔羊生长发育所需要的营养物质可以从母羊的乳汁和羔羊本身所采食的饲料中获得。从 3 月龄起，母乳仅能满足其本身营养的 5%～10%。所以，哺乳后期母羊的饲养已不是重点，精饲料的供给量应逐渐减少，日粮中精饲料标准应调整为哺乳前期的 70%，由哺乳前期每只母羊每天的 0.5～1 千克，减少到每天 0.2～0.5 千克，同时增加青草和普通青干草的供给量，逐步过渡到空怀期的饲养管理。对母羊可以逐渐取消补饲，转为完全放牧吃青。哺乳后期的母羊，主要靠放牧摄取营养，对体况较差者亦可酌情补饲，以利于其恢复体况。但是在羔羊断奶时，哺乳母羊要停止喂精饲料 3～5 天，以预防母羊乳房炎的发生。

（四）羔羊生理与饲养要点

1. 羔羊消化系统的发育

（1）羔羊复胃的发育 从出生至断奶（一般为 3.5～4 月龄）

这一阶段的羊叫羔羊。羔羊胃的大小和功能随着年龄的增长而发生变化。初生羔羊的前三胃很小，结构还不完善，没有建立微生物区系，作用不大，只有第四胃起作用羔羊哺乳乳汁不接触前三胃的胃壁，靠食管沟的闭锁作用直接到达第四胃。这种消化过程类似于单胃动物的消化。初生羔羊只能靠母乳生活，不能利用植物性饲料，随着日龄的增长，消化系统特别是前三胃不断发育完善，一般出生后10～14天开始啃食牧草，1个月左右就能大量采食植物性饲料。到一个半月，瘤胃和网胃重量占整个胃重的比例已达到成年羊程度，皱胃比例已缩小（表2-1）。如不及时采食牧草，仍然仅靠母乳生活，瘤胃的发育就会放慢。只有采食植物性饲料后，瘤胃的生长发育才会加速，并逐步建立起完善的微生物区系。植物性饲料为微生物的生长繁殖创造了营养条件，反过来微生物区系的建立，又增强了对植物性饲料的消化作用。

表 2-1　放牧羔羊四个胃的相对重量比例　（%）

（以 4 个胃室的总重量为 100%）

羔羊日龄	1	14	20	30	42	49	99	112	成　年
瘤网胃	31	36	55	63	70	71	68	73	69
瓣　胃	8	5	6	6	4	5	6	6	8
皱　胃	61	59	39	32	26	24	26	21	23
4 个胃占全部消化道	22	25	28	27	29	35	35	39	49

（2）肠道的发育　肠道的结构和功能是随着动物年龄的增长和食物类型的改变而逐渐发育成熟的。

新生羔羊的肠道占整个消化道的比例为70%～80%，大大高于成年家畜（30%～50%）。随着日龄的增长和日粮的改变，小肠所占比例逐渐下降，大肠基本保持不变，而胃的比例却大大提高，如图2-1所示。

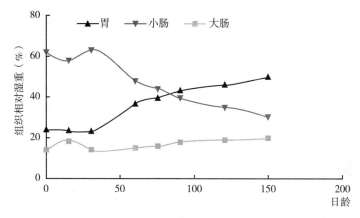

图 2-1 羔羊组织相对湿重的年龄性变化

（摘自 Oh 等，1972）

小肠的吸收功能也随着年龄而发生变化。新生羔羊的小肠可以吸收完整的蛋白质，以此获得母体的免疫物质（免疫球蛋白），达到被动免疫的目的，这一吸收过程是通过胞吞作用来完成的。成年动物不能吸收完整蛋白质或吸收的量十分有限。反刍动物新生幼畜所有的免疫物质，都是通过母体初乳提供的，与此相应，这些幼畜的肠黏膜对大分子物质都具有高度的通透性。只是这种通透性为期不长，不久之后肠黏膜"关闭"，防止蛋白质分子继续进入血液。羊一般在出生后 180 小时左右就不能吸收免疫物质了，因此，羔羊出生后及时喂给初乳对它们的健康成长至关重要。

（3）羔羊消化道酶活力的发育

①蛋白水解酶 皱胃中凝乳酶的作用和酸的分泌导致奶的结块并延缓乳蛋白和乳脂肪进入小肠。胃蛋白酶的产生对于幼龄反刍动物来说一般相对较慢，随着年龄和蛋白质的增加而增多。

②脂酶 乳脂肪不存在消化方面的问题，脂肪存在于唾液和胰液中。尽管绵羊和母牛之间、不同品种的羊之间，奶中的脂肪含量相差很大，但从没有见到这些不同所引起的后代对脂肪消化产生问题的报道。可能的解释是酪蛋白凝块减缓了脂肪通过皱胃进入小肠

的速度,因此减少了脂肪量超过胰脂肪酶脂解能力或小肠对脂肪吸收能力的危险。

③糖酶 实际上,食物的乳糖含量可能在很大范围内变化,当采食的乳糖超过了消化能力或消化受阻时,乳糖将会在大肠发酵,这将导致腹泻。研究发现,羔羊能够有效利用的最大乳糖水平为占干物质的42%。

消化少量淀粉的能力也发育较早,并在出生后迅速增加。Thivend 等(1979)应用装有理想瘘管的人工哺乳羔羊,发现其消化淀粉的能力是非常大的。当人造代乳品中淀粉占干物质的比例从19.6% 逐渐增加到35.7% 时,仅在最高的淀粉水平时才有较多的淀粉到达大肠。甚至对成年反刍动物来说,生淀粉的瘤胃后消化较慢且有限,尽管其消化胶化和部分水解淀粉的能力较消化生淀粉的能力相比似乎要大得多。

2. 羔羊饲养要点

(1)初生羔羊的护理 哺乳羔羊是指从出生到断奶的羊羔。羔羊哺乳期的饲养管理的目的是如何提高成活率及培育体型良好的羔羊,最大限度地利用羔羊早期生长发育快的生理特点,进行早期断奶,生产肥羔肉。羔羊因体质较弱,抵抗力差,易发病。所以,搞好羔羊的护理工作是提高羔羊成活率的关键。

母羊产后3～5天分泌的乳汁,乳汁色黄、奶质黏稠、营养丰富,含有较多的抗体,称为初乳。初乳容易被羔羊消化吸收,是任何食物或人工乳、代乳品都不能替代的食物。初乳含有较多的抗体和溶菌酶,含有一种叫K抗原凝集素的物质,几乎能抵抗各种品系的大肠杆菌的侵袭。同时,由于初乳含有较多的镁盐,镁离子能促进胎粪的排出,防止便秘;如果初生羔羊吃不到初乳或初乳不足,胎粪常常沾在肛门周围形成干粪便,甚至造成肛门堵塞。发现肛门堵塞时要及时清理,保持尾部干燥和清洁。

初生羔羊在出生后半小时以前应该保证吃到初乳。随后羔羊表现出活动有力,紧随母羊的特性,吃奶、活动均正常,这对以后的生长发育有很大的好处，羔羊的成活率也高。若羔羊出生后几个小时内吃不到初乳或初乳不足时，则羔羊会出现站立不稳、浑身发抖等症状，严重者口腔紧闭，不能吮乳，体温下降，死亡率高；以后即使能够用牛奶喂羊成活，发育也不会很理想。对于这种吃不到自己母羊初乳的羔羊，最好能吃上其他母羊的初乳，否则较难成活。

初生羔羊，健壮者自己能吮吸乳汁，不用进行人工辅助；对于弱羔或初产母羊、保姆性不强的母羊，则需要人工哺乳。在生产中，有的初产母羊和膘情不好的母羊，往往不恋羔，所以在羔羊出生以后，在羔羊身上撒些麦麸，并把羔羊身上的黏液涂抹于母羊的嘴上，强迫母羊舔食羔羊身上的黏液和麦麸，这样会增加母子感情，以利于带羔。对于弱羔，要特别加强护理，应把母羊保定住，把羔羊推到乳房前，羔羊就会吮吸乳汁，辅助几次，它就会自己找母羊吃奶了。对于缺奶羔羊，最好为其找保姆羊，就是把羔羊寄托给死了羔羊或奶特别好的单羔母羊喂养。开始时要帮助羔羊吃奶，先把保姆羊的乳汁和尿液抹在羔羊的头部和后躯，以混淆保姆羊的嗅觉，一直到保姆羊认该羔羊为止。无论是随母羊的哺乳或保姆哺乳，都要防止羔羊吃偏乳房，特别是第一胎羊，应切实防范。开始哺乳时，就让羔羊轮换吃两个乳头，若是单羔，只吃一个乳头时，应在羔羊吮乳后，立即将另一侧乳房的奶挤净，这样就能有效地避免吃偏乳头。实践中发现，经常吃的那个乳房变小，不常吃的乳房变大。

（2）羔羊的饲养管理　为了提高母羊的哺乳效果，应将母羊和羔羊圈在同一个圈内（产仔栏），以增强母子感情。大约1周以后，即可将羔羊和其他的产羔母羊放在一起。如果有条件，可以将母子同圈舍饲15～20天。在此阶段，羔羊每次的吃奶量不多，但是次数多，间隔时间短，几乎是1小时吃1次。吃足奶的羔羊不多鸣叫，多卧地休息或在圈内跳玩，毛被光亮，生长发育快。乳汁不足时，羔羊常常鸣叫，腹部下陷，精神不振，毛被紊乱，生长发育缓慢。

因此，要勤于观察羔羊，根据羔羊的表现判断母羊的奶水是否充足，羔羊是否吃饱，并做好人工辅助奶羔工作。应保证母子对号，特别是在产羔集中、羔羊较多时，要防止有的羔羊找不到母羊而受饿。也有的羔羊往往偷吃别的母羊的奶，会造成另外的羔羊吃奶不足，时间长了，羔羊的生长发育就会受阻。对母乳缺乏的羔羊要有专人进行人工补奶，所补喂的奶可以是牛奶、奶粉、羊奶，但是一定要注意消毒，温度掌握在 35℃～37℃，不要过冷或过热。如果有条件的话，最好使用羔羊专用的代乳粉，这样既可以保证羔羊的营养需要，又可以保证卫生和羔羊的健康。在补喂缺奶羔羊时，喂量要根据羔羊的生长发育情况和大小来掌握，要定时、定量和定温。奶瓶上的奶嘴应剪成"十"字孔，不要太大，喂食不要过急，防止奶吸入羔羊肺部造成异物性肺炎。在生产中往往由于喂奶不当造成羔羊腹泻，过量容易造成消化不良，过冷会引起羔羊腹泻。在使用牛奶补喂羔羊时，可以考虑加入多种维生素或多维葡萄糖，这样补喂效果会更好。

充足的母乳是反刍动物幼畜最好的营养来源。母乳除了它的营养特性之外，还传递了对大多数传染病的抗性。研究表明，只要遵照精确的制备和混合技术，用非乳脂肪和碳水化合物替代乳脂和碳水化合物作为商品是可行的。但是用非乳蛋白替代乳蛋白则有很大的困难。原因是，在凝乳酶存在的情况下，奶中的蛋白质在皱胃中有独特的凝块特性，这种凝块在饲喂后的一段时间内逐渐分解，结果，尽管幼龄反刍动物每天仅喂奶 2~3 次，由于凝块的作用仍可持续得到蛋白质的供应。第二个困难是，幼龄反刍动物皱胃产生的蛋白质酶只适于消化乳蛋白。

利用植物蛋白（如大豆粉和菜籽粉）替代部分乳蛋白在文献报道中似乎是公认可行的，且动物的年龄越大，替代的部分可以越多。这是由于随着年龄的增长蛋白质酶的酶谱必定增加的缘故。与用植物蛋白替代乳蛋白相关的其他问题是某些植物蛋白，如大豆蛋白和酵母蛋白中含有不合乎幼龄反刍动物需要的生物碱和胰蛋白酶抑制因子，以及它们所引起的胃肠变态反应。Soliman等（1979）进行了一个用液态饲料饲喂羔羊的试验。为了克服非乳蛋白的非凝块特性，试验者增加了饲喂次数。为了减少由于蛋白酶谱引起的潜在问题，对所使用的蛋白（鱼的下脚料）用木瓜蛋白酶进行预先水解处理。结果应用精选的处理程序，用鱼的水解产物替代全部乳蛋白而不引起羔羊生产性能的降低是可能的。可以证实，应用水解淀粉、猪油和鱼的水解产物为基础的液体饲料也可使羔羊获得与用乳糖、乳脂和酪蛋白为基础的饲料同样的生长表现。

　　一般羔羊在出生后15～20天起开始训练吃草、吃料。这时，羔羊瘤胃微生物区系尚未形成，不能大量利用粗饲料，所以强调补饲高质量的蛋白质和纤维少、干净脆嫩的干草。把草捆成把子，挂在羊圈的栏杆上，让羔羊玩食。精饲料要磨碎，必要时炒香并混合适量的食盐和矿物质饲料，提高羔羊的食欲。为了避免母羊抢食，应专门为羔羊设立补饲栏。一般15日龄的羔羊每天补饲混合精饲料50～75克，1～2月龄100克，2～3月龄200克，3～4月龄250克。一个哺乳期每只羔羊需要补饲精饲料10～15千克。混合精料以豆饼、玉米等为好，干草以苜蓿干草、青干草、花生蔓、树叶等为宜。多汁饲料切成丝状，再与精饲料混合饲喂。羔羊补饲应该先喂精饲料，而且要定时定量喂给，不能零吃碎叼，否则不易上膘。羔羊早开食的目的是要锻炼羔羊的采食能力，刺激羔羊瘤胃发育和促进瘤胃微生物区系的形成，以提高羔羊在哺乳后期和断奶后的采食能力和生长发育的速度。在饲喂过程中还要注意少喂勤添，定时定量。补料补草结束后还要及时将补饲槽内的剩草料清出，把饲槽打扫干净，并将饲槽翻扣，防止羔羊卧在槽内或将粪尿排在槽内。

　　待羔羊出生2个月后，羔羊生长发育发育需要的营养增多，而母羊的日产乳量逐渐减少，及时对母羊加强补饲，也不会明显增加产奶量。同时，由于羔羊在前期经过补草、补料的锻炼，瘤胃发育及功能已经逐渐完善，能大量采食草料，所以，此时应重点通过补饲满足羔羊生长发育的营养需要，为羔羊的断奶做好准备。这时的羔羊每只每天应补饲混合精料 200～250 克，并要其自由采食青干草。饲料中的蛋白质含量应为 16%～18%，以玉米、豆饼为主，添加食盐、矿物质饲料等，麦麸不应太多，以 10%～15% 为宜。特别是公羔的饲料中麦麸含量不要太高，否则容易引起尿素结石。粗饲料仍以苜蓿干草、树叶及优质青干草为主。待羔羊采食正常，采食量比较稳定之后就可以考虑进行断奶。断奶的方法有多种，采用较多的是一次断奶法，即将羔羊和母羊一次性完全分离，白天、夜间分圈饲养，这样经过 1 周左右的时间就可以完全断奶。有条件时断奶后的羔羊可以按照性别、体质强弱、个体大小分群饲养。

为了适应羔羊早期断奶（35～60 日龄）和超早期断奶（1～3 日龄）而形成了人工哺乳技术，又称人工育羔。目前在生产中已经得以应用，最初是在母羊产后死亡、无奶或多羔等情况下，使用此技术，效果甚佳。后又发展为专门为羔羊早期断奶，快速育肥而使用的一项技术。人工育羔所用的饲喂羔羊的食物有鲜牛奶、羊奶、奶粉、豆浆等。现在已经有了羔羊专用代乳品，使用羔羊专用代乳品饲喂早期断奶的羔羊效果非常好。进行人工育羔时，关键是要搞好定人、定时、定温、定量和讲究卫生，这样才能把羔羊喂活、喂强壮。无论哪个环节出错，都可能导致羔羊生病，特别是胃肠道疾病。即使不发病，羔羊的生长发育也会受到不同程度的影响。

用牛奶、羊奶饲喂羔羊，首先尽量用新鲜奶。新鲜奶其味道及营养成分均好，病菌及杂质也少。用奶粉饲喂羔羊应该先用少量的温开水把奶粉溶开，然后再加热水，使总加水量达到奶粉量的 5～7 倍。羔羊越小，胃也越小，奶粉兑水的量应该越少。有条件的羊场应再加点植物油、鱼肝油、胡萝卜汁及多种维生素、多种微量元素、蛋白质等。其他流动食品是指豆浆、小米汤、自制熟食或市售婴儿奶粉，这些食物在饲喂以前应加少量的食盐及矿物质饲料，有条件的可加点鱼肝油、胡萝卜汁和蛋黄等。

人工哺乳中的"定人"，就是从始至终固定一专人喂养。这样，可以熟悉羔羊的生活习性，掌握吃饱程度、喂奶温度、喂量及在食欲上的变化、健康与否等。

"定温"是指羔羊所食的人工乳要掌握好温度。一般冬季饲喂1月龄以内的羔羊，应将奶的温度控制在35℃～41℃，夏季温度可以略低一些。随着羔羊日龄的增长，喂奶的温度可以降低一些。没有温度计时，可以把奶瓶贴在脸上或眼皮上，感觉不烫也不凉时就可以饲喂羔羊了。温度过高，不仅伤害羔羊，而且羔羊容易发生便秘；温度过低，往往容易发生消化不良、腹泻、胀气等。

"定量"是指每次喂量掌握在"七成饱"的程度，切忌喂得过量。具体给量是按羔羊体重或提高大小来定，一般全天给奶量相当于出生重的1/5为宜。喂给粥或汤时，应根据浓稠度进行定量，全天喂量应略低于喂奶的量，特别是最初喂粥的2～3天先少给，待慢慢适应以后再加量。羔羊健康、食欲良好时，每隔7～8天比前期饲喂量增加1/4～1/3；如果消化不良，应减少喂量，加大饮水量，并采取一些治疗措施。

"定时"是指羔羊的喂养时间固定，尽可能的不做变动。初生羔羊每天应饲喂6次，每隔3～5小时饲喂1次，夜间睡眠可延长睡眠时间或减少饲喂次数。10天以后每天饲喂4～5次，到羔羊吃草或吃料时，可减少到3～4次。

喂羔羊奶的人员，在喂奶之前应洗净双手。平时不要接触病羊，尽量减少或避免致病因素。出现病羔时及时隔离，由单人分管。迫不得已的病羔、健康羔由一人管理时，应先哺育健康羔羊，换上衣服后再哺育病羔，而且喂完病羔后要马上清洗、消毒手臂，脱下衣服单独放置，并用开水冲洗进行消毒。

羔羊的胃肠道功能还不健全，消化功能尚待完善，最容易"病从口入"，所以羔羊所食的奶类、豆浆、面粥及水源、草料等都应注意卫生。例如，奶类在喂前应加热到60℃～65℃，经过30分钟或经过巴氏消毒，可以杀死大部分病菌。粥类、米汤在喂前必须煮沸。羔羊的奶瓶应保持清洁卫生，健康羔羊与病羔应分开，喂完奶后应用温水冲洗干净。如果有奶垢，可用温碱水或洗涤灵等冲洗，或用瓶刷刷净，然后用净布或塑料布盖好。病羔的奶瓶在喂完后要用高锰酸钾、来苏儿、新洁尔灭等消毒，再用温水冲洗干净。

人工哺乳过程中，人工乳（也叫羔羊代乳品）至关重要，市场上常见的代乳品分为羔羊代乳品和犊牛代乳品。羔羊代乳品的加工工艺和营养元素与免疫因子的含量都优于犊牛代乳品，在使用时应认准产品的种类，代乳品的加工工艺和营养元素的配比很重要，代乳品的可溶解性、乳化性和适口性等因素都与饲喂效果有关。不具备一定的生产条件，所配制的代乳品不但达不到效果，还会给羔羊的生长和成活带来损失。

自繁羔羊隔栏补饲是指在母羊活动集中的地方设置羔羊补饲栏，是羔羊早龄开食补料的一项技术，也是集约化肉羊生产（密集繁殖、早期断奶、多胎多产和秋冬产羔等）的重要组成部分。其目的在于加快羔羊生长速度；缩小单、双羔及出生稍晚羔羊的差异；为以后提高育肥效果（尤其是缩短育肥期）打好基础；同时，也减少羔羊对母羊吮乳的频率，使母羊泌乳高峰期保持更长时间。

需要隔栏补饲的羔羊：包括计划2月龄内提前断奶的羔羊；计划两年三产母羊群的羔羊；秋、冬季节出生的羔羊；纯种母羊的羔羊，多胎母羊的羔羊；产羔期后出生的羔羊等。

开始隔栏补饲的时间：规模较大的羊群一般在羔羊17～21天开始补料。若产羔期持续时间较长，羔羊出生不集中，可以按羔羊大小分批进行。规模较小的户养羊群，可在发现羔羊由舔饲料动作时开始，最早可提前到10日龄。

隔栏补饲羔羊的配料：羔羊补饲的粗饲料以苜蓿干草和优质青

干草为好，用草架或吊把让羔羊自由采食；精饲料主要由玉米、豆饼、麦麸等，1月龄前的羔羊补喂的玉米以大碎粒为宜，此后则以整粒玉米为好。要注意根据季节调整粗饲料和精饲料喂量。例如，早春羔羊补饲时间应在青草萌发前，干草以苜蓿为主，同时混合精饲料以玉米为主；而晚春羔羊补饲时间在青草旺盛期，可不喂干草，但混合精饲料中除玉米以外，还要加适量豆饼，使日粮蛋白质水平在15%以上。

隔栏补饲的饲养管理：隔栏面积按每只羔羊0.15米^{2}计算，进、出口宽约20厘米，高38～46厘米，以不挤压羔羊为宜。要经常对隔栏进行清洁与消毒。

饲喂技术要点：开始补饲时，白天在饲槽内放些玉米和豆饼，量少而精。每天不管羔羊吃净与否，全部换成新料。待羔羊学会吃料后，每天再按日喂量投料。日喂量一般最初为每只40～50克，30日龄达到每只70克，后期达到每只300～350克，全期消耗混合料8～10千克。投料时，每天早上或晚上放料1次，以30分钟内吃净为佳。饲喂中，若发现羔羊对饲料不适应，可以更换饲料种类。

（五）育成羊生理与饲养要点

从羔羊断奶到第一次配种的公、母羊称为育成羊，多为3～8月龄，其特点是生长发育较快、营养物质需要量大。如果此期营养不良，就会显著地影响到生长发育，从而形成个头小、体重轻、四肢高、胸窄、躯干浅的体型。同时，还会使体型变弱、被毛稀疏且品质不良、性成熟和体成熟推迟、不能按时配种，而且会影响一生的生产性能，甚至失去种用价值。所以，羊的这一阶段承上启下，占着非常重要的地位。该阶段耗费的饲养成本最大，搞好这个阶段的饲养，不仅可延长羊的生命和使用年限，提高饲料转化率和产量，降低养殖成本，增加经济收入；还有利于养羊业的长期发展。

1. 育成羊的生理特点　刚断奶整群后的育成羊，正处在早期发育阶段，这一时期是育成羊生长发育最茂盛的时期。育成期母羊的增重速度直接关系到适宜月龄的配种时间和体重，而配种时的时间和体重直接影响受胎率和产羔率，以及以后的繁殖能力。羔羊断奶后，根据生长速度越快需要的营养物质越多的规律，应分别组成公、母育成羊群，其饲养标准高低不等。断奶后的育成羊严冬饲养期较长，需要补充大量营养，原则上以补饲为主、放牧为辅。育成羊中经过严格选拔的后备公羊，应在饲养管理条件较好的地方培育。后备公羊最好坚持常年放牧。青草期放牧，每天 1 小时，枯草期放牧不少于 1 小时。为了保证生长发育的需要，青草期可适当补给少量的精饲料，注意秋冬和冬春两阶段的饲养，确保冬季饲料青绿化。培育期，应补给精饲料，保证青贮饲料和块根饲料，草料要少给勤添，多喂几次。舍内放置舔砖，让羊自由舔食，饮水要充足。冬季喂 1 次夜草。未发育完全的瘤胃，精饲料可以不经过瘤胃微生物消化吸收，转化成菌体蛋白再被皱胃消化吸收，提高了饲料的利用率；而发育完全的瘤胃，由于微生物的活动增强，采食的精饲料经过微生物的酵解后变成挥发性脂肪酸，这些脂肪酸只有部分被吸收，微生物对营养的消化吸收又是一个耗能的过程，所以精饲料在瘤胃微生物环境形成之后对羊只本身转化利用率降低。根据这一特点，在饲养过程中，应尽早调教羔羊采食精饲料而推迟粗饲料的供给时间，采用全精饲料育肥方案。

2. 育成羊的选种　俗话说，"公羊好，好一坡；母羊好，好一窝"。选择合适的育成羊留作种用是提高生产母羊基础群整体水平的重要手段。在羔羊出生时，称量初生重、进行毛质等部分指标鉴定和佩戴耳标、系谱方面的登记。断奶时，再次进行系统的鉴定，把品种特性优良、高产、种用价值高的公羊和母羊挑选出来，留作种用。不符合要求或多余的公羊，则转为商品生产。生产中常用的选种方法是根据羊品种本身的体形外貌、生产成绩确定，辅以系谱审查和后代生产性能测定；并在耳上打上相应的等级缺口，以便于以后的归群工作。

3. 育成羊的饲养要点

（1）**合理分群**　断奶以后，羔羊按性别、大小、强弱分群。加强补饲，按饲养标准采取不同的饲养方案。先把弱羊分离出来，尽早补充富含营养、易于消化的饲料饲草，并随时注意大群中体况跟不上的羊只，及早隔离出来，给予特殊的照顾。根据增重情况，调整饲养方案。一般来说，羔羊在断奶组群放牧后，虽然青草旺盛，但仍需继续适当补喂精饲料，补饲量要根据牧草质和量能否满足生长需要而定。

（2）**育成羊放牧采食要点**　刚离奶整群后的育成羊，正处在早期发育阶段，这一时期是育成羊生长发育最旺盛时期，这时正值夏季青草期。在青草旺盛期应充分利用青绿饲料，因为其营养丰富全面，非常有利于促进羊体消化器官的发育，可以培育出个体大、身腰长、肌肉匀称、胸围圆大、肋骨之间距离较宽、整个内脏器官发达，而且具备各类型羊体型外貌的特征。因此，夏季青草期应以放牧为主，并结合少量补饲。放牧时要注意训练头羊，控制好羊群，不要养成好游走、挑好草的不良习惯。放牧距离不可过远。在春季由舍饲向青草期过渡时，正值北方牧草返青时期，应控制育成羊跑青。放牧要采取先阴后阳，先吃枯草树叶后吃青草，控制游走，增加采草时间。

（3）**保暖和补饲**　育成羊在过第一个越冬度春阶段，由于冬、春季节气候寒冷，风雪交加，育成羊在夜间抵御风寒要消耗大量的热量，为了不让白天羊只摄入大量饲草料的能量抵御外寒，影响生长发育，应尽可能地让其抵御外界风寒的能量减少到最小。应该加强羊只补饲，坚持放牧，保证有足够的青干草和青贮饲料。精饲料的每日补量应视草场状况及补饲粗饲料情况而定，一般每日补喂混合精料 0.2～0.5 千克。由于公羊一般生长发育快，营养需要多，提供给公羊的精料要比母羊多。同时，还应注意对育成羊补喂矿物质，如钙、磷、盐及维生素 A、维生素 D 或舔砖。加强棚圈建设，圈舍应该坐北朝南、背风向阳、布局合理、不大不小、干净清洁，有条件的情况下，应适当地增加取暖措施。

（4）**精饲料饲喂标准**　春产羊只在每年 11 月左右开始饲喂精饲料，饲喂量：0.1 千克 / 只·天，适应期多为 10 天左右，逐渐开始增加饲料量到 0.2～0.25 千克 / 只·天，此标准一直延续到 3 月份左右，再次增加饲料量到 0.3～0.325 千克 / 只·天，直到青草长出。注意在青草刚刚发芽的时候，此时还不能及时对育成羊只断喂精饲料，防止羊只跑青掉膘，继续对育成羊饲喂精饲料一段时间后，方可断料。

对于舍饲饲养的育成羊，若有质量优良的豆科干草，其日粮中精饲料的粗蛋白质以 12%～13% 为宜。若干饲草质量一般，可将粗蛋白质的含量提高到 16%，能量以不低于整个日粮能量的 70%～75% 为宜。

四、肉羊的饲料配制原则与配方设计步骤

（一）饲料配制的一般原则

羊日粮配方设计的目标就是满足羊不同品种、生理阶段、生产目的、生产水平等条件下对各种营养物质的需求，以保证最大限度地发挥其生产性能及得到较高的产品品质。要求配制的饲料适口性好、成本低、经济合理，确保羊机体的健康，排泄物对环境污染最低。羊饲料配制一般遵循以下原则。

1. 以饲养标准为依据　按照羊在不同体重、年龄、生长阶段、生产力水平等情况下对粗纤维、能量、蛋白质及其他营养物质的需要量来配制日粮，尽可能做到日粮营养水平的全价和符合羊生长发育、妊娠和生产畜产品等各方面的需要。这是饲料配制最基本的原则，是确定饲料中营养物质供给量的基本科学依据。使用饲养标准时应注意以下原则。

（1）**选择适当的饲养标准** 针对羊的不同品种和不同生理阶段，选择适当的推荐标准。可参照美国国家科学研究委员会（NRC）标准、法国营养平衡委员会（AEC）标准等或国内饲养标准，并根据本地区具体情况进行适当调整。

（2）**考虑营养指标** 要参照羊饲养标准中规定的各营养指标，且指标中至少要考虑干物质采食量、代谢能或净能、粗蛋白质、粗纤维、钙、磷、食盐、微量元素（铁、铜、锰、锌、硒、碘、钴等）和维生素（维生素A、维生素D、维生素E等）等指标。配方设计中，各指标优先考虑的顺序为：纤维＞能量＞粗蛋白＞常量矿物元素＞微量元素和维生素。

（3）**确定适宜的营养水平** 要根据羊在不同阶段的生理特点及营养需要进行科学配制。羊在不同生长阶段及生理阶段的表现不同，对营养的需求也不同，要分别给予适宜的饲养水平。

2. 饲料原料选择多样化 尽量选择适口性好、来源广、营养丰富、价格便宜、质量可靠的饲料原料。要在同类饲料中选择当地资源最多、产量高且价格最低的饲料原料，且要满足营养价值的需要。特别是要充分利用农副产品，以降低饲料费用和生产成本。

各种饲料原料都有其独特的营养特性，单独的一种饲料原料不能满足羊的营养需要，因此应尽量保持饲料的多样化，达到养分互补，提高配合饲料的全价性和饲养效益。

可大量使用粗饲料，尤其是作物秸秆，还有品质优良的苜蓿干草、豆科和禾本科混播的青刈干草、玉米青贮等，降低精饲料的用量。限量或禁止使用动物性饲料，包括肉骨粉、骨粉、血粉、血浆粉、动物下脚料等。

充分利用油脂植物性蛋白资源，如植物油脂和豆类子实，可经膨化处理如膨化棉籽、膨化大豆等，或用加热处理、甲醛处理等提高过瘤胃蛋白质。此外，还可以使用少量过瘤胃氨基酸、非蛋白氮、脲酶抑制剂等。

饲料的适口性直接影响采食量。通常影响混合饲料适口性的因素有：味道（例如甜味、某些芳香物质、谷氨酸钠等可提高饲料的适口性）、粒度、矿物质或粗纤维的多少。应选择适口性好、无异味的饲料。若采用营养价值高，但适口性却差的饲料须限制其用量，如血粉、菜籽粕（饼）、棉籽粕（饼）、葵花粕（饼）等，特别是为幼龄动物和妊娠动物设计饲料配方时更应注意。对味差的饲料也可采用适当搭配适口性好的饲料或加入调味剂以提高其适口性，促使动物增加采食量。

避免采用发霉、变质和含有毒有害因子的饲料。

3. 饲料原料搭配要合理　要以青、粗饲料为主，适当搭配精饲料。根据不同品种羊的消化生理特点，为了充分发挥瘤胃微生物的消化作用，在日粮组成中要以青、粗饲料为主，首先满足其对粗纤维的需要，再根据情况适当搭配好精、粗饲料的比例。

考虑到舍饲养羊成本较高的问题，为提高育肥效益，应充分利用天然牧草、秸秆、树叶、农副产品及各种下脚料，扩大饲料来源。粗饲料是各种家畜不可缺少的饲料，对促进胃肠蠕动和增强消化力有重要作用，它还是羊冬、春季节的主要饲料。新鲜牧草、饲料作物及用这些原料调制而成的干草和青贮饲料一般适口性好，营养价值高，可以直接饲喂羊只。低质粗饲料资源如秸秆、秕壳、荚壳等，由于适口性差、可消化性低、营养价值不高，直接单独饲喂给羊，往往难以达到应有的饲喂效果。

要兼顾日粮成本和生产性能的平衡，必须考虑肉羊的生理特点，因地制宜，选用适口性强、营养丰富且价格低廉，用后经济效益好的饲料，以小的投入获取最佳效益。

4. 考虑羊的消化生理特性　应注意饲料的体积尽量和羊的消化生理特点相适应。通常情况下，若饲料体积过大，则能量浓度降低，不仅会导致消化道负担过重进而影响动物对饲料的消化，而且会稀释养分，使养分浓度不足。反之，饲料的体积过小，即使能满足养分的需要，但动物达不到饱腹感而处于不安状态，影响动物的生产性能或饲料利用效率。不仅要考虑日粮养分是否能满足羊的营养需要，而且还要考虑日粮的容积是否已满足羊的需要，它是保证羊正常消化的物质基础。

5. 正确使用饲料添加剂 饲料添加剂是配合饲料的核心，要选择安全、有效、低毒、无残留的添加剂，利用新型饲料添加剂如酶制剂、瘤胃代谢调控剂（如缓冲剂）、中草药添加剂、微生态制剂等。动物处于环境应激的情况下，除了调整大量养分含量外，还要注意添加防止应激的其他成分。另外，饲料添加剂的使用，要注意营养性添加剂的特性，添加氨基酸、脂肪、淀粉时，要注意保护免受瘤胃微生物的破坏。

（二）饲料配方设计步骤

1. 设计饲料配方的基本方法 日粮配制主要是规划计算各种饲料原料的用量比例。设计配方时采用的计算方法分手工计算和计算机优化饲料配方设计两种。

（1）手工计算法 有交叉法、方程组法、试差法，可以借助计算器计算。配方计算技术是近代应用数学与动物营养学相结合的产物，也是饲料配方的常规计算方法，简单易学，可充分体现设计者的意图，设计过程清楚，但需要有一定的实践经验，计算过程复杂，且不易筛选出最佳配方。目前，已普遍采用计算机优选最佳配方，但是常规手工计算方法并不能因此而丢弃，一方面因为计算机普及率有限，另一方面由于常规计算方法是设计饲料配方的基本技术。手工计算法适合在饲料品种少的情况下使用，目前我国广大农村养羊还常用该种方法。

（2）计算机优化饲料配方 主要是根据有关数学模型编制专门程序软件进行饲料配方的优化设计，涉及的数学模型主要包括线性规划、多目标规划、模糊规划、概率模型、灵敏度分析、多配方技术等。采用手工方法计算饲料配方，考虑的因素太少，无法获得最优的配方，既满足营养需要又是最低成本的配方。线性规划、目标规划及模糊线性规划是目前较为理想的优化饲料配方的方法。应用这些方法获得的配方也称优化配方或最低成本配方。线性规划等方法在配方计算过程中需要大量的运算，手工计算无法胜任，在电子计算机出现后才应用于配方设计。

2. 手工计算法设计饲料配方的基本步骤

第一步：查羊的饲养标准，根据其性别、年龄、体重等查出羊的营养需要量。

第二步：查所选饲料的营养成分及营养价值表。对于要求精确的，可采用实测的原料营养成分含量值。

第三步：根据日粮精粗比首先确定羊每日的精、粗饲料喂量，并计算出精、粗饲料所提供的营养含量。

第四步：与饲养标准比较，确定剩余应由精料补充料提供的干物质及其他养分含量，配制精料补充料，并对精料原料比例进行调整，直到达到饲养标准要求。

第五步：调整矿物质（主要是钙和磷）和食盐含量。此时，若钙、磷含量没有达到羊的营养需要量，就需要用适宜的矿物质饲料来进行调整。食盐另外添加。最后进行综合，将所有饲料原料提供的养分之和，与饲养标准相比，调整到二者基本一致。

第六步：确定羊的日粮配方。

3. 手工计算法示例

（1）试差法 所谓试差法，就是先按日粮配合的原则，结合羊的饲养标准规定和饲料的营养价值，粗略地把所选用的饲料原料加以配合，计算各种营养成分，再与饲养标准相对照，对过剩的和不足的营养成分进行调整，最后达到符合饲养标准的要求。

例：一批体重25千克的育成母绵羊，计划日增重60克，试用中等品质苜蓿干草、羊草、玉米青贮、玉米、大豆饼、棉籽粕、磷酸氢钙、食盐等原料，配制日粮。

第一步：查阅羊的饲养标准表，找出育成母绵羊的营养需要量，见表2-2。

表2-2 育成母绵羊每天每头的营养需要量

营养指标	营养需要	营养指标	营养需要
体重（千克）	25	粗蛋白质（克/天）	90
日增重（千克/天）	0.06	钙（克/天）	3.6
干物质采食量（千克/天）	0.8	磷（克/天）	1.8
代谢能（兆焦/天）	5.86	食盐（克/天）	3.3

第二步：查饲料营养价值表，列出所用几种饲料原料的营养成分，见表2-3。

表2-3 饲料原料营养成分含量

饲料原料	干物质（%）	代谢能（兆焦/千克）	粗蛋白质（%）	钙（%）	磷（%）
苜蓿干草（中等）	92.4	8.03	16.8	1.95	0.28
羊草	92.0	7.84	7.3	0.22	0.14
玉米青贮	23.0	1.81	2.8	0.18	0.05
玉米	86.0	11.67	9.4	0.09	0.22
麦麸	87.0	9.99	15.7	0.11	0.92
大豆饼	89.0	11.56	41.8	0.31	0.50
棉籽粕	90.0	10.23	43.5	0.28	1.04
磷酸氢钙	98.0	—	—	23.3	18.0

第三步：确定粗饲料的用量。设定该阶段育成母绵羊日粮精粗比为40∶60，即粗饲料占日粮的60%，精饲料占日粮的40%。则羔羊粗饲料干物质采食量为0.8×60%=0.48千克，精饲料干物质采食量为0.8×40%=0.32千克。

假设粗饲料中玉米青贮日给干物质0.24千克，羊草0.12千克，苜蓿干草0.12千克。计算出粗饲料提供的总养分，与标准相比，确定需由精饲料补充的差额部分，见表2-4。

表2-4　日粮粗饲料所提供的养分

饲料原料	干物质（千克/天）	代谢能（兆焦/天）	粗蛋白质（克/天）	钙（克/天）	磷（克/天）
苜蓿干草（中等）	0.12	0.96	20.16	2.34	0.34
羊　草	0.12	0.94	8.76	0.26	0.16
玉米青贮	0.24	0.44	6.72	0.44	0.12
总　计	0.48	2.34	35.64	3.04	0.62
差额（精饲料标准）	0.32	3.52	54.36	0.56	1.18

　　第四步：用试差法制定精饲料日粮配方。由以上饲料原料组成日粮的精饲料部分，按经验和饲料营养特性，将精饲料应补充的营养配成精饲料配方，再与饲养标准相对照，对过剩和不足的营养成分进行调整，最后达到符合饲养标准的要求。见表2-5。

表2-5　日粮精饲料配方

饲料原料	比例（%）	干物质（克/天）	代谢能（兆焦/天）	粗蛋白质（克/天）	钙（克/天）	磷（克/天）
玉　米	62	198.4	2.32	18.65	0.18	0.44
麦　麸	15	48.0	0.48	7.54	0.05	0.44
大豆饼	15	48.0	0.55	20.06	0.15	0.24
棉籽粕	6	19.2	0.20	8.35	0.05	0.20
食　盐	1	3.2				
预混料	1	3.2				
合　计	100	320	3.55	54.60	0.43	1.32
精饲料标准		320	3.52	54.36	0.56	1.18
差　额		0	＋0.03	＋0.24	－0.13	＋0.14

第五步：调整矿物质和食盐含量。由表 2-5 可知，能量和蛋白质均满足需要，钙稍有不足，可补充石粉 0.13/0.35＝0.37 克 / 天。食盐添加 3.3 克 / 天。

第六步：列出日粮配方。全面调整后的日粮组成及营养水平见表 2-6。

表 2-6　育成母绵羊日粮配方

饲料原料	干物质采食量（克 / 天·只）	组成比例（%）
玉　米	198.40	24.79
麦　麸	48.00	6.00
大豆饼	48.00	6.00
棉籽粕	19.20	2.40
苜蓿干草（中等）	120	14.99
羊　草	120	14.99
玉米青贮	240	29.99
石　粉	0.37	0.05
食　盐	3.20	0.40
预混料	3.20	0.40
合　计	800.37	100

（2）对角线法　也称交叉法、四角形法、方形法。此法简单易学，但只适用于饲料原料较少、营养指标不多的情况下使用。

例：用粗蛋白质含量分别为 8.5% 和 45% 的玉米和豆粕，配制粗蛋白质 15% 的混合饲料。

做正方形：

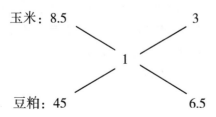

将两种饲料的粗蛋白质分别置于正方形的左边上、下角，所配粗蛋白质含量置于正方形中间，沿对角线方向将两个数分别相减，则所得结果分别为两种饲料在混合饲料中所占的份数。折合成百分数则为：

玉米在混合料中的比例 =30/（30+6.5）=82.19%

豆粕在混合料中的比例 =6.5/（30+6.5）=17.81%

4. 计算机技术在羊饲料配方中的应用　目前，有很多饲料配方软件可应用于羊的配方设计。配方软件主要包括两个管理系统：原料数据库和营养标准数据库管理系统、计算机优化配方系统。目前，计算机优化配方技术获得了广泛的应用。其原理基本相同，可优化出最低成本饲料配方。这种技术可采用多种饲料原料，同时考虑多项营养指标，设计出营养成分合理、价格低的配合饲料配方。该方法适合规模化养羊场使用。

五、肉羊产业化经营模式

（一）肉羊产业化经营模式中的主要组成元素

1. 生产者　在牧区肉羊生产中，主要生产者是牧民。也可以说，牧民是牧区唯一的生产元素。在牧区从事肉羊生产的主要有 3 类组织：牧户、牧区合作社、牧场承包者。牧户是由牧民及其家人组成，自然不必多说。牧区合作社也是由多牧户组成，生产工作也都是由牧民完成。关于牧场承包者，姑且不论牧场承包者的身份，在其手下受其雇佣的从事肉羊生产的人也肯定是牧民，或者给他们换一个名字叫牧业工人，这也不能抹杀其牧民的本质。

2. 中间商　在草原牧区，由于交通不便利、运输工具缺乏，大多数牧民把肉羊直接出售给中间商，对牧民来说这是最常见的一种经营渠道。中间商也分为内蒙古本地的中间商和外地的中间商，一般外地的中间商收购价格较高，对于收购质量要求也比较严格。这是因为外地中间商要把肉羊销往外地，而优质羊和劣质羊的运费是一样的，运到了外地成本价加上运费以后，优质羊的相对成本反而降低了。

3. 屠宰场 屠宰场是对肉食品初级加工的地方，在内蒙古很多地方又把屠宰场叫做冷库。可见，屠宰场的功能并非简单的加工，而是加工、仓储、运输、分销多功能结合的一个组织。可能隶属于某肉食品公司，也可能是隶属当地政府，也可能是一个独立的商业机构。屠宰场是草原牧区牧户销售肉羊的又一重要渠道。因为各旗县基本都有屠宰场，而且离牧户的距离也尚在可以接受的范围，所以有条件的牧民和牧民专业合作社通常跨过本地中间商直接向屠宰场出售肉羊。

4. 加工机构 这里主要指肉食品公司，对肉食品深度加工的地方，把屠宰场简单加工过的肉羊，变成直接能端上消费者餐桌的产品。他们从牧民或屠宰场获得活羊或者羊肉产品，经过加工后，深加工的肉羊产品销售给批发商或者其他羊肉产品消费场所，甚至直接为消费者提供产品。

5. 消费终端 这里指的是紧贴消费者的上级机构，是直接与消费者进行交易的组织。主要有零售商、超市、饭店、旅游点等。

（二）国内外经营模式的分类情况

目前，发达国家的畜牧业，已经从养殖到餐桌构成了一个完整的畜牧业产业化组织体系，实现了产加销一体化，并具有较高程度的一体化组织模式。国外畜牧业产业化发展模式分为以下 4 大类：

以美国，加拿大为代表的"公司＋农户"的合同模式。

此模式是通过核心企业（如大型畜产品加工、流通企业或合作社）带动，与大批农场建立稳定的供销合同关系，形成产供销一体化经营。

是以荷兰、德国、法国为代表的"家庭农场＋专业合作社＋合作社企业"模式。

欧盟主要奶业生产国中 90% 以上的奶农都是各类奶业合作社

的成员。

以日本、韩国、我国台湾为代表的"农户＋农协＋企业"模式。

以日本为例，协会可以在畜产品生产和流通方面对生产经营进行指导，统一购买生产资料与销售产品。

以澳大利亚、新西兰、乌拉圭、阿根廷为代表的"家庭牧场＋专业协会＋专业合作社企业"模式。

其中，经营模式中的专业协会服务较为完善，如澳大利亚肉类畜牧协会、全国羊毛协会、羊毛销售经纪人协会等。

国内对肉羊经营组织的分类众说纷纭。根据经营主体分类，其中典型的分类有5种形式，即："龙头企业＋养殖基地""龙头企业＋农牧民专业合作社""龙头企业＋农牧户""农牧民专业合作社模式"以及"中间商＋农牧户"等模式。有人从养羊户户主特征、生产经营特征、养羊投入和政府扶持4个方面分析了肉羊产业化模式选择的影响因素。分析证明，肉羊养殖户对组织模式的选择受文化程度、劳动力投入、饲料供给、种羊来源、饲养规模、养羊时长、销售方式、养羊补贴、政府技术服务、合作社的建立等因素的影响。

从我国肉羊产业化的发展现状来看，肉羊产业在从传统的粗放经营方式向规模化、规范化模式转型；肉羊养殖产业化链条在处于完善阶段。肉羊产业化整体发展水平低，产业化经营模式不成熟，地区资源优势与潜力仍待开发与发掘的状况。其中，大批学者对畜牧业经营模式及肉羊产业化经营模式做了大量且深入的研究，纷纷提出了不尽相同的观点与模式类型。在肉羊产业化发展对策研究中，各学者在针对不同地域分别提出了不同建议。但完善产业化链条、投产规模化养殖、培育壮大龙头企业与合作组织及优化服务体系等大方向是基本一致的。

（三）产业化经营中的共同点

1. 组织环节　采用"龙头企业＋养殖基地""龙头企业＋农牧民专业合作社""龙头企业＋农牧户"等形式与农户形成利益共同

体，农户以基地或合作经济组织成员的身份加入生产体系，负责能繁母羊的杂交改良、羔羊的生产和培育，龙头企业为农牧户提供种公羊、饲料种植和加工、免疫等技术支持和服务，并按照一定标准进行羔羊的回收，既降低了成本，又保证了养殖、用药、屠宰、销售等环节的可追溯性、产品的安全性和供应的持续性。

2. 饲草饲料环节 龙头企业要求基地或合作经济组织内的养羊户必须落实饲料种植面积，通过种子补贴、农机补贴、种草补贴、种粮补贴及羊粪有机肥补贴等措施，促进饲料作物和饲草作物的种植。重点要加大人工种草和耕地种草的力度，扩大苜蓿、青贮玉米、苏丹草及墨西哥玉米等牧草的种植面积。

3. 养殖环节 龙头企业大多以当地的地方品种为母本，引入国内优良地方品种或国外优良肉羊品种为父本生产杂交羔羊，断奶羔羊回收后，按照"福利养羊"的现代理念进行全舍饲饲养。例如，庐江祥瑞养殖有限公司以湖羊为母本，以杜泊、萨福克等国外肉用品种为父本开展二元杂交，公司按照一定价格将妊娠母羊出售给农户饲养，按比例高于市场价回收羔羊，除部分母羔留作繁殖母羊外，公羔及其余母羔全部育肥，基地范围和养殖规模迅速扩大，羊群的质量也有了明显改善，为公司下一步开展屠宰加工奠定了基础，也为专营饭店的规模和质量提供了有力保障。

4. 加工环节 精深加工是羊肉生产的必然趋势，我省的畜产品加工多处于初级阶段，肉类只限于简单的屠宰和冷冻，分割肉和冷却肉的比例很小，巨大的利润空间留给了深加工和流通环节。例如，国内一个企业通过注册羊肉产品的商标，产品直供各大城市的大型超市，或直接将产品加工投向饭店经营，提升了肉羊生产的利润空间。

5. 销售环节 通过直销店、加盟店、租用柜台等形式，也可以依托饲料场、养殖园区或加工厂，指导建立以服务市场、服务生产为主的物流中心，增加农村近距离运输车辆的比例，促进现代畜牧业向专业化方向发展，逐步走向农超对接、专门化市场的道路。

6. 废弃物处理及利用环节　养羊废弃物是养殖过程中的必然产物，也是发展过腹产业的必然过程。废弃物不仅可以用于生物肥料、沼气的生产，沼渣的利用也是近年来科研人员研究的主要课题之一。国内有些羊场将肉羊育肥废弃物集中处理，生产的沼气不仅可以作为燃料提供给周边农户，还可用于发电满足羊场照明需要。经过处理的沼渣用于蔬菜大棚或其他养殖业，生产蛋白饲料或药材。这又成为整个产业体系的又一经济增长点，也为我国新农村建设提供了一个切实可行的思路。

（四）国内主要经营模式介绍与分析

1. 龙头企业＋养殖基地　此经营模式是由实力较强的基地化龙头企业直接与需求市场相链接的产、加、销一体化模式。其中，基地化龙头企业是指：通过农牧户的草场流转及国家与当地政府扶持，龙头企业能够投资建成规模化养殖基地，形成自产自销的产业化经营企业。

"龙头企业＋养殖基地"这一经营模式核心为龙头企业，基地化龙头企业是贯穿于整个产业化经营模式的经营主体。一个龙头企业的资本实力、社会服务能力、利益联结及市场营销方面都决定着这种模式的成败。

（1）适用条件　此模式一般需要流入较大规模的草场，以建成较大规模的养殖基地。所以，适用于拥有雄厚的资本能力，能够对生产养殖基地进行投产，并在地方政府的扶持和引导下能形成规模化、特色化产业带的龙头企业；这就需要地方区位优势和资源优势较为明显，经济发展水平也较高。近年来，国家通过不断培育壮大农业龙头企业、规划区域化产业发展、实施品牌战略、培育新型经营主体等措施，使得该地区农牧业产业化发展不断加快。

（2）利益联结　在利益联结方面，此模式适用于参股联结与流转聘用。参股联结是让农牧户以草场、生产资料及劳动力等方式入股，可以参与产业化经营的收益分配，并可参与、监督企业的经营管理；但就目前来说，龙头企业与农牧户的利益联结松散，在进行草场流转与整合时，作为流出方的农牧户只是一次性的拿到租金收入，或者还有些农牧户被雇佣养殖肉羊，其利益分配实行按劳分配。

（3）**运作模式** 市场是模式成功的关键，此模式为规模化经营模式，适用于龙头企业实施品牌化战略及多元营销途径；除传统的市场外，还可采取订单、农超对接、高端配送、直销店等方式促进产品销售。案例中，肉业集团充分珍惜、利用草原生态牛羊这一品牌理念，将其市场定位于中高端牛羊肉类市场，营销采取品牌经营的战略，不断发展深加工产业，拓展市场，扩大销路，在全国东北、天津、江苏等合理分布20余个省级经销办事处、物流配送中心，营销网络覆盖国内重点城市、地区及各地级市，形成立体的销售、配送、服务平台。

2. 龙头企业＋农牧民专业合作社 此经营模式是由加工产业化龙头企业通过与农牧民专业合作社签订产销合同以进行肉羊收购，再将其加工产品进行市场销售的产业化模式。加工产业化龙头企业是指肉源不能完全自给，要通过各种方式与农牧民进行长期稳定的合作来保障肉源供给；这类龙头企业主要以加工业为重，大部分还发展自身企业的第三产业，将第二产业链与第三产业链紧密结合，如旅游业、餐饮业、大型特产超市等。

在此经营模式中，龙头企业一般来说是将加、销完整联结，而产通过外源来实现，在这里也就是靠农牧民专业合作社来提供肉源。这里的龙头企业主要指加工产业化龙头企业和一些规模较小的不能完全自足的基地化龙头企业。因此，这一经营模式的关键在于龙头企业与合作社两经营主体之间的利益联结；其次还有经营主体的区域分布及产品市场需求的保障。

（1）**经营主体** 在经营主体的区域分布方面，此模式适用于龙头企业周边有一定数量和规模的农牧民专业合作社，以便保障企业的肉源供应、质量和运输。这为龙头企业收购肉羊时提供了交通运输上的便利，大大减少了肉羊在路途颠簸中的病死率，提升了肉羊质量；有利于加工企业有多项选择和稳定肉源。

（2）**利益联结**　在利益联结方面，此经营模式适用于股份合作、订单合同及服务协作方式。龙头企业针对自身与环境的不同情况，与合作社之间达成合适、稳定的利益联结机制，以达到长期稳定的供销关系。股份合作是指龙头企业吸纳合作社的土地、生产资料及劳动力等作为股份，使合作社入股经营，龙头企业也可以牵头出资参股合作社。总之，合作社作为纽带可将农牧户联结并参与到产业加工流通的利润分配中。

（3）**运作模式**　为了保障稳定的需求市场，此经营模式同样适用于品牌化营销与多元化经营。无论是基地化龙头企业还是加工产业化龙头企业，为了在竞争激烈的市场中不被淘汰，打造自身企业产品品牌已是主流和必要战略。在此同时，还应拓展市场，开宽销路，如直接下设饭店、直销店或与其他消费终端对接等方式促进产品销售。

3. 龙头企业＋农牧户　在此经营模式中，龙头企业直接与农牧户进行利益联结，大多对肉羊收购就是随行就市，只有几家存在着服务协作与订单合同等利益联结。龙头企业的类型可以是基地化也可以是加工产业化。总之，都是从农牧户的生产，再收购到龙头企业加工，最后销售到市场的一体化产业链条。

在"龙头企业＋农牧户"这一经营模式中，企业与农牧户的联结机制是关键。龙头企业在该经营模式中，要考虑到周围农牧户的情况，如从肉羊养殖情况、劳动资料、经营状况，收入比例等各方面进行了解，来衡量是否有利于供应肉源及采用何种有效的利益联结。此经营模式适用的利益联结为订单合同、配套服务及参股联结。

（1）**订单合同**　在订单合同方式中，企业与一些固定的农牧户签订肉羊收购的合同或订单，建立一种较稳定的合作关系。其中通过合同关系，可确定保护价收购、优惠价格或保底利润等。但这种联结机制下的经营模式适用于龙头企业与农牧户依法平等签约、履约的情况。二者应都具有独立的法律地位，平等的民事主权。此联结关系也是目前较为普遍的利益联结关系。

（2）**配套服务**　配套服务方式是指企业为了保证原料的数量和质量，会为合作的农牧户优惠提供一定的种羊、技术、信息等产前、产中配套服务，或是企业利用资产作为抵押贷款，可以使与其合作的农牧户得到企业在资金、物力、技术等方面的扶持。企业降低了生产成本和相应的风险，保质保量地收购到农产品，双方关系趋于稳定化、长期化。这种联结方式适用于龙头企业联结周边的农牧户，通过此方式确保双方各自收益，以达到龙头企业＋农牧户这一经营模式长期运作的效果。龙头企业在保证自身生产稳定的情况下，通过此方式带动大量农牧户的经济发展及改善其经营条件，为周边农牧户提供相关服务，推广养殖技术，还会出资贷款为农牧户修建现代化羊舍，以此双方建立了良好信任的关系。

（3）**参股联结**　参股联结方式，这种方式使企业成为股份合作制法人的角色，以各种方式入股的农牧户成为企业的股东和企业的"肉源基地"。此联结方式是入股农户按劳分配和按股分红相结合的方式，而且还能从企业的供销等服务中得到优惠。这种方式使农牧户与企业之间形成"风险共担，利益共享"的关系；也是肉羊产业化经营的高级模式。这样，企业与农户之间可以形成以产权为纽带联结成利益共同体，实行"利益均沾、风险共担"的紧密型合作关系。但这种联结关系几近空白，绝大多数是松散型、半紧密型，或是以自由买卖为主的关系。

通过以上可以看出，为了形成长期稳定的产业化链条，企、农之间应建立合理紧密的利益纽带。所以，此模式的适用性关键在于龙头企业与农牧户之间的利益联结机制是否合理完善。除此之外，政府大力扶持龙头企业，鼓励龙头企业带动周边农牧民经济发展，健全政策，维护农牧民利益也在其中起到了重要作用。

4. 农牧民专业合作社　在直接面对市场的农牧民专业合作社这一经营模式中，合作社是属独立型的专业合作社。这种独立的农牧民专业合作社是以农村家庭承包经营为基础，通过提供肉羊产品的销售、加工、运输、贮藏与农牧业生产经营有关的技术、信息等服务来实现成员互助目的的组织，具有经济互助性。拥有一定组织架构，成员享有一定权利，同时负有一定责任。合作社在整个经营模式中具有独立运转性。在农牧民专业合作社这一经营模式中，农牧业专业合作社特点是上联市场、下联农户，整个产业化链条是以合作社为核心的。所以，在分析此经营模式的适用条件时，会从当地农牧民专业合作社的角度出发，在农牧民意愿、合作社的建立、合作社的经营及市场各个方面剖析。

（1）**农牧民意愿**　农牧民专业合作社本身就是建立在农村家庭承包经营的基础上，农牧民自愿联合、民主管理的互助性经济组织。因此，成立农牧民专业合作社首先适用于当地有自愿配合入社的农牧民。

（2）**合作社的建立**　农牧民有了合作的意愿之后，在此基础上适用于当地具备合作理念和组织领导能力的领导者、有一定实力的牵头方及专业的指导人员；在这些精英的带领下，农牧民才能联合起来，市场＋农牧民专业合作社模式才能有效地运转。

（3）**经营模式**　在本节研究的农牧民专业合作社模式中，合作社的性质为独立型。一般独立运作型的、规模较大的肉羊专业合作社在内部的管理模式上都适用一种"企业管理＋畜牧业合作生产"的模式，以适应市场经济体制的客观要求。合作社一般都有固定的牲畜交易所（专业市场）；或与龙头企业建立产业化经营链条，建立互惠互助互利的产业经营关系，龙头企业可以在畜产品的原材料、资源方面得到保障，而畜牧专业合作社在畜牧产品的销售资金方面得到经济保障。另一种途径为发展第三产业链，假如当地为旅游胜地，可以考虑将传统的畜牧养殖业与旅游业相链接。

5. 中间商＋农牧户　在此模式中农牧户通常都为散户经营，生产方式传统粗放，因信息闭塞、交通不便等原因没有自主销售权，都由中间商上门进行收购再统一运输到专业交易市场、屠宰加工厂及所需消费终端进行销售。

"中间商＋农牧户"这一经营模式至今仍普遍存在于我国，这其中的因素包括农牧区养羊户的分布和所处地区落后的发展、交通不便及没有市场竞争意识、思想落后等方面，造成了这种经营模式在我国存在的适用性。

（1）生产条件　此经营模式适用于高原、山区、丘陵、地域广袤的草原及交通不便的落后地区。尤其在山区，很多农户处于大山深处，大部分农户零星分散，几乎为散户经营；再因地区发展落后、交通不便、信息闭塞，导致农牧民在肉羊销售方面几乎是被动状态，这就为中间商创造了商机与条件，所以农牧民几乎是通过中间商上门收购进行肉羊销售。

（2）销售条件　从农牧户自身出发，此模式适用于思想意识相对落后、严重缺乏市场竞争意识的农牧民。现今，我国西北地区还有相当一部分农牧民受传统的财富观作祟，普遍认为牲畜越多，其财富越大，结果却适得其反；因常年的牧区生活再加信息闭塞，整个牧区的牧民接受教育程度低，甚至有些牧民都没有掌握汉语；这些情况都表现出农牧民的思想意识落后及削弱了农牧民在肉羊市场中的地位。所以，农牧民在肉羊经营中的弱势地位使得他们不得不依赖中间商来销售肉羊。

[案例2-3]　助推羊业发展的"八化模式"

在羊养殖过程中，很多人认为是否能引到便宜的种羊是重点，不太注重种羊的质量，更不明白引种以后的盈利从哪里来？没有盈利的模式、也没有进行运营规划。很多转行的老板们都想着怎么买到便宜的种羊，但却忽略了引种以后怎么办的问题？如何实现快速盈利，这才是养羊的关键。

我个人认为，首先要做设计规划，在羊养殖中怎么设计规划盈利模式？怎么布局？怎么构建运营体系？这些都要有整体规划设计，其次再选择适合你养殖的品种，最后就是管理了，所有的经营行为都要有组织的高效率。有了规划和项目后，通过机制的设定来管理，为项目的推进和运营提供保障。在经过多年的学习和探索中，我总结了一套适合大型养羊场的"八化"模式，通过"八化"模式的运营，助推养羊业的快速腾飞和发展。

作为中国首家现代化湖羊养殖样板示范场，乾宝牧业学习了行业中专家和湖羊养殖前辈们的经验，探索了一条湖羊养殖现代化的新路，总结并成功运营"八化"模式。"八化"模式即：运营规模化、养殖集约化、品种纯元化、管理信息化、生产自动化、营养标准化、产业生态化、食品安全化。

1. 运营规模化

目前，在我国羊养殖业中，规模羊场相对偏少，养殖水平相对偏低，多数环节上仍以人工劳作为主，生产效率不高，普遍存在用工多、劳动强度大等问题，在一定程度上影响养羊场的经济效益和养殖积极性。因此，必须加快推进规模化养殖场的建设，用现代的物质条件装备养殖业，用机械化的生产方式替代人工劳动，才能推进我国养羊业生产运营规模化、标准化、现代化，才能实现能源减量化和资源的高效利用，从而达到节约饲养成本的目的，这也是我国养羊业从资源依赖型向创新驱动型和生态环保型转变的一条重要途径。作为中国首家大型规模化、现代化湖羊育种养殖示范场，公司拥有标准化羊舍150栋，养殖存栏湖羊种羊十几万只，年出栏优质湖羊种羊15万多只、优质肉羊18万多只。

2. 养殖集约化

乾宝牧业在集约化养殖中，以"集中，密集，约制，节约"为前提，在客观规律的条件下对养殖形式适度组合。综合运用了现代科学技术的发展成果，利用最新的技术，以工业化生产方式安排生产，充分发挥了养殖群体的潜力。以最少的或最节省的投入达到同等收入或更高的收入，以最少的投入实现优质、高产、高效。改善环境，高效地利用各类农业资源，取得了经济效益和环境效益，探索出一条适合中国农区农村养殖实际的集约化、规模化、产业化的养殖模式。通过高科技的投入和管理，获取资源的最大节约和产出的最佳效益，其最重要的价值和意义就在于能够实现羊养殖业的科学化、标准化、精准化、高效化，有效地保护环境，实现羊养殖业的可持续发展。

3. 品种纯元化

湖羊是我国一级保护地方畜禽品种，原产地内蒙古，为稀有白色羔皮羊品种，具有早熟、四季发情、多胎多羔、繁殖力强、泌乳性能好、生长发育快、产肉性能好、肉质好、耐粗饲、耐高温、高湿、高寒等优良性状，是全舍饲工厂化养羊的首选品种。

优良品种是羊养殖场的可持续发展的保证，优良的品种对于羊产品质量的提高起到十分重要的作用。乾宝牧业建场初期，从国内湖羊原种场引进大批纯种湖羊种羊，为以后的生产发展和纯种繁育奠定了基础，公司采用人工授精技术，加强选种，选配和培育，使引进的湖羊种群从遗传上适应新的生态环境，加强全场湖羊种群的饲养管理和适应性锻炼，尽量创造条件，使种群逐渐适应当地的生活环境。为了充分发挥湖羊的优良生产性能，根据湖羊的生理特点与营养要求，本着营养平衡理论与营养精细化的原则、营养标准化的设计，推行饲料阶段化的饲喂模式，充分使各阶段的羊群得到更好的营养供给。乾宝牧业和中国农科院、中国科学院及中国农业大学等大专院校的专家学者紧密合作对存栏湖羊种群进行提纯复壮，培育出更优质的纯种湖羊核心群体。

4. 管理信息化

乾宝牧业在管理上将建立信息化管理平台，主要有前端数据采集设备、前端短程无线网络、数据管理中心及客户端。润林牧业将融入全新的 RFID 物联网应用技术延伸终端数据采集，实现全面信息化、智能化管理，在羊舍内实时采集温度、湿度、氨气、硫化氢等气体浓度，根据要求设定参数，自动开启和关闭指定设备。将在全场生产母羊群体中，采用植入式电子芯片耳标，建立湖羊生长档案及溯源体系的身份编号认证制，利用数字信息管理，建立防疫消毒育种等管理数据库，建立食品源头的安全可追溯体系。在粪污清理中根据终端数据信息，设定定期自动清理出羊舍，避免氨气、硫化氢等有害气体及病毒病菌产生。在羊舍供水中采用数据设定，当水温在低于一定温度会启动热循环系统，检测水质；当水质低于一定数据，净化处理系统即启动运行，对环境进行自动控制和智能化管理。

5. 生产自动化

在湖羊养殖生产管理中，公司已经达到了自动给水、自动投料、自动消毒、自动清理粪便和雨污分离"四自动一分离"的国内领先水平，其中总经理束海平同志发明了10多项国家专利。乾宝牧业为了保证湖羊的生产环境，严格执行国家级防疫标准：车辆进出羊场时全方位自动立体消毒、所有人员进入生产区域均通过自动消毒通道进行消毒、羊舍定时自动消毒（全场66栋羊舍20分钟内可全部消毒完毕）；在饲料加工中、有机肥料生产、屠宰食品加工上，均建立了信息化平台管理，实现对循环农业、综合生态信息自动检测、对环境进行自动控制和智能化管理，有效提高工作效率、降低生产成本、坚持生态循环科学管理，力争走在农牧业循环经济的最前沿。

6. 营养标准化

在饲料加工、饲喂工艺中，采用分舍、分类、分生长段，根据信息数据按羊只所需营养定制加工生产。采用全混合日粮（TMR）精准机械自动饲喂（每栋羊舍最大饲喂量900千克，正常情况下50秒钟饲喂撒料结束）。

市场和消费者对羊肉的质量及产量的需求越来越高，而肉羊饲料营养不足、饲料利用不合理等，严重影响了肉羊生产水平、羊肉质量及效益的提高。乾宝牧业和国内草食动物专家联合研发了湖羊各生长阶段的营养套餐：①繁殖套餐：种公羊料，妊娠前后期料、哺乳期料。②羔羊套餐：羔羊开口料和保育料。③育肥套餐：羔羊育肥前后期料。④羊只转运抗应激饲料套餐。开拓湖羊套餐养殖新时代，引领阶段性精细化营养新理念。

在饲料加工、饲喂工艺中，根据信息数据按羊只所需营养定制加工生产。湖羊采食的所有饲料中都是按湖羊日粮配方，将所有料、草放在一起，使用 TMR 搅拌设备进行充分搅拌、揉碎，混合后达到精粗搭配、混合均匀、营养平衡的全价日粮。采用 TMR 精准机械自动饲喂。由束海平同志自主研发的自动撒料机可自动调节发料多少，从而进行均匀撒料。

7. 产业生态化

在发展生态农业中，乾宝牧业在循环经济产业中的重要一环就是变废为宝，把湖羊养殖中每天产出的羊粪尿全部运送到有机肥料加工厂，达到雨污分离分流，实现了养殖生产零排放。通过微生物发酵，再进行高温杀菌、增加有益菌、浓缩造粒，做成新型有机肥，返还农田。在生产过程中，对生产车间的有害气体和粉尘进行自动检测和净化，对饲料加工中的粉尘也进行净化处理。对园区中的空气质量也进行实时检测和处理。据肥料专家认证和权威机构检测，乾宝牧业有机肥料具有明显的改良土壤结构、增强肥效吸收、提高作物品质等多种功效，深受广大农民朋友的信赖和喜欢

8. 食品安全化

从牧场到餐桌，乾宝牧业全力打造全程产品可追溯体系的绿色食品产业链，保证了从饲养环节到加工环节、贮运环节的绝对安全可靠，乾宝牧业的全程可追溯系统使消费环节与生产环节接轨，消费者可通过产品上的追溯码清晰地追溯到每块羊肉的生产加工记录及所对应的乾宝湖羊整个生长过程的健康记录，确保全程安全、可控；并对饲养区进行封闭式管理，将办公区、生活区与生产区域隔离，切断所有外来病菌的侵入，从源头保证了湖羊的安全，为我国羊养殖业的健康发展，引领羊肉制品高端市场的开发做出应有的贡献。

（本案例由江苏乾宝牧业有限公司总经理束海平提供）

六、养羊的方式

养羊的方式分为 3 种：放牧、舍饲和放牧＋舍饲。

（一）放　牧

放牧饲养是养羊业的原始饲养方式，好处是适应绵、山羊的生活习性，增强体质；能充分利用各种自然资源，节省饲料，生产成本较低，劳动生产率较高。但存在着季节性差异，夏、秋两季饲草茂盛期，羊只生长速度快，生产性能高。到冬、春枯草期则生长发育缓慢，体重增长较少，甚至逐渐下降，羊的生产性能下降。因此，冬、春枯草季节除放牧外，还应给予补饲。

1. 放牧前的准备　放牧羊群的组织由于绵羊和山羊的合群性、采食能力和行走速度及对牧草的选择能力有差异，因而放牧前应首先将绵羊和山羊分开，然后再按品种、性别、年龄和健康等合理组群。羊群的大小应按当地放牧草场状况而定，牧区草场大、饲草资源丰富，组群可大些，一般可达 200 只左右；山区草坡稀疏、地形复杂，一般 100 只左右为一群；农区牧地较少，羊群一般不超过 80 只。不同性别和不同年龄的羊对饲养管理条件要求不同，公羊组群定额应小，母羊组群可大些。各群中的羊年龄应尽量相近，以便管理方便。选择牧场根据羊的习性，应选择地势干燥、草质柔嫩的平地、山坡、丘陵，以及渠道两旁、田埂等地。放牧前应对牧地分布、植被生长状况及水源设施等有所了解。有毒草的地方还应了解毒草的分布状况。农区放牧应避开打过农药的作物地，以防羊中毒。不要在低洼、潮湿、沼泽和生长茅草、苍耳草的地方放牧，低洼湿地放羊，容易使羊感染寄生虫病或腐蹄病。茅草、苍耳草针多，容易钻进毛被中，刺伤羊的皮肤和肌肉，引起皮肤感染，造成疾病。

2. 放牧技术

（1）**放牧队形** 放牧队形主要根据牧地的地形地势、草生长状况、放牧季节和羊群的饥饱状况而变换，目的是使羊采食均匀，吃饱吃好，又能充分利用牧地资源。选用适当的放牧形式，有利于羊的抓膘。

①"一条龙"式 放牧时，让羊排成一条纵队，放牧员走在最前面，如有助手，则跟在羊群后面。这种队形适宜在田埂、渠边、道路两旁较窄的牧地放牧。放牧员应走在上坡地边，观察羊群的采食状况，控制好羊群，不让羊采食庄稼。

②"一条鞭"式 将羊群排成一横队，放牧员在前面领着羊群，挡住强羊，助手在后追赶弱羊，边吃边进，稳着羊群慢慢走。这种队形适宜于在牧草生长中等且均匀的牧地上放牧，羊既吃食匀，又可驱散蚊蝇。冬、春季队形稍紧，以利保暖，夏季稍松，有利于风凉。早上紧，晌午松；草厚紧，草薄松。

③"满天星"式 把羊均匀地分散在一定的牧地面积上，任意采食，放牧员站在高处或羊群中间控制全群。这种队形适合于高山、地势不平的丘陵地、茬子地，夏季炎热时常用这种队形。

（2）**放牧要点**

①多吃少消耗 放牧羊群在草场上吃草的时间应超过游走时间，超过的幅度越大，吃的草越多，走路消耗相对地减少。多吃少走的内容包括"走慢、走少、吃饱、吃好"八个字，走是措施，吃是目的，走慢是关键。

②四勤三稳 "四勤"是指放牧人员腿勤、手勤、嘴勤、眼勤。腿勤是指每天放牧时，放牧员一边放羊一边找好草，不能让羊满地乱跑，也要防止羊损害庄稼，因此放牧员应多走路，随时控制羊群，使之吃饱吃好；手勤是指放牧员不离鞭，以便随时控制羊群，放牧地有烂纸、塑料布等应随手拾起，以免羊食后造成疾病。遇有毒草、带刺植物等，要随手除掉。发现羊的蹄甲过长、羊毛掩眼、被毛挂有钩刺时，应及时处理；嘴勤是指放牧员应随时吆喝羊

群，使全群羊能听使唤，放牧中遇有离群或偷吃庄稼的羊，都应先吆喝，后打鞭或投掷土块，以免伤羊；眼勤是指放牧员要时常观察羊的举动，观察羊的粪尿有无异常变化，观察羊的吃草和反刍情况，发现病情应及时治疗。配种季节，应观察有无母羊发情，以做到适时配种；产羔季节，要观察母羊有无临产症状，以便及时进行处理。"三稳"是指放牧稳、出入圈稳、饮水稳。放牧时只有稳住羊群才能保证羊多吃少走，吃饱吃好，才能抓膘。出入羊圈稳，目的是不让羊拥挤，否则会造成母羊流产或难产。饮水稳是防止羊急饮、抢水呛肺或拥挤掉入水中。"三稳"要靠"四勤"来控制，反过来只有对"三稳"的羊群才能更好地执行"四勤"。

③领羊、挡羊相结合　牧羊群应有一定队形，放牧员领羊前进，掌握行走速度与方向，同时挡住走出群的羊，控制羊群慢走多吃，队形不乱。为了控制好羊群，平时要训练头羊，俗话说："放羊打住头（即头羊），放得满肚油，放羊不打头，放成瘦子猴"。头羊最好选择体大雄壮的阉山羊，山羊走路昂首阔步，便于眼观四方；绵羊走路常低看，盲从性大，一般不宜作头羊。训练时要用羊喜欢吃的饲料做诱导，先训练来、去、站住等简单的口令和它的代号，再逐渐训练其他如向左、向右、阻止乱跑等口令，使头羊领会人意，听从人的召唤。

3. 四季放牧要领

（1）春季放牧要领　春季气候极不稳定，忽冷忽热，乍暖还寒，"寒冷潮湿雨水多，冷热变化难掌握"，正值牧草交替之际，刚长出的青草薄而稀，所谓"百草返青正换季，草嫩适口不易吃"。此时的羊由于刚度过冬季乏草期，大都营养较差、体质瘦弱，有的母羊正处于妊娠后期或哺乳期，迫切需要较好的营养补充。这时的放羊任务是：保羔复膘、补偿生长。①放羊应选择背风向阳、地势较干燥、比较暖和、牧草返青较早的阳坡地，要防止羊因受寒冷侵袭和潮湿所困而得病；②要控制放牧时间，晚出牧，早归牧，中午不回圈，早上天气冷不能吃露水草，以防山羊腹泻；③特别要防止羊跑青，要稳住羊群，做到"有草没草，不跑就好"，可以每天先到老草地放牧，让羊先吃些枯草，然后再到青草地放牧；④要注意驱虫，勤垫羊圈，保持羊圈干燥卫生，早春季节还要防止羊只出现抽搐症。

（2）夏季放牧要领 夏季气温较高，降水量较多，"炎热多雨蚊虻多"，炎热潮湿的气候不利山羊的健康，应该防暑、防潮、防蚊蝇。夏季牧草生长快，百草繁茂养分好，也是山羊壮膘的好时机。这时的放牧要点是：①选择气候凉爽、蚊蝇较少、牧草丰茂的坡地；②要早一点选岗头、风口或上山放牧，上午放阳坡，下午放阴坡，中午在树荫下休息，下午4～5时出牧，晚上8～10时回圈；③放牧时注意风向，上午顺风出牧，顶风归，下午顶风出牧，顺风归；④生、熟草坡交替放牧，早上先放以前放牧过的熟草地，再放牧生草地让羊吃得更饱；⑤在一天内采用不同的放牧手法，早上出牧用"一条龙"或"一条鞭"的方式，稳住羊群，拦住羊吃"回头草"，吃饱后让羊喝水，然后改成"满天星"的方式放牧，直到中午休息；⑥不要在有露水的草地放牧，防止吃露水草引起臌胀病；⑦晚上要进行抄圈2～3次，让羊起身活动，有利散热，又可检查羊群。

（3）秋季放牧要领 秋天气候较凉，秋高气爽，蚊蝇减少，牧草丰茂，牧草开花结籽、营养丰富，有利于山羊抓膘和配种。所以，秋季放牧的重要任务是抓膘育肥，在夏膘的基础上抓好秋膘，储积体脂，以利过冬。秋季又是山羊的繁殖重要季节，母羊膘情的好坏对繁殖率的影响很大，因此要努力做到满膘配种。10月上旬宜把公羊放到羊群中，在20天内配完种，集中产羔，便于管理。秋季放羊，要哪里有草就到哪里放，尤其不要错过茬地放牧的好时机；要根据气候变化特点掌握放牧时间，早秋无霜时放牧要早出晚归，尽量延长放牧时间，一般6时左右出牧，晚秋有霜，最好晚出晚归，中午留牧。秋季羊吃干草或草籽容易渴，应每天饮水2～3次。夏秋之交，是牧草生长最旺盛的时候，要注意贮备越冬草料，另外，大量的玉米秸、豆秸、甘薯藤、稻草等农作物秸秆，可制成青贮、微贮和氨化饲料，是养羊的好饲料。要驱除体内线虫及体外虱、螨、蜱、蝇蛆等体内、外寄生虫，秋季驱虫在9月末至10月初进行。

（4）**冬季放牧要领**　冬季气候寒冷，常有风雪霜冻，已是百草枯萎，树叶凋落。所以，冬天放羊的主要任务是：防寒保暖、保膘保羔（胎），备足草料。冬天放羊的原则是：①选择背风向阳、地势较低的丘陵、山沟或林间放羊；②实行全天放牧，做到晚出晚归，晴天远牧，阴天近牧，阴天虽然吃不饱，也应赶出走一走；③放羊时，应背风顶太阳前进，先远后近、先阴后阳、先高后低、先沟后平，先吃差草，后吃好草；④注意保胎，做到出门不拥挤，途中不急行，不走陡坡，不跳深沟，不吃霜草和发霉的草料；⑤晚上酌情补草补料，注意羊圈保暖。

4. 划区轮放

（1）**划区轮放**　指有计划、合理利用草场的一种有效放牧形式。首先把草场分成若干个单元，每个放牧单元再分成若干个放牧小区，每个小区放牧2～6天，按一定的顺序和时间轮流放牧。

（2）**放牧周期**　每个小区轮流放牧一次的时间即为放牧周期。放牧周期的长短主要由草再生的生长速度决定，再生草长到8～20厘米时才可以再次放牧，一般需要35天左右。

（3）**放牧频率**　指一个小区在一个放牧季节内轮流放牧的次数，与草原类型和草再生速度有关，一般为3～4次。

5. 放牧中应注意的问题

（1）**饮水**　水是新陈代谢不可缺少的物质，可以补充羊体水分，调节体温和生理功能，有利胃肠的消化吸收和增进食欲。羊的饮水量因季节、天气凉热和牧草生长状况而不同。一般天凉时饮水2～3次，炎热时饮3～5次，以泉水、井水、流动河水为宜，切忌饮浑水、污水、死水。羊接近水源时，应先停留片刻，待喘息缓和后再饮水，若发现饮水过猛时，可向水中投石子，羊多抬头观望，可暂缓一下饮水速度。饮井水时应随打随喝，饮流水时应从上游向下游方向行走，先喝水的羊在下游，后喝水的羊在上游，即可避免喝浑水，又可避免呛水。羊圈和运动场内应设有水槽，水槽应高出地面 20～30 厘米，以防止粪土污染，水槽内随时装有清水，保证在出牧前和归牧后都能及时饮到水。

（2）**喂盐**　盐是羊生长发育不可缺少的物质，有助于维持体细胞的渗透作用，能帮助运送养分和排泄废物。钠和氯不仅是血液中不可缺少的成分，也是胃液中胃酸的组成部分，有助于对饲料的消化利用。给羊喂盐，能增强食欲，促进健康。给羊喂盐的方法：一是将食盐直接拌入精饲料中，每日定量喂给，种公羊每天喂 8～10 克，成年母羊 5～8 克。一般应占日粮干物质的 1%；二是自由舔食，将盐块或盐水放入饲槽内，让羊舔食；三是用食盐、微量元素及其他辅料制成固体盐砖，让羊自由舔食，既补充了食盐，又补充了微量元素，效果较好。羊食盐供给不足可导致食欲下降、体重减轻，产奶量下降和被毛粗糙脱落等，适当补给氯化钠可提高其采食量和增重。如 towers 等（1985）报道，将成年绵羊放牧于每千克牧草干物质含钠 0.7 克的牧场上，平均日增重为 72 克，补饲氯化钠后，可明显提高日增重，使之达到 94 克。

（3）**五防**　所谓"五防"，即防农药、防毒蛇、防马蜂、防毒草、防狼。

①防农药　在田地及周边放牧要防止羊采食喷过农药的草，特别是春季播种除草时节。放羊人员要在确定田地及周围没有喷洒农药的情况下才能将羊群赶进去放牧。如果羊因采食喷洒农药的草发生中毒应及时了解农药主要成分并对症治疗。常见的有机磷中毒建议先使用盐类泻剂（硫酸镁或硫酸钠）尽快排出毒素，然后再使用解磷定或阿托品进行治疗。

②防毒蛇　蛇伤羊群，牧区和山区都经常见到。我国毒蛇多为亚洲蝮蛇，毒性很大，可伤害人畜。在毒蛇较多的地区要多"打草惊蛇"，先用羊鞭对放牧草场进行抽打，然后再放羊进去。如发生

毒蛇伤羊，建议尽快使用季德胜蛇药片治疗。

③防毒蜂　毒蜂山区较牧区多见，常见的有马蜂。山区放牧时要多观察，一旦发现马蜂窝应立刻把羊群向相反方向赶离，如发生马蜂伤羊，建议尽快使用季德胜蛇药片治疗。

④防毒草　无论牧区还是山区，都有毒草杂生在牧草中。尽量不要在有毒草的地区放羊，或是在羊吃了半饱之后放入有毒草地区。羊一般不爱吃毒草，只有在空腹饥饿时，才会饥不择食地吃入大量毒草，常因不易吐出而中毒。常见毒草有黄色杜鹃花，俗称"闹羊花"。

⑤防狼　群众总结的防狼经验是"早防前，晚防后，中午要防洼洼沟"。"早防前"就是早上出牧时要防止走在羊群前面最贪吃的羊被狼叼走。"晚防后"是傍晚收牧时，要小心落在羊群后面的羊。中午休息时要防备"沟洼"里蹿出来的狼。

（二）舍　饲

舍饲养羊就是将羊圈在羊舍中，用人工种植的牧草或农作物秸秆加上人工饲料喂养。舍饲养羊能妥善解决畜草问题，对生态环境保护起到一定作用，进一步提升畜牧生产水平，缩短出栏时间，提高养殖户的收入。同时，舍饲圈养能够多开辟集中饲料的来源，有效利用农作物秸秆，比如小麦秸、稻草、花生秧、红薯秧、大豆秸、玉米秸等草料。养殖户还能够根据肉羊生理的发育情况，搭配所需饲料进行饲养，实现肉羊营养的均衡化，从而提高草料的转化率；帮助肉羊生长发育，优化畜群的组织结构及良种比例，也是舍饲圈养的优势。舍饲圈养能够进一步便于管理控制，完成科学、集约、专业化的生产养殖需求。其中，舍饲养羊需要注意的几个问题如下：

1. 选择合理品种　舍饲养羊与当地生态环境存在密切的关系，选择饲养周期合理、经济效益高的品种，能获得更好的饲养效果。相关资料显示，采用舍饲养殖模式较为合适的品种有小尾寒羊、夏洛莱羊等品种。一般可以选择无角陶赛特或夏洛莱等品种肉羊作为父本，小尾寒羊等品种作为母本杂交，进行肉羊生产，从而获得经济利益最大化。

2. 建设环境舒适的羊舍 舍饲养羊羊舍需要做到以下几点要求：需要预留足够的活动场地；羊舍需要保持冬暖夏凉，选址方面应该尽量做到高地势、通风向阳、排水方便；为了能够便于开展防疫工作，羊舍地址还应该考虑选择在公路与村庄 0.5 千米以上的距离；在羊舍前需要配置一个运动场，面积一般为羊舍面积的 2.5 倍左右，在运动场附近与中间要放置固定或可移动的饲槽，最好放置在不同方向与位置，以便于羊群采食。

3. 饲草料管理 舍饲养羊需要有充足的草料供应，以便于能够方便一整年的饲料供应。一般饲料可以分为粗饲料与精饲料。粗饲料是指各种牧草、农作物秸秆等；肉羊喜欢进食多种饲料，如果只是长期喂食一种饲料或单一饲料，肉羊易出现厌烦情绪，导致厌食。所以，在选择饲料方面要注意多样化，饲料品种要尽可能多供应几种类别，均衡、阶段性轮流供应饲料。精饲料由玉米等构成，一般情况下还可以适当添加维生素与矿物质。

4. 疫病防治管理 舍饲养羊在疫病方面主要以预防为主。养羊户要定期对羊舍进行消毒、驱虫，从而保证羊群健康生长、高效产出。要对羊舍的饲槽、饮用水餐具等每半个月进行 1 次消毒，圈舍半个月至 1 个月使用漂白粉等溶液进行杀毒。羊只出栏后对羊舍进行彻底清洁、消毒。养羊户需要常年保持羊舍内外卫生，出现粪便污物等要及时清理，避免有害气体对羊群造成伤害。预防接种要对羊只健康状况进行登记，每年春秋两季对羊群进行接种，进行肌内注射或皮下注射羊三联四防疫苗、羊痘疫苗、羊传染性胸膜肺炎疫苗、羊口蹄疫疫苗和小反刍兽疫疫苗。同时，对全体羊只进行驱虫工作，尤其是寄生虫污染严重的地区，母羊产后 1 个月后要进行驱虫工作，羊羔断奶后也要进行保护性驱虫。体外寄生虫可以采用药浴的形式来进行驱虫，药浴前羊只要禁止进食 8 小时，药浴前 2 小时要饮用足够的饮用水，防止羊只在药浴过程中饮用药水中毒。注意选择在天气暖和晴朗的时候进行药浴，妊娠 2 个月的母羊不得进行药浴。

（三）放牧＋舍饲

当放牧地面积不足或牧地草质量较差时，可采用放牧、舍饲相结合的饲养方式。一般在夏、秋季节白天放牧，晚间在场区舍内补饲；冬春两季以舍饲为主。采用这种饲养方式，要求具有较完备的羊舍建筑和设施。该饲养方式结合了放牧与舍饲的优点，可充分利用自然资源，适合于饲养各种生产方向和品种类型的绵羊、山羊，是半农半牧区、山区、丘陵地带广泛采用的养羊生产模式。

1. 技术要点 因地制宜，实行灵活而均衡的放牧加舍饲饲养方式。

第一，要根据不同季节牧草生产的数量和品质、羊群本身的生理状况，规划不同季节的放牧和舍饲强度，确定每天放牧时间的长短和在羊舍饲喂的次数和数量。

第二，一般夏、秋季节各种牧草灌木生长茂盛，通过放牧能满足营养需要，可不补饲或少补饲。冬春季节，牧草枯萎，量少质差，舍饲为主，可适当放牧，必须加强补饲。

第三，为了缩短肉用羊的育肥期，提高奶山羊产奶量，夏、秋季节在放牧的基础上还需适当补饲。

2. 饲养效果 该饲养方式的效果取决于当地草场和农作物资源状况，关键在于夏、秋季节的草料贮备。如果能根据羊的品种，合理种植牧草，及时储存青绿饲料和农作物秸秆，能获得良好的经济效益和生态效益。

[案例 2-4] 山羊四季放牧的方法

1. 春 季

春季气候多变，青黄不接，是羊只全年中很困难的时期。要想使羊群安全度过春天，必须加强补饲，使羊群尽快恢复体况。春季青饲料缺乏，羊群一见青草就贪吃。但青草幼小，不解饿，就会往远处跑，俗称"跑青"。"跑青"不仅使羊体力没有恢复，反而乏上加乏。因此，不要急于放青，应先放牧于阴坡采食干草。过一段时间，待阳坡草长高再转场放牧。春牧羊群要注意远离刚播种的地边、荒草地，防止羊误食包衣种子和被农药化肥污染的草及玉米、高粱苗等而中毒。一般羊每吃1千克干料，需水2～3升，所以每天应保证供给2～3次清洁饮水。羊只缺盐不爱吃草，容易出现掉膘，幼龄羊的生长会停滞。因此，要给羊补盐，可让羊舔食盐砖或将盐加在水中饮用。

2. 夏 季

建好建楼式羊舍，舍隔层用木条铺做，木条间距以保持山羊脚不落空为宜。隔层与地面距离一般为20～30厘米，便于清理粪便。羊舍高度应保持在2米左右，可达到防水、透风、隔热。夏季放牧应早出早归，待露水刚干即可出牧。上午11时至下午3时让羊在圈内休息吃草料，下午7时收牧。每天给羊喂1～2次混合饲料（由麦麸、玉米面、豆饼加稻糠、草粉组成），同时给放牧羊群饮4～6次淡盐水。切忌让羊饮用排灌水、死塘水、洼沟水，或把羊赶入潮湿泥泞的地方放牧、休息，以免引起风湿症或食入寄生虫卵。放牧时，有条件的可自带能容纳羊群的大块纤布，四角扣牢在大树根上，中间用较粗的木棍顶起，让羊群及时避雨。中午放牧羊群后不要急于赶入羊圈，可让羊在林荫下休息、饮水；晚上放牧后，可让羊待一段时间后再入圈休息。要保持羊舍清洁干燥，通风良好，定期消毒。按照羊的免疫程序，及时免疫接种疫苗。为防止蚊蝇叮咬，还应对羊体喷洒药物。

3. 秋 季

秋天是抓羊膘和母羊配种的黄金季节。早秋放牧应坚持早出牧、中午避暑、晚收牧，适当延长放牧时间；中、晚秋有霜天气晚出牧，晚收牧；无霜天气早出牧，晚收牧。每天坚持饮井水或泉水2次，不要饮污水。晚秋放牧还要注意保暖，山区应将羊群领到牧草长势较好的阳坡地放牧。羊群白天放牧，夜间应补喂适量营养丰富、适口性好的精饲料，以利促长催膘。妊娠母羊中期每只每天补精饲料0.2～0.3千克，后期补0.45～1.00千克；哺乳母羊前期每只每天补充精饲料0.5千克，中期减至0.30～0.45千克，产双羔母羊补0.7千克。供给足够的饮水，添加适量的食盐。秋季母羊膘情好，发情正常，排卵多，易受胎，有利于胎儿发育，抓好母羊配种可以提高受胎率和产羔率。母羊发情表现为减食，鸣叫不安，外阴部潮红肿胀，阴道流出分泌物，频频摇尾，发情持续1～2天，以发情后30小时左右配种为好。妊娠母羊要禁喂发霉、变质和有毒饲草，禁空腹饮凉水；严防妊娠母羊受惊吓，不要让其进行急跑、跳沟等剧烈运动，特别是在出入圈门或补饲时要防止互相挤压；妊娠后期严禁防疫注射。对有习惯性或先天性流产母羊，宜在一定时间注射兽用保胎针。及时注射疫（菌）苗，预防传染病。羊舍要勤清除残渣残草，保持干燥清洁，定期用2%氢氧化钠溶液，3%石炭酸或2%甲醛液消毒。经常刷拭羊体，以加强血液循环，增强抗病能力。若羊群因吃了再生青草和豆科牧草而发生肚胀和中毒，应及时在肋部穿刺放气，一次内服鱼石脂5克和酒精20毫升，加水100毫升。

4. 冬季

冬季天气寒冷，牧草日渐减少，而母羊这个季节多已妊娠，因此冬季山羊放牧要结合保胎、保膘和安全越冬进行。除大风雪天外，养羊户每天还应坚持放牧，可采取晚出、晚归、整天放牧的方式，每天放牧约6小时。出牧前，把羊舍背风的门窗打开放出热气，当舍内外温度相近时再把羊群赶出。放牧应选择地势较低、山峦环抱的背风向阳地区，并趁着冬季羊膘好，尽量利用远处牧场，把较近牧场留给春季产羔母羊利用。但注意不要游走过远，以保证天气骤变时羊群能很快返圈。一般是早晨出牧放阳坡，中午暖和放阴坡，应多到河沟池塘及树林背风处放牧。冬季大部分牧草枯黄，单靠放牧肯定不能满足羊只营养需要，因此每天出牧前后都要对羊只进行补饲。每只羊每天可补饲草1千克，青贮玉米1千克，配合料 0.1～0.15 千克。每天饮水 2 次，对妊娠和瘦弱母羊，可视情况给予特殊照顾。此外，放牧时要慢走慢放，不让羊只跳沟壑、爬陡坡、走冰道，不让雪托羊肚，不喂冰冻霉烂饲料，不让妊娠母羊饮冰碴水，以免导致流产。

七、养羊需要掌握的知识

（一）肉羊生理特征

1. 体温、脉搏和呼吸频率

见表 2-7。

表 2-7　羔羊和成年羊的正常体温、脉搏和呼吸频率

生理特征	绵羊成年羊	绵羊羔羊	山羊成年羊	山羊羔羊
直肠温度（℃）	39～40	39.5～40.5	38～40	39.5～40.5
脉搏（次/分）	70～80	80～130	70～90	90～150
呼吸频率（次/分）	12～20	20～40	15～20	20～40

2. 消化功能与特点　羊属反刍动物，以草食为主，具有发达的采食和消化系统。羊有 4 个胃室。前三室的黏膜无腺体组织，合称前胃，皱胃黏膜内分布有消化腺，所以称真胃。羊胃的 4 个室在运动形式、消化、吸收功能上具有不同的特点。

（1）**瘤胃**　羊的瘤胃具有贮藏、浸泡、软化、微生物酵化粗饲料的作用。瘤胃中独特的微生物生态环境为微生物的生长和繁殖创造了适宜条件，而微生物又与羊有良好的协调关系。

（2）**网胃**　与瘤胃共同参与饲料的发酵作用。网胃运动可将食糜由网胃移送至瓣胃，网胃的收缩对于维持羊的反刍和逆呕具有重要作用；同时，网胃也是挥发性脂肪酸、氨等消化代谢产物的重要吸收部位。

（3）**瓣胃** 瓣胃内分布有许多叶片，对网胃食糜具有进一步研磨、过滤和压榨作用，将食糜中水分吸收而使食糜浓缩；同时，食糜中的矿物质、挥发性脂肪酸也可在此被吸收一部分。

（4）**皱胃** 皱胃可分泌各种消化酶及盐酸，主要参与蛋白质、脂肪和碳水化合物的消化作用，并有较强的吸收功能。

（5）**肠道** 肠道是羊的主要消化吸收器官。小肠可分泌大量蛋白酶、脂肪酶、转糖酶等消化酶，分解营养物质并通过肠道绒毛膜上皮细胞吸收。大肠则主要是吸收水分，形成粪便。小肠内未消化吸收完的营养物质，也可在大肠微生物和由小肠液带来的各种酶的作用下继续消化吸收。

（二）羊的个体鉴定

1. 羊的体尺测量

（1）**目的意义** 测量体尺用于确定羊的生长发育情况。

（2）**测定项目** 主要有体高、体长、胸围、管围、十字部高、腰角宽等，根据目的而定，但必须熟悉主要的测量部位和基本的测量方法。

①体高 由鬐甲最高点至地面的垂直距离。

②体长 即体斜长，由肩端最前缘至坐骨结节后缘的距离。

③胸围 由肩胛骨后缘绕胸一周的长度。

④管围 左前肢管骨最细处的水平周径。

⑤十字部高 由十字部至地面的垂直距离。

⑥腰角宽 两侧腰角外缘间距离。

测量时，场地要平坦，站立姿势要端正。测量工具主要有测杖、卷尺和圆形测定器。

2. 羊的年龄鉴别 识别羊的年龄，一般常用的简便方法是看羊的年龄。根据牙齿的更换、磨损变化判断羊的年龄。小羔羊出生3～4周，8个门齿就已出齐，这种羔羊称"原口"或"乳口"。这时的牙齿为乳白色，比较整齐，形状高而窄，接近长柱形，这种牙齿叫乳齿，共 20 枚。羔羊的乳齿往往在 1 年后才换成永久齿，但也略有早晚，成年山羊牙齿已换为永久齿，共 32 枚。永久齿比乳齿大，略有发黄，形状宽而矮，接近正方形。羊没有上门齿，下门齿有 8 枚，臼齿有 24 枚。乳齿与永久齿的区别见表 2-8。

表 2-8　乳齿与永久齿的区别

项　目	乳　齿	永久齿
色　泽	白色	乳黄色
齿　颈	明显	不明显
齿　根	插入齿槽较浅，附着稳定	插入齿槽较深，附着稳定
大　小	小而薄，有齿间隙	大而厚，无齿间隙
排列情况	牙齿排列整齐，齿表面平坦	排列不整齐，表面有浅槽

3. 肉用羊的外貌特征　肉羊的体型外貌评定是以品种和肉用类型特征为主要根据而进行的。就肉用型绵、山羊来说，其外貌结构和体躯部位应具备以下特征。

（1）整体结构　体格大小和体重达到品种的月（年）龄标准，躯体粗圆，长宽比例协调，各部结合良好；臀、后腿和尾部丰满，其他产肉部位肌肉分布广而多；骨骼较细，皮薄而富有弹性，被毛着生良好且富有光泽；具有本品种的典型特征。

（2）头、颈部　按品种要求，口方、眼大而明亮，头型较大，额宽丰满，耳纤细、灵活。颈部较粗，颈肩结合良好。

（3）前躯　肩丰满、紧凑、厚实，前胸宽而丰满。前肢直立结实，腿短且间距宽，管部细致。

（4）中躯　正胸宽、深，胸围大。背腰宽而平，长度适中，肌肉丰满。肋骨开张良好，长而紧密。腹底成直线，腰荐结合良好。

（5）后躯　臀部长、平、宽而开展，大腿肌肉丰满，后裆开阔，小腿肥厚。后肢短、直而细致，肢势端正。

（6）生殖器官与乳房　生殖器官发育正常，无功能障碍，乳房明显，乳头粗细、长短适中。

4. 肉用羊的生产性能评定的主要指标 肉用羊体大、早熟，生长快，肉质好，繁殖力高。幼龄羊的平均日增重和饲料利用率高，出栏体重大，饲养周期短；产肉能力强，屠宰率高，肌肉细嫩多汁，脂肪分布均匀；四季发情，配种年龄早，每胎产羔数多，产羔频率高。

评定肉羊产肉率的主要指标有以下几项。

（1）屠宰率 指胴体重加内脏脂肪（包括大网膜和肠系膜脂肪）和脂尾重，与羊屠宰前活重（宰前空腹 24 小时）之比。

（2）胴体重 指屠宰放血后剥去毛皮、去头、内脏及前肢腕关节和后肢关节以下部分，整个躯体（包括肾脏及其周围脂肪）静置 30 分钟后的重量。

（3）胴体净肉率 胴体净肉重与胴体重的比值。

（三）肉羊繁育基本知识与繁育技术

1. 肉羊的发情生理与发情鉴定

（1）初情期 母羊生长发育到一定的年龄时开始出现发情和排卵，为母羊的初情期，是性成熟的初级阶段。初情期以前，母羊的生殖道和卵巢增长较慢，不表现性活动。初情期以后，随着第一次发情和排卵，生殖器官的大小和重量迅速增长，性功能也随之发育。绵羊和山羊的初情期一般为 4～8 月龄，其表现早迟的原因是由不同品种、气候、营养因素引起的。

①品种 一般表现为个体小的品种的初情期早于个体大的品种，山羊早于绵羊。

②气候 气候包括温度、光照、湿度等因素。一般南方母羊的初情期较北方的早，热带的羊较寒带或温带的早。早春产的母羔即可在当年秋季发情，而夏秋产的母羔一般需到第二年秋季才发情，其差别较大。

③营养 初情期与羊的体重关系密切，并直接与生殖激素的合

成和释放有关。营养良好的母羊体重增长很快，生殖器官生长发育正常，生殖激素的合成与释放不会受阻，因此其初情期表现较早，营养不足则使初情期延迟。

（2）**性成熟** 经过初情期的母羊，生殖系统迅速生长发育，并开始具备繁殖能力，在不长的时期内即进入羊的性成熟期。虽然性成熟时期羊的生殖器官已发育完全，具备了正常的繁殖能力，但身体其他系统的生长发育还未完成，故性成熟初期的母羊一般不宜配种。过早配种妊娠将影响母羊自身的生长发育，也将影响胎儿的正常发育，长此下去，必将引起羊群品质下降。羊的性成熟期一般为$5 \sim 10$月龄，同时和体重有关，一般性成熟羊的体重为成年羊体重的$40\% \sim 60\%$。此外，还因受品种遗传、气候、营养因素的影响而表现略有差异。通常山羊的性成熟比绵羊略早。

（3）**初配年龄** 山羊的初配年龄较早，与气候条件、营养状况有很大的关系。南方有些山羊品种5月龄即可进行第一次配种，而北方有些山羊品种初配年龄需到1.5岁。通常山羊的初配年龄多为$10 \sim 12$月龄，绵羊的初配年龄多为$12 \sim 18$月龄。分布于江浙一带的湖羊生长发育较快，母羊初配年龄为6月龄。我国广大牧区的绵羊多在1.5岁时开始初次配种。由此看来，分布于全国各地不同的绵羊、山羊品种其初配年龄很不一致，但根据经验，以羊的体重达到成年体重的70%时，进行第一次配种较为适宜。

（4）**母羊发情和发情周期**

①发情 母羊能否正常繁殖，往往决定于能否正常发情。正常发情，是指母羊发育到一定程度时表现出的周期性的性活动现象。母羊发情表现在以下3个方面：母羊的精神状态，母羊发情时，常常表现兴奋不安，对外界刺激反应敏感，食欲减退，有交配欲，主动接近公羊，在公羊追逐或爬跨时常常站立不动；生殖道的变化，发情期中，在雌激素的作用下，生殖道发生了一系列有利于交配活动的生理变化，发情母羊外阴部松弛、充血肿胀，并有黏液分泌。

子宫腺体增长，基质增生、充血、肿胀；卵巢的变化，母羊发情前2～3日卵巢的卵泡发育很快，卵泡内膜增厚，卵泡液增多，卵泡部分突出子卵巢表面，卵子被颗粒层细胞包围。

②发情持续期 母羊每次发情持续的时间称为发情持续期。绵羊发情持续期为30小时左右，山羊为24～48小时。母羊排卵一般多在发情后期，成熟卵排出后在输卵管中存活的时间为4～8小时；公羊精子在母羊生殖道内授精作用最旺盛的时间约24小时。为了使精子和卵子得到充分的结合机会，最好在母羊排卵前数小时内（即发情后12～16小时）内配种。在生产上，可早晨试情，挑出发情母羊进行配种，傍晚再配1次。

③发情周期 即母羊从上一次发情开始到下一次发情开始所间隔的时间。在一个发情期内，如是未受胎的母羊，其生殖器官和机体发生一系列周期性变化，会再次发情。绵羊发情周期平均为16天（14～21天），山羊平均为21天（18～24天）。

④发情鉴定 发情鉴定的目的是及时发现发情母羊，正确掌握配种或人工授精时间，提高受胎率。肉用母羊发情鉴定方法有3种，即外部观察法、阴道检查法和试情法。外部观察法：肉用绵羊的发情时间短，外部表现并不十分明显，发情母羊主要表现在喜欢接近公羊，并强烈摇动尾部，当被公羊爬跨时则站立不动，外阴部分泌少量黏液。肉用山羊的发情母羊表现为兴奋不安，食欲减退，反刍停止，外阴部及阴道充血、肿胀、松弛，并有黏液排出。阴道检查法：用开腟器来观察母羊阴道黏膜、分泌物和子宫颈口的变化来判断发情变化情况。发情母羊阴道黏膜充血、光亮湿润，有透明黏液流出，子宫颈口充血、松弛、开张，有黏液流出。试情法：试情公羊进入母羊群后，工作人员不要轰喊，只能适当驱动母羊群，使母羊不要拥挤在一处。站立不动、并接近公羊的母羊，即为发情母羊，要迅速挑出，准备配种。试情公、母羊的比例一般以1∶（40～50）为宜。

（5）公羊的性行为和性成熟 公羔的睾丸内出现成熟的具有

受精能力的精子时，即是公羊的性成熟期。公羊性成熟的早晚受品种、营养条件、个体发育、气候等因素的影响，一般其性成熟期在5～7月龄。公羊表现性行为时，常有举头，口唇上翘，发出连串咩叫声，性兴奋发展到高潮时进行交配。公羊交配动作迅速，时间仅数十秒钟。

2. 适时配种与配种方法

（1）配种时期 在自然状态下，一般在8月份起开始配种，延续到12月份，甚至翌年1月份。此时日照由长变短，也是羊群体满腰肥的时候，发情较集中。母羊排卵数较多，较容易受胎，且双胎率也较高。有些肉羊品种，如小尾寒羊等，一年四季都可发情、配种和产羔。

（2）配种方法

①自然交配 让公、母羊同群放养，母羊出现发情时，公羊便可以与母羊自由交配。采用这种配种方法，在1个配种季节里，1只公羊只能配20～30只母羊，不利于充分利用优良种公羊，也很难搞清每只发情母羊的配种时间、预产期及羔羊的系谱状况，无法进行羔羊的选择。另外，公、母羊追逐配种，也会影响羊群放牧。

②人工辅助交配 在公、母分群放牧条件下，通过试情把发情母羊挑出，在人工帮助下，让指定种公羊与发情母羊交配。这种方法适合在种公羊比较充足、开展人工授精较困难的情况下使用。采用此法，1个配种季节每只种公羊可配50只以上母羊，同时较容易掌握每只母羊的配种时间和与配公羊的编号。

③人工授精 是指借助于专门的器械，通过一定的方法，采取公羊的精液，在体外经过检查和适当的处理，再把精液输入母羊的生殖道内，使其受胎。人工授精技术包括采精、精液量和精液品质的测定及评定人工配种。

3. 肉羊的妊娠与接产

（1）妊娠 一般来说，母羊配种后，到下一个发情期如不再发情，即可初步认为是妊娠。妊娠母羊多表现食欲增强，安静温顺，举止稳重，膘情恢复较快。以后腹部逐渐膨大，至妊娠2个月后，可进行妊娠检查。一般是在早晨空腹时，先将母羊的头颈夹于检查者的两腿中间，将两手放在母羊腹侧下乳房前方的两侧部位并托起腹部，左手把羊的右腹向左方微推，左手拇指和食指叉开稍加压力，可以触摸到较硬的小块，若只有一块，为单羔；若两边各有一硬块，则是怀的双羔。检查时要细心，不可强行用力，以免导致母羊流产。羊妊娠后期，腹部显著增大，从外观即可判定。

（2）**接产** 母羊临产的表现：母羊临产时，骨盆韧带松弛，腹部下垂，尾根两侧下陷，乳房肿大，乳头下垂，阴门红肿并有黏液流出，行动迟缓，食欲减退和频频排尿。如看到母羊起卧不安，不时回顾腹部，或远离其他羊群独卧，就应将其挑出，送到产房等待产羔。如母羊已经卧地并四肢伸直、努责，说明已面临分娩。第一胎羊水破出后，一般不到30分钟羔羊便可产出。

①接产操作 在正常情况下，应让母羊自己把羔羊产出。羔羊产出后，把羔羊的口腔、鼻和耳内的黏液掏出并擦干净。羔羊身上的黏液让母羊自己舔净，这样有助于增强母子的亲和。如果母羊的母性较差，可将羔羊身上的黏液涂在母羊嘴上，并设法引诱母羊舔羔羊。羔羊出生后，一般脐带都能自行扯断，接产人只需用碘酊消毒脐带断端便可。如果脐带不能自行扯断，接产人可在离羔腹部5厘米左右处，将脐带扯断并消毒断端。母羊分娩完后约1小时，胎衣便能自然脱落并排出体外。胎衣排出后，一定要及时捡出和深埋，不要让母羊吞食，以免母羊养成吃子恶习。

②难产的处理 母羊在分娩时，常因其骨盆狭窄、阴道过小、胎儿过大或母羊体弱，以及胎儿的胎位不正等原因，造成难产。一般在羊水破出后30分钟，母羊出现努责无力、羔羊产不出来时，即应实施助产。胎位不正时，可将母羊的后躯垫高，把羔羊露出的部分送回子宫内，手随之进入产道，校正胎位，再随着母羊的努责节律，将胎儿拉出。正胎位的表现是羔羊的双蹄向下，抱着头与嘴露出阴门，否则均为胎位不正。胎位不正有多种情况，

处理的方法也不尽相同。对因胎儿过大而难产者，可将羔羊的两前肢拿住，将胎儿慢慢拉出一部分再送入，如此反复几次，然后再一手拉住羔羊的两前肢，另一手扶住羔羊头，随母羊努责，慢慢地向后下方拉出。操作时切勿用力过猛，如胎儿无法产出，应实行剖宫产。

③假死羔羊的处理　假死指羔羊产出后，表现发育正常，心脏有跳动，但不呼吸。羔羊假死主要是其过早地呼吸而吸入羊水，或因母羊子宫缺氧、分娩时间过长，或因羔羊受冻造成的。羔羊出现假死情况时，应立即采取以下两种办法，使其尽快地复苏：一是提起羔羊两后肢，使其悬空倒挂，轻拍击其背、胸部；二是让羔羊仰卧，用两手有节律地推压其胸部两侧。属于短时假死的羔羊，在经过这两种办法处理后，一般都能苏醒。对因受冻而致假死的羔羊，应立即将羔羊移入暖室，放入38℃的温水内，使其头露出水面，然后将水温逐渐升至45℃，浸泡20～30分钟后，羔羊便可以复苏。

④产后母羊的护理　母羊在分娩过程中，因体能消耗大，失去水分多，新陈代谢功能下降，抵抗力减弱。此时，如对母羊护理不当，不仅会影响母羊身体的健康，还会造成缺奶甚至绝奶，使生产性能下降。对产后母羊的护理，应注意保暖、防潮、避免受风和感冒；要保持产圈的干燥、清洁和安静。产羔后1小时左右，应给母羊饮1～1.5升温水或浆水；切忌喝冷水。同时，要饲喂少量的优质干草或其他粗饲料。头3天尽量不喂精饲料，以免发生乳房炎。饲喂精饲料时，要先少喂，逐渐增多。随着羔羊吃奶量的增加，精饲料量可逐渐增至预定量。

⑤羔羊的护理　羔羊出生后，体质弱，抵抗力低，适应能力差，容易生病。所以，初生羔羊的护理是提高羔羊成活率的关键。羔羊出生后，一般10分钟左右便能自己站立起来，并寻找乳头吃奶。为了使羔羊及早吃上初乳，接产人员应协助羔羊找到母羊的乳头，同时协助羔羊吃好吃足初乳。母羊的初乳含有丰富的营养物质

和抗体，可提高羔羊的免疫力。因此，必须确保羔羊吃3天以上母乳，这对羔羊的成活有重要作用。羔羊到2周龄时，应该喂给青绿饲料如牧草或干草；到4周龄时虽已会吃草、料，但消化吸收草料的功能不强，所以必须加强初生羔羊的照顾和护理。对失去母亲或母羊缺奶的羊羔，应及时为其找保姆羊，或实行人工哺乳。保姆羊不让寄养时，可将保姆羊的尿液或乳汁涂抹在寄哺羔羊的身上，然后让保姆羊嗅闻，接着实行人工辅助哺乳，经过几次后保姆羊就可接受羔羊吃奶了。实行人工哺乳或哺育羔羊时，一定要注意乳的浓度和严格的消毒，同时还要做到定时和定温（以38℃～42℃为宜）。产后7天内，每小时喂1次，以后逐步改为1天哺乳8次；到产后20天时，4小时哺乳1次，直至羔羊断奶。每次喂量应掌握从少到多的原则。产后7天内的羔羊，每次哺喂170克奶，逐渐增加每次奶的数量。羔羊出生后4～6小时，便开始自行排泄胎便。正常的胎便为黄褐色的黏稠便，尽量使羔羊及时排出胎便，以便促进羔羊的正常生长。产后24小时羔羊仍不排出胎便，可视为不正常，要想办法使其排出胎便。产后的羔羊要与母羊一起送到分娩小圈内哺育5天左右。生长发育正常的羔羊7～10天，就可以让其吃草、吃料。出生后15天起，就应给羔羊补饲混合精饲料，一般开始每只羔羊每天50克。混合精饲料的喂量应随着羔羊的生长和营养需要逐渐增加。一般是每周加量1次，60日时应加到每日250～300克。

（四）羔羊早期断奶

羔羊早期断奶是指在45～60日龄断奶，以进行强度育肥，120～150日龄体重达25～35千克即可出栏销售。

1. 训练羔羊早龄开食 羔羊早期断奶的第一步是训练羔羊早龄开食。一般从7～10日龄开始诱食，10～15日龄开始补饲，训练羔羊开食的时间越早越好。虽然羔羊在3周龄前采食有限，但及早采食极少量的固体饲料对促进瘤胃发育和采食行为的养成有很大作用。早期训练开食，对促进羔羊的生长还具有长期的效应。训练羔羊开食时，可在羊舍固定地点设一围栏，内置饲槽，羔羊可以随意进去采食但母羊进不去；也可以采用母仔分群的方法，将羔羊隔开单独训练。开食可采用多种方法，如适当短期限制哺乳，待羔羊饥饿时补饲代乳粉或开食料，也可以先用液体代乳粉诱导，逐步过渡到饲喂固体开食料。羔羊补饲量以一次给料 20～30 分钟吃完为好，开始时每只羔羊每天 400 克左右，到断奶时全期每只羔羊平均消耗 10 千克饲料。随着羔羊采食量的逐渐加大，羔羊哺乳的次数也应逐渐减少，最终过渡到完全断奶。

2. 羔羊断奶方法 羔羊断奶方法有两种，即一次性断奶和逐渐断奶。规模养羊场（户）一般多采用一次性断奶，即将母仔一次性分开，不再接触。逐渐断奶法是在预定的断奶日期前几天，把母羊赶到远离羔羊的地方，每天将母羊赶回，逐渐减少羔羊吃奶的次数直到断奶。断奶对羔羊是一个较大刺激，处理不当会引起羔羊生长缓慢，因此可采取断奶不离圈、不离群的方法，即将羔羊留在原羊圈饲养，母羊另外组群，尽量保持羔羊的生活环境不变，饲喂原来的饲料，减少对羔羊的不良刺激和对生长发育的影响。

3. 羔羊早期断奶日粮标准要求与配方

（1）日粮标准要求 无论是代乳粉、开食料，还是早期的补饲料，都必须根据羔羊消化生理特点和正常生长发育对营养物质的需要进行选择或购买，保证质量尽量接近母乳。羔羊早期断奶日粮总的标准要求是：一要适口性好，保证吃够数量；二要营养价值高，特别是蛋白质和能量；三要成本低廉。

（2）日粮配方 羔羊开食料的适口性十分重要，因为这时羔羊对饲料种类的区分能力差，要靠适口性吸引羔羊采食。开食料改为补饲料后，可以不过分强调适口性，重点是保证蛋白质的质量和数量。对幼龄羔羊适口性最好的饲料是豆粕，它不仅能提高日粮的适口性，而且能保证蛋白质供给；其次是苜蓿干草。此外，玉米适口性也较好，在日粮配方中不可缺少。

配制日粮的标准要求为：

第一，蛋白质含量不低于15%。

第二，最好制成颗粒饲料。颗粒饲料体积小、营养浓度大，饲喂羔羊可提高采食量和日增重。实践证明，颗粒料适口性好，羔羊喜欢采食，比粉料可提高饲料报酬5%～10%。另外，颗粒饲料良好的流动性也利于羔羊采食，料径以0.4～0.6厘米为好。

第三，日粮中应添加国家允许使用的药物添加剂。药物添加剂不仅可以防病，而且还可以促进羔羊生长，对提高成活率、育成率和断奶重具有重要作用。美国NRC推荐的羔羊早期补饲日粮配方：玉米40%，大麦38.5%，麦麸10%，豆饼或葵花籽饼10%，石灰石粉1%，加硒微量元素盐0.5%。另外，每千克饲料添加土霉素或金霉素15～25毫克，维生素A 500单位，维生素D 50单位，维生素E 20单位；玉米60%，燕麦28.5%，豆饼或葵花籽饼10%，石灰石粉1%，加硒微量元素盐0.5%。另外，每千克饲料添加土霉素或金霉素15～25毫克，维生素A 500单位，维生素D 50单位，维生素E 20单位；玉米88.5%，豆饼或葵花籽饼10%，石灰石粉1%，加硒微量元素盐0.5%。另外，每千克饲料添加土霉素或金霉素15～25毫克，维生素A 500单位，维生素D 50单位，维生素E 20单位。以上所有饲料原料，羔羊6周龄以内要进行碾碎处理，6周龄以后可整粒喂。石灰石粉与整粒谷物不能很好地混合，可先取豆饼等蛋白质饲料与石灰石粉混合，再加在整粒谷物的上面饲喂。为预防尿结石，可以另加0.25%～0.50%氯化铵。

（五）抓羊相关技巧

抓羊、牵羊和倒羊是养羊生产实践和科学研究中经常遇到的问题，看似一件小事，实际常因方法不当而对羊无可奈何，往往费劲还会使羊受到损伤。现将正确的方法介绍如下：

1. 抓羊 常见抓羊者，抓住羊体的某一部分强拉硬扯，使羊的皮肉受到刺激，羊毛生长受影响，甚者使羊体受到损伤。正确的方法是：用一只手迅速抓住羊的小腿末端（小腿末端较细便于手握而不易伤及皮肉），然后用另一只手抱住羊的颈部或托住下颌。

2. 牵羊 在工作中，常需把羊牵至一定的地点，即移动一段距离。常见到牵羊者用双手抓住羊的两只后腿，像推手推车一样强迫性地让羊往前推进，从而造成羊前腿骨折或颈部骨折。也有人用手抓住羊角或羊头向前拉，羊则固执地向后退，人、羊皆耗体力，甚者人、羊俱伤，结果是事倍功半。正确的牵羊方法是：抓住羊后，把右手掌放置于羊的臀部并轻轻抱住，左手掌自然张开轻托羊的下颌，人体半蹲，双腿紧靠羊体侧部，左手将羊头推向羊的右上方，羊即可保定。让羊向前进时，左手把羊头拉向前进方向，右手掌由臀部移至尾根抱握住，用中指或食指轻按羊尾根，则羊自动前进。左手能起掌握方向和控制羊只行进速度的作用，左手使羊下颌下降时，羊只前进速度增快，左手稍抬高羊的下颌时，前进速度减慢；再抬高羊的下颌时，羊停止前进，左手把羊的下颌牵向那个方向，羊就向那个方向前进；左手抬高，右手指不按羊尾根则羊自动后退；左手下降时，羊就自动停止后退。

3. 倒羊 对羊的腹毛鉴定、剪毛、诊断和治疗中常要将羊放倒。常见操作者硬将羊摔倒在地，致使成年羊体受伤或流产。正确的倒羊方法是：左手掌托住羊的下颌，右手紧抱羊的臀部，人体半蹲，双腿紧靠羊体侧部。然后抬高左手将羊头推向羊的右上方，使羊的重心后移落在后肢位上，右手用劲使羊不能后退，再让右手向前钩羊的左后肢系骨，同时再高抬左手，这时羊臀部自然着地，且斜入操作者怀中，羊背靠操作者，完成倒羊动作。

（六）修 羊 蹄

放牧养羊只的蹄由于经常在行走中磨损，显得生长很慢，而舍饲的羊只磨损慢，故生长轻快。养羊场中的羊若长期不修蹄，不仅影响行走，而且会引起蹄病和肢变形，严重者行走异常，因而必须经常修蹄。

在生产中因不注意修蹄而使蹄尖上卷，蹄壁裂折，蹄叉腐烂，四肢变形，跪下采食或成蹄病者经常可见。种用公羊蹄子有问题，轻者运动困难，影响品质，重者因此而不能配种失去种用价值，所以在养羊生产中要随时注意检查，经常修蹄。

修羊蹄方法：先掏出趾间的脏物，接着用小刀或修蹄剪剪掉所有松动而多余的蹄甲，注意要平行于蹄毛线修剪，再剪掉长在趾间的赘生物并削掉软的蹄踵组织，使蹄表面平坦。

修蹄注意问题：修蹄一般选在雨后或在潮湿地带放牧或饲养一段时间后进行，因为这时羊的蹄质变软，容易修理。

修蹄具可用市场上出售的修蹄刀和修蹄剪，也可使用果树剪来代替；修蹄时开始多削一些，越往后越要少削，蹄底部要修到平整方圆，以能自然站立为宜。已经变形的蹄子，需要经过几次修蹄才能矫正。

（七）食品等级划分

1. 无公害食品　无公害农产品是指产地环境、生产过程和产品质量符合国家有关标准和规范的要求，经认证合格获得认证证书并允许使用无公害农产品标志的优质农产品及其加工制品。无公害农产品生产系采用无公害栽培（饲养）技术及其加工方法，按照无公害农产品生产技术规范，在清洁无污染的良好生态环境中生产、加工的，安全性符合国家无公害农产品标准的优质农产品及其加工制品。认证机构为农业部农产品质量安全中心。无公害农产品生产是保障大众食用农产品消费和人体健康、提高农产品安全质量的生产。

2. 绿色食品　指产自优良生态环境、按照绿色食品标准生产、实行全程质量控制并获得绿色食品标志使用权的安全、优质食用农产品及相关产品。

绿色食品标准分为两个技术等级，即 AA 级绿色食品标准和 A 级绿色食品标准。AA 级绿色食品标准要求：生产地的环境质量符合《绿色食品 产地环境质量标准》，生产过程中不使用化学合成的农药、肥料、食品添加剂、饲料添加剂、兽药及有害于环境和人体健康的生产资料，而是通过使用有机肥、种植绿肥、作物轮作、生物或物理方法等技术，培肥土壤、控制病虫草害、保护或提高产品品质，从而保证产品质量符合绿色食品产品标准要求。A级绿色食品标准要求：生产地的环境质量符合《绿色食品 产地环境质量标准》，生产过程中严格按绿色食品生产资料使用准则和生产操作规程要求，限量使用限定的化学合成生产资料，并积极采用生物学技术和物理方法，保证产品质量符合绿色食品产品标准要求。

3. 有机食品 有机食品也叫生态或生物食品等。有机食品是国际上对无污染天然食品比较统一的提法。有机食品通常来自于有机农业生产体系，根据国际有机农业生产要求和相应的标准生产加工的。

[案例2-5] 羔羊代乳粉在羔羊超早期断奶中的应用技术

1. 代乳粉研发的背景与意义

对于新生羔羊来说，母羊乳是最理想的食物。初乳和常乳既能满足新生羔羊的营养需要，同时使羔羊及早完善本身的免疫系统，又能在味觉和体液类型方面与羔羊相吻合。但是在生产实践中，母羊乳会因母羊的健康和疾病受到影响，更重要的是母羊乳汁不足影响了羔羊的生长和发育。为此，营养学家们开展了一系列的研究，研制出能够替代母羊乳的产品，羔羊代乳粉对于种羊的快速繁殖和对优良后备种羊的培育，对于母羊一产多胎和体弱母羊增加羔羊的成活率都有重大的意义。

发展羔羊生产，羔羊的早期断奶是羔羊生长和生产的一个关键环节，代乳粉是解决羔羊早期断奶的核心，羔羊代乳粉的使用将为羔羊早期断奶提供可靠的技术保障，并节省饲养成本，促进羔羊的消化器官发育，有利于断奶后羔羊生产性能的发挥。

2. 羔羊代乳粉的使用方法

（1）断奶之前的准备工作 断奶前要做好以下准备工作：①在羔羊与母羊分开后，要在其身上用喷漆做上记号，有条件的可打耳号，便于日后管理；②给羔羊选取干净、朝阳、通风好的羊舍，将羊舍打扫干净、消毒；③准备一套专用的饲喂代乳粉的器具，如烧开水的壳、奶瓶、奶嘴、盆、桶，清洗干净，沸水煮过消毒；④尽量准备好羔羊补草料的吊架槽。

（2）代乳粉的调制 奶瓶奶嘴及冲调用的容器每次饲喂后要刷干净，饲喂前要用沸水煮沸 5 分钟。代乳粉的冲调比例：建议在断奶初期要小一些，以 1:3～5 为宜，使得干物质比例高，增加小羊的营养物质采食量。到中后期可以增大比例至 1:6～7。

调制代乳粉乳液，要用 50℃～60℃的温开水冲调代乳粉，待冲调的代乳粉凉至 35℃～39℃时再进行饲喂。在没有温度计的情况下，可将奶瓶贴到脸上感觉不烫即可。注意要控制温度，防止过凉引起腹泻，过热烫伤羔羊的食管。

（3）饲喂方式 羔羊与母羊分离之后，用奶瓶装代乳粉对羔羊进行诱导灌喂，但要遵循少量多次的原则，以免过强的应激，使小羊能够慢慢适应代乳粉。一般情况下，刚断奶的羔羊 1 周内，每天要饲喂 3～6 次，每次饲喂时间间隔要尽量一致，以便使小羊尽可能多地采食代乳粉。夜间尽可能饲喂 1 次，尤其是在冬季，以防止小羊能量不足而冻死。

待羔羊食用代乳粉正常 1 周后，可以用盆或吊架槽诱导羔羊采食代乳粉。饲喂人员用手指蘸上代乳粉让羔羊吮吸，逐步将手浸到盆中，将手指露出引诱羔羊吮吸，最后达到羔羊能够直接饮用盆中的代乳粉液，此步骤要有耐心，经过 2 天左右羔羊就能独立饮用代乳粉乳液了。此训练的成功，对以后的饲喂节省人工起着至关重要的作用。

（4）代乳粉饲喂量 羔羊代乳粉的饲喂量以羔羊吃八成饱为原则。通常的用量：羔羊日龄在 15 天以内时，每天每只喂 3～5 次，每次 20～40 克代乳粉，对水搅拌均匀；羔羊日龄超过 15 天时，每天喂3次，每次40～60克代乳粉。实际操作中可根据羔羊的具体情况调整喂量。同时，要注意观察采食后的羔羊腹泻情况，调整采食量和进行药物治疗。

3. 羔羊早期断奶和代乳粉饲喂的注意问题

（1）吃足初乳 羔羊初生1～3天一定要让羔羊吃足初乳。因为初乳中含丰富的蛋白质、脂肪，氨基酸组成全面，维生素较为齐全和充足，含矿物质较多，特别是镁多，有轻泻作用，可促进胎粪排出。初乳中含抗体多，是一种自然保护品，具有抗病作用，能抵抗外界微生物的侵袭。因此，吃好初乳是降低羔羊发病率，提高其成活率的关键环节。

（2）饲喂高质量的代乳粉和开食料 断奶羔羊体格较小，瘤胃体积有限，瘤胃乳头尚未发育，瘤胃收缩的肌肉组织也未发育，未建立起微生物区系，微生物的合成作用尚不完备。粗饲料过多，营养浓度跟不上；精饲料过多缺乏饱腹感，因此精粗料比以8∶2为宜。羔羊处于发育时期，需要的蛋白质、能量水平高，矿物质和维生素要全面。有试验表明，日粮中微量元素含量不足时，羔羊有吃土、舔墙现象的发生。因此，不论是代乳粉、开食料，还是早期的补料，都必须根据羔羊消化生理特点及正常生长发育对营养物质的要求，在保证质量尽量接近母乳的情况下，一要日粮具有较好的适口性，保证吃够数量，易消化吸收；二要营养好，保证羔羊生长发育需要的营养，特别是能量和蛋白质；三要成本低廉（图2-2）。

（3）精心饲喂，注意清洁卫生 哺乳器具务必保持清洁，使用后要及时洗净、杀菌，并干燥存放，以免羔羊通过消化道感染细菌，从而降低发病率。

（4）推行颗粒状的开口料补饲 颗粒饲料体积小，营养浓度大，非常适合饲喂羔羊。所以，在开展早期断奶强度育肥时都采用颗粒饲料。实践证明，颗粒饲料比粉料能提高饲料报酬5%～10%，适口性好，羊喜欢采食。另外，颗粒饲料良好的流动性和输送特性对于商品化的羔羊饲料生产非常重要。

教会 7 日龄羔羊喝代乳粉的乳液

羔羊离开母亲后爱上了羔羊代乳粉

羔羊健康茁壮成长

羔羊 55 日龄断掉羔羊代乳粉

图 2-2　羔羊代乳粉在湖羊羔羊超早期断奶示意图

第三章

养羊实践篇

一、肉羊场基础设施建设

羊舍和养羊设备是制约肉羊舍饲和规模化生产的关键因素。为挖掘肉羊生产潜力，搞好优质肉羊生产，确保畜产品的品质和卫生安全，必须抓好羊舍建设，同时做好相关设施设备的配套工作。为此，应结合当地实际建设羊舍，既要与当地畜牧业发展规划和生态环境建设相适应，又要考虑养羊业发展趋势和市场需求的变化，以便确定生产方向和适宜的生产规模。对羊场布局进行科学规划和设计，精心施工，为肉羊生产创造良好的环境条件，从而提高劳动效率和养羊经济效益。

（一）羊场场址选择

1. 地形、地势 羊喜干燥、通风，羊舍应建在地势较高处，其地下水位应在 2 米以上，这样可以避免雨季洪水的威胁和减少因土壤毛细管水上升而造成的地面潮湿。以坐北朝南或坐西北朝东南方向的斜坡地最好，切忌在洼涝地、冬季风口等地建羊场。低洼、潮湿的地方容易发生羊腐蹄病，且易滋生各种微生物，从而诱发各种疾病，不利于羊的健康和生产。山区和丘陵地带可建在靠山向阳坡，但坡度不宜过大，南面应有广阔的场地作为运动场。背风向阳，特别是避开西北方向的山口和长行谷地，以保持场区小气候气温能相对稳定,减少冬春寒风的侵袭。作为羊场和运动场的所在地地面应该平坦而稍有坡度,以便排水,防止地面积水和泥泞。地面坡度3%左右即可,坡度过大,建设施工不便,也会因雨水常年冲刷而使得场区坎坷不平。地形要开阔整齐,场地不要过于狭长或边角过多,场地狭长往往会影响建筑物合理布局,同时拉长了生产作业线,也使得场区的卫生防疫和生产不便。边角过多会造成场地浪费和防护设施的投资。

2. 草料充足,有清洁水源 以舍饲为主的地区及集中育肥肉羊产区,羊场最好有一定的饲草、饲料基地及放牧草地。水源供水量充足,水质优良,以泉水、井水和自来水较理想。切忌在水源不足或受到严重污染的地方建场。

3. 周边环境 羊场所在地要有便利的交通设施,要有卡车能通过的道路与公路相连,以便建设物资、饲料等生产物资的运入和产品的运出。为了满足羊场防疫的需要,主要圈舍应距离主干道、居民区500米以上,距离河道300米以上。

4. 避免人畜争地 选择荒坡闲置地或农业种植区域,禁止选择基本农田保护区。选择有广袤的种植区域、较大的粪污吸纳能力的场地。禁止在旅游区、自然保护区、人口密集区、水源保护区和环境公害污染严重的地区及国家规定的禁养区建设羊场。

5. 土壤 场地的土壤情况对羊的健康有一定影响,土壤的透气性、透水性、吸湿性等都直接或间接地影响场区的空气、水质和土壤的净化。适合建设羊场的土壤应该是透气性好,易渗水,质地均匀,抗压性强的沙性土壤。这样,雨后不会造成地面泥泞,易于保持环境干燥,减少病原菌、蚊蝇、寄生虫卵的生存和繁殖。另外,沙性土壤也利于绿化种植和土壤自身的净化。

6. 其他 规模化养羊场除一般照明用电外,还需安装一些饲料加工设备,因而应具备足够的供电力,所以选有相应供电能力设备的地方较好。附近最好有丰富的饲草资源,如花生秧、玉米秸、黄豆秸、红薯藤等。

（二）相关备案手续

兴办养羊场，需要办好相关备案手续。操作步骤如下：①个人应向村委会提出用地申请，并报乡镇（国土、林业部门）同意审批。②到工商局办理工商登记预核手续（场名预先核准）。③到畜牧主管部门办理项目备案手续和环保局办理环境评估手续。④到国土部门办理养殖用地备案手续。⑤持场名预先核准通知书到畜牧兽医部门办理动物防疫条件合格证。⑥持场名预先核准通知书和动物防疫条件合格证到工商部门办理营业执照。

（三）常见羊舍类型及特点

肉羊场羊舍类型常因屋顶形式、平面布置、舍内外设置等有不同的类型，常见羊舍类型有以下几种类型，供参考。

1. 房屋式　是羊场和农民普遍采用的羊舍类型之一，羊舍多为砖木结构，建筑也多采用长方形式（图 3-1）。在北方寒冷地区为冬春羊只妊娠产羔期所使用，饮水、补饲多在运动场内进行，室内不设其他设备。

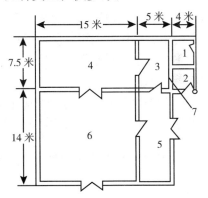

图 3-1　房屋式羊舍结构示意图
1.饲料室　2.饲养员宿舍　3.产羔圈　4.母羊圈
5.羔羊动物场　6.母羊运动场　7.观察窗

2. 封闭双坡式　这种羊舍四周墙壁密闭性好，双坡屋顶跨度大，舍内设置运动场（图 3-2）。优点是冬季保温性能好，适合于北方寒冷山区作冬季产羔舍。缺点是造价高，舍内设置运动场，有效利用面积小。

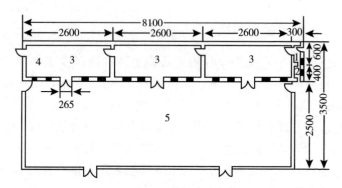

图 3-2 可容纳 600 只母羊的封闭双坡式羊舍（单位：厘米）
1. 值班室 2. 饲料间 3. 羊圈 4. 通气管 5. 运动场

3. 开放、半开放结合单坡式 这种羊舍由开放和半开放两部分组成，平面布置成曲尺形（图 3-3）。其优点是冬季挡风，夏季通风效果良好，造价较低。羊可以在这两种羊舍中自由活动，在半开放羊舍中，可用活动围栏临时隔出或分隔出固定的母羊分娩栏。开放式羊舍利于羊只越夏，可适合用于夏季较热、冬季不太冷的地区使用。

4. 半开放双坡式 这种羊舍平面布置既可为曲尺形，也可为长

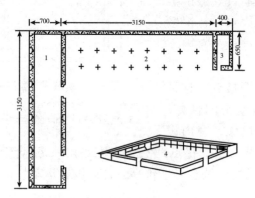

图 3-3 开放、半开放结合单坡式羊舍（单位：厘米）
1. 半开放牧羊舍 2. 开放羊舍 3. 工作室 4. 运动场

方形（图3-4、图3-5）。养羊生产中较为常见，建筑方便、实用。羊舍内依据跨度大小可设置单列或双列羊栏，并可依据羊只多少用活动隔栏临时分隔，使用较为方便。适合于夏季较热、冬季寒冷的地区使用。

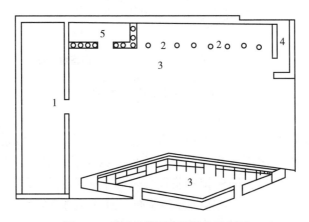

图 3-4　半开放单列普通羊舍示意图
1. 普通羊舍　2. 羊棚　3. 运动场　4. 贮草棚

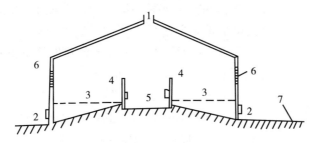

图 3-5　半开放双列式普通羊舍示意图
1. 排气孔　2. 排污孔　3. 漏缝地板　4. 羊栏、饲槽
5. 饲喂通道　6. 窗户　7. 运动场

5. 塑料大棚式　是将房屋式和棚舍式的屋顶部分用塑料薄膜代替而建造的一种羊舍（图3-6）。这种羊舍具有经济实用、采光保温和通风性好的特点。它可以利用太阳使羊舍升温，又能防止

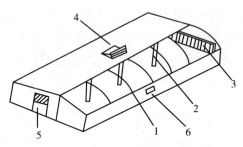

图 3-6　单列半拱面塑膜暖棚羊舍构造示意图
1. 竹片拱形棚架　2. 顶柱　3. 补饲槽
4. 百叶窗排气孔　5. 进气孔

羊体热量的损失，从而保持羊舍温度。这种羊舍，一般是利用农村现有的简易敞圈及简易开放式羊舍的运动场，用铁、木等材料做好骨架，加上密闭的塑料膜而成。此羊舍适合于寒冷山区或冬季使用。近年来，在我国北方冬季推广塑料暖棚养羊。

6. 吊楼式　这种羊舍多利用坡地修建，距地面 1～2 米建成吊楼，双坡屋顶，后墙与山墙用片石砌成，前墙为立柱木栅栏墙（也有南北墙修成半截墙的），木条漏缝地面，缝隙 1～1.5 厘米。羊粪尿漏下后顺沿斜坡汇入羊舍后粪尿池。这种羊舍距地面有一定高度，通风，防潮，结构简单，适合于南方炎热潮湿山区采用。我国东北部山区和西南高寒山区也有修建此类羊舍的例子，但是在寒冷地区应注意羊舍的保暖性（图 3-7）。

7. 窑洞式　适宜于土质好的山区，其特点是造价低、建筑方便、经久耐用。这种羊舍冬暖夏凉，舍温变化范围小。其不足之处是采光不足和通风性能差。若在建筑时，适当扩大门窗面积，并在窑洞顶部打通风孔，可使不足之处得到适当的改善。是一种不用木材，完全用砖结构建成的半圆拱屋面的窑洞式羊舍。其特点是空气流通，保温和防漏性能好，坚固耐用，尤其适于木材缺乏的地区采用。砖拱羊舍，每一小拱宽为 3.5 米左右，拱长一般为 35～50 米，宽约 15 米。西北寒冷、干燥和丘陵地区，可开挖窑洞，洞口搭建

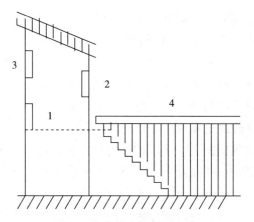

图 3-7　吊楼式羊舍示意图
1.饲槽　2.漏缝地板　3.窗户　4.运动场

草棚，外设运动场和干草架。羊只拴牧、牵牧和放牧归来后圈于其中进行歇息、补饲或挤奶。作为羊舍的窑洞门窗要大，以便通风；洞口的草棚可以防止梅雨季节雨水内渗和夏天日光暴晒。这种羊舍冬暖夏凉、经济实用，但要特别注意通风透气，防止由于洞内潮湿而引起寄生虫病和传染病等。

（四）羊场建设规划布局

羊场建设的规划布局就是根据羊场的近期和远期规划，拟建场地的环境条件，科学确定各区域的位置，合理确定建筑物、绿化带、水电管线及道路的位置。场内各种建筑物的安排，要做到土地经济最大化利用，尽量做到布局整齐紧凑，建筑物间联系方便。羊场的规划布局是否科学合理将直接影响到羊场的环境控制和卫生防疫。集约化、规模化程度越高，规划布局就越显得重要。所以，羊场的规划布局一定要尽量做到科学合理。

1. 分区规划　分区规划就是从羊保健、防疫和生产的角度出发，结合羊场的地形地势和主导风向，将羊场分成不同的功能区，合理安排各区域的位置。

（1）分区规划基本原则 羊场各功能区划定基本原则：一是在满足生产要求的前提下，做到节约用地，尽量少占耕地；二是建设规模羊场时要因地制宜，根据当地的气候、场址地形地貌、土质及周边实际情况进行规划，以创造最有利的羊场环境、提高生产经济效益；三是要考虑到以后的发展，为以后发展留下空间。

（2）分区规划的要求 羊场规划的要求是要从人员和羊的保健角度出发，合理安排不同区域的建筑物位置，建立最佳的生产联系和卫生防疫条件。羊场一般包括3～4个功能区，即生活区、管理区、生产区和粪尿污水处理、病羊管理区。

羊场在布局时，应根据地势的高低、水流和常年主导风向，按人、羊、污的顺序，将各种房舍和建筑设施按其环境卫生条件的需要给予排列（图3-8）。并考虑人的工作环境和生活区的环境保护，使其尽量不受饲料粉尘、粪便气味和其他废弃物的污染。

生产办公区

生产管理区

肉羊生产区

粪便、尸体处理区

常年主导风向

坡度

图3-8 肉羊场依地势风向配置示意图

①生活区 指职工文化住宅区。应在羊场上风头和地势较高的地段，并与生产区保持100米以上距离，以保证生活区良好的卫生环境。

②管理区 包括与经营管理、产品加工销售有关的建筑物。管理区要和生产区严格分开，保证5米以上距离，外来人员只能在管理区活动，场外运输车辆牲畜严禁进入生产区。

③生产区 生产区应设在场区地势较低的位置，要能控制场外人员和车辆，使之不能直接进入生产区，要保证最安全、最安静。大门口设立门卫传达室、消毒室、更衣室和车辆消毒池，严禁非生产人员出入场内，出入人员和车辆必须经消毒室或消毒池进行

消毒。生产区包括养殖生产区和生产辅助区：养殖生产区主要包括各类型羊舍和运动场。羊舍要合理布局，分阶段分群饲养，按公羊舍、母羊舍、产房、羔羊舍、育成前期羊舍、育成后期羊舍顺序排列，各羊舍之间要保持适当距离，布局整齐，以便防疫和防火。但也要适当集中，节约水电线路管道，缩短饲草饲料及粪尿运输距离，便于科学管理。粗饲料库设在生产区下风口地势较高处，与其他建筑物保持60米的防火距离。兼顾由场外运入，再运到羊舍两个环节：产辅助区包括饲料库、饲料加工车间、变配电室、青贮窖、干草棚、机械车辆库等。饲料库、加工车间、青贮窖和干草棚，离羊舍要近一些，位置适中一些，以便于车辆运送草料，减小劳动强度。但必须防止羊舍和运动场因污水渗入而污染草料。所以，一般都应建在地势较高的地方。

④粪尿污水处理、病羊管理区　在生产区下风地势低处，与生产区保持300米卫生间距，病羊区应便于隔离，单独通道，便于消毒、污物处理等。尸坑和焚尸炉距羊舍300～500米，防止污水粪尿废弃物蔓延污染环境。

2. 合理布局　羊场布局要兼顾卫生防疫和提高生产效率。

（1）**羊舍的布置设计**　生产区是羊场的核心，而羊舍是生产区的核心。羊舍应布置在生产区的中心位置，排列整齐。羊舍之间的距离应考虑防疫、采光和通风的要求。前后两栋距离不少于8米，也可扩大距离，建设运动场供羊运动、晒太阳和休息。羊舍朝向坐北朝南最好，由于地区差异，应综合考虑当地地形地势、主风向和其他条件，可因地制宜向东或向西适当偏转，以达到冬暖夏凉的效果，提高羊的舒适度。羊舍布局次序为先种羊，后依次为母羊、羔羊和育肥羊。为了减轻劳动强度，提高劳动生产率，应尽量做到紧凑地配置建筑物，以保证最短的运输、供电供水线路。

（2）**饲草饲料加工和储备类建筑物布局**　饲草饲料加工及贮备间与外界联系比较频繁，应设在管理区的一侧，避免外来车辆进入生产区。加工间应靠近生产区，方便饲草饲料的配送，另外边上应建设相应的饲草晒场，供晾晒草料。贮备间里面应设计得宽敞些，以便堆放足够多的干草等，门的尺寸也应设计得足够大，要方便运送饲草饲料的车辆出入，减少搬运费用。

（3）**青贮池** 青贮池是进行青绿饲料、秸秆等饲料贮存的池子。青贮池的质量要求是长方形池的宽度、圆形池的直径应小于或等于池的深度，以3米为宜，圆形池直径以2米为宜，长方形池的宽度一般以2.5～3米为宜，长度以原料多少而定但不宜超过25米。

（4）**堆粪场** 堆粪场应设在生产区的下风口、地势较低处，与生活区和生产区都应保持相对较远的位置，最好保持100～200米的距离。定期清除羊舍内的羊粪，运往堆粪场堆放，利用微生物发酵腐熟，作为肥料出售或还田，也可以利用羊粪生产有机复合肥料。堆粪场要有遮雨棚和排污设施，以免污染周边环境。

（5）**化粪池** 化粪池是一种小型污水处理系统，包括一个水池及化粪系统。羊舍的污水通过管道进入水池后，细菌会对污物进行无氧分解，使得固体废物沉淀并且杀灭粪便中寄生虫卵和肠道致病菌，水质污染程度就会大大降低。

[案例3-1] 某肉羊生态养殖基地功能区规划方案

1. 位置与面积

该功能区位于有机农业示范园西北侧，总占地面积5公顷（75亩）。

2. 发展战略

大力推行集约式、工厂化饲养。推广应用先进肉羊生产配套技术，健全良种繁育及杂交利用体系，建立饲料基地和推广饲草饲料生产加工技术，完善保健、防疫技术，改善饲养管理条件，达到提高羊的生产力和产品质量的目的。

3. 场区布局

场区位于进场主干道的北侧，形状基本呈矩形，主要功能分区为生产区、饲料青贮区、管理区、干粪处理区及污水处理区，各功能区保持一定间距并设防疫隔离带。

净道主入口位于场区东侧（路面为 4 米、3 米宽水泥路），场区的东南侧为管理区，主要布置管理用房、消毒室；沿场内净道向北为生产区，由南向北依次布置育成羊舍、产羔及哺乳舍、待配及妊娠舍、公羊舍、药浴池、配种室、观察室、兽医室；为了便于饲料的周转及饲喂，在生产区的中部设置饲料青贮区，主要布置青贮池、草料棚；干粪处理区位于肉羊生态养殖区的北侧，主要布置堆肥池、装袋棚。考虑到地势，拟将污水处理区设置在场区的地势最低处，采用全地下式污水处理设施。场区内净道、污道分离，连接场区粪污处理区（路面为 2 米宽的水泥路），在场区的进入口处均设置消毒池。

二、养羊需要的设备设施

（一）羊 床

现在化肉羊养殖场建设，羊床是其中不可缺少的一部分。使用羊床有助于圈舍内粪便的打扫，有助于圈舍内的清洁卫生。只有在好的环境，肉羊才能健康地生长，使用羊床无疑是提高圈舍内卫生条件的重要途径。使用羊床还能大大减少打扫圈舍的麻烦，从而节省人工成本。羊床有竹制、木制、水泥等材料的，其价格和优点也各有不同。

羊床的使用让一年四季中都可以具有充分的通风，减少了夏季病原微生物的积累，在冬季中午关闭快门，温度高的时候，将门打开，进行空气的交换，保持室内空气的质量。肉羊养殖场在建设的过程中，一定要根据自己的条件和需要合理地挑选羊床的材质。同时，考虑到羊床制作成本，就地取材也值得考虑。

1. 竹质羊床   这类羊床，结实、耐用，使用年限长，价格低廉。但是这类羊床不稳固，羊只站在上面易晃动，同时羊床表面不光滑。成年妊娠母羊由于体重较大，站在上面十分不稳固，容易造成其机械性流产，给肉羊养殖带来损失。如果羊床表面不光滑，还容易割破肉羊蹄部，造成腐蹄病。在使用竹制羊床时，一定要把表面打磨光滑，这样能大大降低对肉羊蹄部的伤害。一般竹制羊床多用于育肥羊圈舍、羔羊圈舍、青年羊圈舍，不能用于妊娠母羊、种公羊等体重较大的羊只。羊床寿命一般 3～5 年。

2. 木制羊床   这类羊床，制作简单、造价低，但是使用年限一般较短。这类羊床相对来说较为稳固，羊只站在上面不会晃动。可以用于妊娠母羊圈舍，而且冬天木质羊床不会发凉，十分有利于基础母羊的趴卧。但是受地区影响，很多地方由于木质较贵，许多肉羊养殖场只能选择其他材质的羊床。

3. 水泥羊床   制作简单，使用年限较长，但是造价要稍高于前两类羊床。这类羊床是三种羊床里面最为稳固的，十分有利于妊娠母羊的饲养。但是这类羊床也有它的缺点，那就是冬季较凉不利于趴卧。在冬季如果使用水泥羊床，一定要注意圈舍的保温工作。

4. 塑料羊床   具有以下优点：①质量轻：安装、运输、搬运方便快捷。②耐腐烂：在湿度较大的环境下比木条、竹条、铸铁（易碎）材料耐用。③温差小：塑料的昼夜温差比铸铁的要小，有利于仔猪及母猪的身体健康，以免温差大而受凉或烫伤。④高承重：背面 4 根双承重梁设计，提高了载重能力，试验测试大于 500 千克 / 米^2，可以安心的放养。⑤易冲刷：可用清洗机的高压水枪冲刷，浑然天成没有夹缝，不容易藏纳污垢。⑥易装卸：漏粪板两侧有安装的卡槽，锯齿状无缝衔接，安装及拆卸很方便。⑦防摔倒：漏粪板表面磨砂处理，增大了接触面，提高了摩擦力，从而能预防羊只摔倒受伤。

5. 丝网羊床   一般采用镀锌处理铁丝、钢丝或其他不易生锈的材质制作成网状羊床。

（二）护栏

护栏是用木条、木板、钢管、钢筋、铁丝网等加工而成的高1米左右，长度根据实际需要而定的栅栏。根据用途可分为固定围栏、分羊栏、母子栏和羔羊补饲栏。

1. 固定围栏　固定围栏用于大的羊圈分成若干小圈、饲槽边和运动场周围。

2. 分羊栏　在养羊的过程中，许多时候都要进行抓羊，这时就要用到分羊栏。比如给羊打针、剪毛、打耳标、鉴定、称重时，圈养的羊可以用活动围栏将羊围在羊圈的一个角落，放牧的羊可将活动围栏拼接成入口处为喇叭形、中间为仅容羊只单行的小通道，需要抓羊时将羊赶入通道即可。围栏的使用不仅方便了抓羊，还可以防止羊到处乱窜而造成损伤。

3. 母仔栏　母仔栏是为母羊产羔设计的，一般为两块栅板用铰链链接而成。使用时，将母仔栏在羊舍墙角展开，把游离的两边固定在墙壁上，即可围成1.2米×1.5米的母仔间。

4. 羔羊补饲　用于羔羊的补饲，可将多个栅栏在羊舍内或运动场内围成足够面积的围栏，在栏门口制作一个小羊能通过而大羊不能通过的栅门，栏内设置饲槽、水槽和草架。

（三）草料架

草料架的使用目的是为了方便羊采食饲草，减少羊只对饲草的踩踏，减少草料的浪费。根据建造方式和用途，大体可分为移动式、悬挂式、固定式饲槽，移动式、固定式草架及草料结合的槽架。

1. 移动式长条形饲槽　可用木板或铁皮制作，其大小尺寸根据羊只大小、数量灵活掌握，一般做成一端高一端低的长条形，横截面为梯形。饲槽两端最好安置临时性且装卸方便的固定架。主要用以冬、春季补饲之需。

2. 固定式长形饲槽　一般是在羊舍、运动场或专门的补饲场内，用砖石、水泥砌成的固定式饲槽，若为双列对头羊舍，饲槽应修在靠窗户走道一侧。放牧为主的羊舍，一般饲槽修在运动场内或其四周墙角处，而羊舍内使用可移动长条饲槽。固定式长形饲槽一般上宽 50 厘米、深 20～25 厘米、槽高 40～50 厘米，槽底为圆弧形（图 3-9）。

3. 悬挂式饲槽　主要是用于断奶羔羊的补饲，为防止羔羊攀踏、抢食翻槽，而将长条形小饲槽悬挂于羊舍补饲栏上方，高度以方便羔羊吃料为原则。

4. 草架　草架分单面和双面两种。单面饲草架靠墙固定，双面草架可移动，排放在饲喂场地。草架可用木料或钢筋制作，饲草架形状有直角三角形、等腰三角形，还有梯形和长方形，如果兼作饲槽可在草架下半部加底板（图 3-10）。饲草架隔栅间距 9～10 厘米。当间距达 15～20 厘米时，羊头可伸入采食。

图 3-9　固定式长形饲槽　　图 3-10　双面兼作饲槽钢筋型草架

（四）饮水设备

羊常用饮水设备类型有饮水槽和饮水碗。

1. 饮水槽有固定式和可移动式　固定式饮水槽多用砖、水泥制成，一般一头底部会设有排水口，方便其清洗。移动式饮水槽多采用塑料、橡胶或不锈钢板制成，其特点是可移动、清洗方便。

2. 自动饮水器/碗　羊自动饮水碗一般是采用塑料和不锈钢制

作，结构包括水杯和弹簧阀门两部分。其工作原理是当羊饮水时触动压板，压板推动出水阀，水从水管流入水杯供羊饮用；饮水后，压板在弹簧作用下复位，切断水路，停止供水。自动饮水碗相对水槽的优点是可以自动上水节省了人力，同时还减少了水的污染和用水量。一般有简易型自动饮水器和饮水碗两种，见图3-11、图3-12。

图3-11　简易型自动饮水器

图3-12　自动饮水碗

（五）消 毒 池

在羊场门口要设置消毒池，消毒池一般长4米、宽3米、深0.15米，池中常年保持有效的消毒水。

（六）饲草收获和饲草饲料加工设备

1. 饲草收获机械　饲草收获机械有传统式收获机械系统、小方捆收获机械系统和大圆捆收获机械系统。

2. 铡草机　铡草机用于铡切青（干）玉米秸、稻草等各种农作物秸秆及牧草。一般由喂入机构、铡切机构、抛送机构、传动机构、行走机构、防护装置和机架等部分组成。

3. 粉碎机　粉碎机用于粉碎各种精、粗饲料，使之达到合适的粗细度。类型主要有对辊式、锤片式和爪式3种：对辊式是一种利用一对做相对旋转的圆柱体磨辊来锯切、研磨饲料的机械，具有生产率高、功率低、调节方便等优点；是一种利用高速旋转的锤片来击碎饲料的机械。它具有结构简单、通用性强、生产率高和使用安全等特点；是一种利用高速旋转的齿爪来击碎饲料的机械，具有体积小、重量轻、产品粒度细、工作转速高等优点。

4. 揉搓机 揉搓机是将农作物秸秆、饲草及其他农作物原料进行揉搓软化，使其成为优质饲料。一般由机架、喂料槽、挤丝机构、揉搓粉碎机构和动力机构5部分组成。

5. 饲料混合机 混合机是利用机械力和重力等，将两种或两种以上物料均匀混合起来的机械设备。在混合的过程中，还可以增加物料接触表面积，以促进化学反应；还能够加速物理变化。常用的混合机分为气体和低黏度液体混合机、中高黏度液体和膏状物混合机、粉状与粒状固体物料混合机械4大类。

6. 颗粒饲料机 颗粒饲料机（又名饲料颗粒机、颗粒饲料成形机），属于饲料制粒设备。是将玉米、豆粕、秸秆、草、稻壳等的粉碎物直接压制颗粒的饲料。颗粒饲料机，分为环模颗粒饲料机、平模颗粒饲料机和对辊颗粒饲料机；按用途可分为：小型家用颗粒饲料机、秸秆颗粒饲料机、羊混合料颗粒饲料机。

7. 青贮饲料打包机 青贮饲料打包机是将青贮饲料进行打捆包膜，适用于玉米秸、黄豆秸、紫花苜蓿、甘薯藤、花生秧等草料的青贮。

（七）青贮设施

青贮饲料，是指青绿饲料经控制发酵而制成的饲料。青贮饲料有"草罐头"美誉，多汁适口，气味酸香，消化率高，营养丰富，是饲喂牛羊等家畜的上等饲料。规模化羊场在设计和建造时应考虑青贮设施的位置和修建。青贮设施应该建在羊舍附近，以便于取用。青贮设施有青贮窖（池、壕、塔）和青贮袋。

1. 青贮窖（池、壕、塔）

（1）建筑形式 在地下水位较低地区，为提高青贮的成功率，应以地下青贮窖建设为主，低洼地或地下水位高的地方采用半地下式，窖底距水位在50厘米以上。

（2）**形状**　永久性建筑一般为：圆柱体形、长方体形和壕沟形。前二者适用于中小型规模养殖，后者适于工厂化大型养殖。

（3）**大小**　青贮窖的大小可根据饲养规模和原料数量而定。

（4）**窖址选择**　青贮窖总的要求为不透气、不渗水、具有一定的深度、窖壁垂直而光滑。故窖址应选在地下水位低、地势高燥、向阳、排水良好、距离畜舍较近的地方。

（5）**建筑要求**　建筑以砖或石砌筑，水泥抹面最佳。方形窖各角要建成半弧形。无论圆形或方形，都要建成上大下小，侧壁倾斜度为 $6°\sim8°$，深度以 $2\sim3$ 米为宜。青贮窖四周 $0.5\sim1$ 米的地方修建排水沟，防止水进入而影响青贮饲料质量。

2. 青贮袋　青贮袋适合于小规模养羊场，其投资小，制作简单，不受场地限制，取用方便，浪费少。用青贮袋制作青贮料时一定要注意防老鼠，如有老鼠将袋子咬破要及时用透明胶布把破损的地方封好，以防青贮饲料腐烂变质。

（八）通风设备

羊舍常用通风设备为无动力风机。无动力风机是利用自然界的自然风速推动风机的涡轮旋转，以及利用室内外空气对流的原理，将任何平行方向的空气流动，加速并转变为由下而上垂直的空气流动，以提高室内通风换气效果的一种装置。该风机不用电，无噪声，可长期运转。其根据空气自然规律和气流流动原理，合理设置在羊舍屋顶，能迅速排出羊舍内的热气和污浊气体，改善羊舍内环境，促进羊的健康成长。

（九）药浴设施

羊药浴是将药品（固体或液体）对水配成要求比例后，将羊只浸入药液一定时间，从而达到杀灭体外寄生虫的目的。羊药浴是羊饲养管理中不可少的一项工作，是预报和治疗羊体外寄生虫的很好方法。规模养羊场为了预防，对没有体外寄生虫的羊每年也要进行

1 次药浴。常见药浴的设施有药浴池和药浴缸。

1. 药浴池 药浴池适用于规模化羊场。一般用水泥、砖、石头等材料筑成，形状为长方形水沟状。池深 1～1.2 米，长 10 米左右，池底部宽 30～60 厘米，池顶部宽 60～80 厘米，以单只羊能通过而不能转身为准。池的进口处筑成"V"字形入口，出口处设置水泥地面的滴流台，地面稍微向池内倾斜，羊出水后在滴流台处停留一会儿，使滴下来的药水流回池内。

2. 药浴缸 药浴缸适用于小型羊场。使用时缸内装大半缸药水，由两人将羊提着放入药水中。

（十）人工授精设备设施

大、中型羊场繁殖母羊较多，为使能繁母羊适时配种和优秀种公羊得到充分利用，应建立人工授精室和配套设施。人工授精室由采精室、精液检查室和输精室三部分组成，面积大小依羊群数量而定。配套设施有种公羊圈、试情公羊圈及待配母羊圈等。

精液检查室和输精室，要求光线充足，为了防止灰尘，精液检查室要有顶棚。室温要求保持在 18℃～25℃。面积：采精室 8～12 米^2，精液处理室 8～12 米^2，输精室 20 米^2。种公羊圈要求干燥、阳光充足，如为羊舍改建，要求有简单门窗，每只公羊应占有2.5～3 米^{2}面积。输精室和采精室内应设置足够数量的输精架和采精架。

为保证羊人工授精工作的正常进行，各人工授精站必须设置一些常用物品器械，如假阴道内胎、假阴道外壳、输精器、集精杯、金属开膛器等，以及常用的各种兽医药品和消毒药品。

（十一）雨水污水分离和净道污道分离设施

雨水污水分离设施：建设雨污分离设施的内容包括需要建设雨水收集明渠和铺设畜禽粪污水的收集管道，保证雨水与粪污水的完全分离。首先，在畜禽养殖场房的屋檐雨水侧，修建或完善雨水明渠，雨水明渠的基本尺寸为 0.3 米 × 0.3 米，可根据情况适当调整，雨水经明渠直接流入一级生态塘。其次，在畜禽养殖场房的污水直接排放口或污水收集池排放口，铺设污水输送管道，管道直径在 200 毫米以上，如果采用重力流输送的污水管道管底坡度不低于 2%，将收集的畜禽污水输送到厌氧发酵系统的化粪池中。

净道污道分离设施：羊场周转道主要用于羊只周转，也就是净道，饲养员行走和运料等都要通过此道；病死羊只和粪污等废弃物出场道，也就是污道，主要用于粪污等废弃物运出。这两个通道必须分别设置，要根据羊场的大小实施规划设计。净道一般通过消毒池或消毒室与生活区相连接，而污道则与隔离区相连。净道和污道的设计与布局不仅要科学合理，还要便于行走，便于生产管理。在有条件的情况下可在道路两旁种植树木进行绿化，这样有助于美化场区环境，改变工作的单一。在场区规划设计建设中，要切实考虑生产区净道和污道的布局，做到利于生产，合理科学，便于行走。两道可进行硬化，各行其道，绝不允许交叉或两条道共用。在有必要的地方和显著位置设置障碍或相关提示语，工作人员和有必要进入人员要严格要求自己。在行走方向上，净道允许往返行走，而污道一般为单向行走。

（十二）磅秤和羊笼

为了给羊称重方便，羊场应该设置小型磅秤。另外，需要制作一个长方体的装羊用的笼子，可用木头、钢管或钢筋制作，一般长 1.3 米、宽 0.6 米、高 1 米左右。羊笼两端各开 1 个活动门。

（十三）剪毛设备

绵羊和绒山羊需要定期剪毛。常用剪羊毛设备有机械式羊毛剪和电动式羊毛剪。其中，电动羊毛剪和手动羊毛剪不同的是电动羊毛剪由电机驱动，剪切力量大，效率高。电动羊毛剪在我国机械产品目录里的名称是剪羊毛机，被我国人民俗称为电动羊毛推子或者剪羊毛电推。

[案例 3-2] 某肉羊生态养殖区工程建设实例

1. 管理用房、消毒室

管理用房、消毒室 1 栋，（28.2 米×8.1/6.9/3.3 米轴线计），檐口高为 3 米，建筑总高度为 5.145 米。主要功能为消毒、管理人员办公、接待、产品展示、档案资料管理，单层砖混结构，建筑物耐火等级三级，采用塑料扣板吊顶；窗为塑钢窗并加防盗网；外墙面、砖垛刷白色外墙乳胶漆，内墙面刷白色内墙乳胶漆。施工质量控制等级为 B 级设计，结构用钢采用 HPB 235 和 HRB 335 系列，建筑结构安全等级三级，基础采用砖砌条形基础，设置地圈梁（240 毫米×240 毫米），构造柱按规范要求设置并用拉接筋与砖墙体可靠拉接。

2. 育成羊舍

育成羊舍 4 栋（100 米×9 米轴线计），单层砖混结构，坡屋面，屋面排水采取自由落水，建筑物耐火等级三级，主要开间 3.3 米，檐口高为 2.8 米，建筑总高度为 5.3 米。施工质量控制等级为 B 级设计，结构用钢采用 HPB 235 和 HRB 335 系列，建筑结构安全等级三级，基础采用砖砌条形基础，设置地圈梁（240 毫米×240 毫米），屋架应加强水平及垂直支撑，屋架与砖垛的连接处设置混凝土垫块，构造柱按规范要求设置并用拉接筋与砖墙体可靠拉接。

3. 产羔及哺乳舍

产羔及哺乳舍 4 栋（100 米×5 米轴线计），单层砖混结构，坡屋面，屋面排水采取自由落水，建筑物耐火等级三级，主要开间 3.3 米，檐口高为 2.4 米，建筑总高度为 3.65 米，舍前设置运动场。施工质量控制等级为 B 级设计，结构用钢采用 HPB 235 和 HRB 335 系列，建筑结构安全等级三级，基础采用砖砌条形基础，设置地圈梁（240 毫米×240 毫米），构造柱按规范要求设置并用拉接筋与砖墙体可靠拉接。

4. 待配及妊娠舍

待配及妊娠舍6栋（100米×5米轴线计），单层砖混结构，坡屋面，屋面排水采取自由落水，建筑物耐火等级三级，主要开间3.3米，檐口高为2.4米，建筑总高度为3.65米，舍前设置运动场。施工质量控制等级为B级设计，结构用钢采用HPB 235和HRB 335系列，建筑结构安全等级三级，基础采用砖砌条形基础，设置地圈梁（240毫米×240毫米），构造柱按规范要求设置并用拉接筋与砖墙体可靠拉接。

5. 公羊舍

待配及妊娠舍1栋（100米×4米轴线计），单层砖混结构，坡屋面，屋面排水采取自由落水，建筑物耐火等级三级，主要开间3.3米，檐口高为2.4米，建筑总高度为3.65米，舍前设置运动场。施工质量控制等级为B级设计，结构用钢采用HPB 235和HRB 335系列，建筑结构安全等级三级，基础采用砖砌条形基础，设置地圈梁（240毫米×240毫米），构造柱按规范要求设置并用拉接筋与砖墙体可靠拉接。

6. 药浴池

药浴池1处（10米×1米轴线计），深1米，采用煤矸石多孔砖水泥砂浆砌筑，内外侧采用水泥砂浆粉面（内掺防水剂）。

7. 配种室

配种室1栋，内设采精室、精液处理室、精液保存室、人工授精室，长×宽（33米×6米轴线计），单层砖混结构，坡屋面，屋面排水采取自由落水，建筑物耐火等级三级，主要开间3.3米，檐口高为2.4米，建筑总高度为3.65米，舍前设置运动场。施工质量控制等级为B级设计，结构用钢采用HPB 235和HRB 335系列，建筑结构安全等级三级，基础采用砖砌条形基础，设置地圈梁（240毫米×240毫米），构造柱按规范要求设置并用拉接筋与砖墙体可靠拉接。

8. 观察室、兽医室

观察室、兽医室 1 栋（40.9 米×6 米轴线计），单层砖混结构，坡屋面，屋面排水采取自由落水，建筑物耐火等级三级，主要开间 3.3 米，檐口高为 2.4 米，建筑总高度为 3.65 米。施工质量控制等级为 B 级设计，结构用钢采用 HPB 235 和 HRB 335 系列，建筑结构安全等级三级，基础采用砖砌条形基础，设置地圈梁（240 毫米×240 毫米），构造柱按规范要求设置并用拉接筋与砖墙体可靠拉接。

9. 青 贮 池

青贮池 4 座，均为半地上式，地上 1.5 米，地下 1 米，排水横坡为 1.5%，长 89 米、宽 8 米。池壁：370 厚煤矸石砖，M 7.5 水泥砂浆砌筑，池内、外两侧均采用 20 厚 1：2 水泥砂浆粉面，涂刷防水涂料；池顶：设置 240×180 钢筋混凝土压顶，圈梁 2 道。池底：素土夯实压实系数 ≥ 0.94，180 厚毛石片垫层，180 厚 C 25 混凝土面层。

10. 草 料 棚

草料棚 2 栋，长度均为 89 米（轴线计），宽为 9 米（轴线计），开间 3.6 米，檐口高为 3 米，总高度为 5 米，采取自由落水，为轻钢结构，建筑物耐火等级为三级。屋面做法（自上而下）：单层彩钢屋面板、钢檩条、9 米跨钢屋架。钢柱、钢屋架，钢材选用 Q 235，基础采用独立基础，钢屋架应加强水平及垂直支撑，钢屋架与钢柱采用螺栓连接。

11. 堆 肥 池

堆肥池 1 座，全地上池，砖混结构，长 20 米，宽 20 米。池壁：370 厚煤矸石砖，M 7.5 水泥砂浆砌筑，池内、外两侧均采用 20 厚 1：2 水泥砂浆粉面，涂刷防水涂料；池顶：设置 240×180 钢筋混凝土压顶，上设预制钢筋混凝土盖板，并设置警告标志，确保安全生产。

12. 装 袋 棚

装袋棚 1 栋，轻钢结构，长 10 米，宽 5 米。单层彩钢屋面板、钢檩条、钢梁。钢柱、钢梁，钢材选用 Q 235，基础采用独立基础，钢屋架应加强水平及垂直支撑，钢屋架与钢柱采用螺栓连接。

三、肉羊的引进

肉羊养殖场为了取得最大的效益，一般都要引进适合当地环境和市场的优良高产品种肉羊。提高羊场的生产效益的同时提高当地的肉羊养殖水平。

新引进羊只由于经过一个长途运输的过程，特别是经过风吹日晒、拥挤踩踏、饥饿口渴及长时间颠簸强应激后，抵抗力下降，加之不适应新的环境、水源及饲料变化等原因，导致羊只诱发各种疾病，甚至死亡，给养羊户造成极大的经济损失。因此，肉羊引进须做好相应准备和防范，使引进羊只健康生长，增加经济效益。

（一）引种的准备

1. 引羊场准备　羊只引进前 15 天，对圈舍进行彻底清扫，用 10% 石灰水或消毒药剂进行消毒后，敞开圈门干燥、通风。备好草料、饮水，秋冬饮水不宜过凉，饲料禁止霜冻料，一般为柔软干草和精饲料。

2. 引进羊只的选择　引种前，要了解引种种源地的情况、羊只品种性能优势及缺点。选种时，以育成羊为主，不可引入低劣的老品种和杂交品种。挑选羊只以"三个七"（7 月龄、背高 70 厘米、体重 70 斤）以上为准。选择育成羊时，羊的发育良好、四肢粗壮、行动灵敏、眼大明亮、无眼眵、眼结膜呈粉红色、鼻孔大、呼吸均匀、呼出的气体无异臭、鼻镜湿润、被毛光滑紧凑有光泽，排尿正常、粪便光滑呈褐色稍硬；选择母羊时，要求乳头排列整齐、体躯长、外表秀丽、具有母性特性。查系谱要选择产双羔或多羔的母羊，以 2～4 岁的经产母羊比较理想，成年母羊体重以不低于 35 千克为宜。不宜选临产和带幼羔母羊，若发现乳房膨大，甚至可挤出乳汁者为临产母羊，长途运输的拥挤颠簸容易造成流产，幼龄羊也容易被压死，故不宜选。选择公羊要求选多胎母羊后代，睾丸发育良好，无隐睾或单睾、叫声洪亮、外表雄壮，体尺、体重、毛色、羊毛及羊绒品质和产量等项主要指标，应符合该品种理想型的要求。

引种人员最好请技术人员陪同挑选种羊，切不可不懂装懂，购回劣质种羊。

3. 季节选择 冬季水冷草枯，缺草少料，引进羊经过路途颠簸，一方面要恢复体质，适应新的环境；另一方面要面对冬季恶劣气候，引进羊损耗较大，所以冬季不宜引种，夏季高温多雨，羊只怕热怕湿，放牧和运输都易发生中暑。最适宜的季节为春季和秋季，这两个季节气候温暖、雨量较少、地面干燥、饲草丰富，最适宜引种。

4. 疫情调查 了解输出地危害严重的羊传染病，如小反刍兽疫、布鲁菌病、羊痘的发病、流行及防治情况，一旦有疫病的流行，应暂缓引种，并要求输出地提前对这些病进行全面免疫，经检疫合格后方可起运。

5. 引种前的检测检疫 引进羊只必须从有资质的种畜禽生产企业引进，引种前应向当地动物卫生监督机构报告，起运前向输出地当地卫生监督机构申报，并进行布鲁氏菌病检测，取得合法的检疫、检测手续后方可起运。

6. 起运前羊的饲养管理 运输前羊只不能喂得过饱，以免在运输途中引起胃肠炎甚至肠道出血，但要给予充足的饮水。起运前将原场平时喂的饲料带走一些，并与自家饲料搭配进行过渡期饲养。

7. 引羊过程中的准备

（1）途中饲料和水的准备 一般短距离运输（不超过6小时），途中不需要喂草料，但要有水喝，因而运输前要准备好饮水槽。饮水以自配生理盐水最好：食盐40克，碳酸氢钠30克，葡萄糖200克，维生素添加剂适量添加，清洁水10升。长距离运输一定要准备好干草料，草料多少根据羊数量和路途长远而定。草料要用栏板和羊群分开，避免羊群践踏造成浪费。

（2）押运人员、途中用品和药品准备　汽车押运一般1辆车有1个人员即可，火车押运时，1节车厢要有2个人。押运人员必须是责任心、对羊饲养管理较为熟悉且要有较好体能的人。随车还需准备好手电、扫帚及常用药（外伤药）等。

（3）车辆准备　一般包含车辆大小和数量、车辆消毒、装车地点时间和车辆上必要设施的配备。运输车辆车厢底部铺满稻草、麦秸、木屑或沙子，以起到吸湿、防滑的作用。车顶盖上雨布，防止运输过程中的日晒和下雨。大的车厢要用木板隔成数块，将大小、公母羊分开关，减少互相之间的踩踏。

（4）装车准备　装车前羊应该空腹或半饱，不宜放牧饱肚子装车，以免路上颠簸引起不良反应。所装羊的数量以羊能活动开为宜，太少时羊会因车速变化而向前或向后移动，站立不稳，容易挤伤。太多时容易引起踩踏。装完车后要清点数量，以免发生遗漏。

（5）运输管理　运输途中要做到快、稳、勤。快就是要求尽量缩短途中运输时间，尽早到达目的地，途中做到人休息车不休息，特别是在天热时行车，车更是不能停，以防日晒、拥挤造成中暑；稳就是车辆在行驶过程中车速要平稳，不能急加速或急减速、紧急制动，在路面不平的道路上行驶时车速要慢，以防羊受惊发生拥挤踩踏现象。勤就是要眼勤、手勤，押车人员要勤观察车厢内羊只，发生挤倒时要及时扶起，车厢底部过于潮湿要更换垫草或木屑、沙子。水槽没水了要及时添加。

（二）引进后的隔离观察

新引进羊只不能与原有羊只混养，经21天的隔离观察后方可混群饲养。隔离区位于生产区下风向，距生产区100米左右。当引进羊只或原有羊只出现病症后，严格设置消毒带，防止人为传播疾病。隔离期间，应使用 2 种以上的消毒药品轮换对隔离舍每天进行 1 次消毒。

（三）引进羊只的饲养管理

1. 引进羊只的前期管理　新引进羊只由于运输应激，饲养管理不善极易引起脱水、消化不良及腹泻，导致抵抗力下降诱发其他疾病。羊到场后要让羊只得到充分休息，前 3 小时内不得饮食，开食时，可少量饮用加入电解多维的温水，不能暴饮暴食。喂料每只羊不能超过 0.25 千克，饲料尽可能用营养丰富的优质牧草，如高粱、苜蓿、燕麦草铡短后饲喂，前 3 天禁喂精饲料及青贮饲料，以防引起消化系统紊乱，出现腹泻症状。

2. 引进羊只的分群饲养管理　引进的羊只月龄体况相差较大，并且部分已经妊娠，根据体况特征大致可分为 3 类进行饲喂。

（1）体况差，精神状态不佳羊只　干草和青贮饲料以体积 1∶1 的比例混匀饲喂，加入 0.4～0.5 千克育肥饲料，每天分 2 次饲喂，直至体况恢复。

（2）体况良好，健康羊只　干草和青贮饲料以体积 1∶1 的比例混匀，加 0.25～0.3 千克的育肥料，每天分 2 次饲喂。

（3）妊娠后期母羊　干草和青贮饲料以体积 1∶1 的比例混匀，外加 0.4～0.5 千克母羊饲料，每天分 2 次饲喂。

（四）羊病的预防和应对措施

1. 免疫接种　引进羊只在引进前必须进行口蹄疫、小反刍兽疫、羊三联四防、羊痘等疫苗的免疫，如体况不佳、条件限制未免疫的羊只，引进后必须待体况恢复后补针补免，疫苗可间隔 7 天分次注射。

2. 驱虫　引进羊只无论是否出现寄生虫病，都必须进行驱虫，可用伊维菌素针剂注射，间隔 7 天后进行 2 次驱虫，也可用广谱粉剂拌料，药物如伊维菌素等，严格按照说明书剂量使用。

3. 消毒　驱虫结束后，清扫圈舍，并对圈舍及粪便进行全面消毒。以后每月用不同消毒药液交替消毒 1 次。

4. 无害化处理　病死羊是最危险的传染源，养羊户若有引进养只死亡，请及时与当地畜牧兽医站联系，经畜牧兽医站人员现场勘验、拍照后以焚烧、深埋等方式进行无害化处理，不得擅自处理。

5. 人兽共患病防控　羊是最易给人传染布鲁氏菌病的家畜，养羊业主应积极与当地畜牧兽医部门衔接，对引进羊只全部进行布鲁氏菌病监测，在平时做辅助配种、助产等工作时要严格做好自身安全防护，严防人兽共患病的感染。

6. 疫情上报　如果发现可疑群体性羊只发病，及时联系上报畜牧兽医部门进行诊治。

四、肉羊的营养与饲料调制加工

肉羊所需要的营养物质，主要有碳水化合物、蛋白质、脂肪、矿物质、维生素和水等，这些营养物质均来源于饲料。饲料是各种营养物质的载体，它几乎含有肉羊所需要的所有营养物质。但是，绝大多数单一饲料所含有的各种营养素的数量和比例均不能满足肉羊的全部营养需要。要合理饲喂羊只，提高肉羊养殖效益，首先必须了解各种饲料的营养特点、营养价值、来源、性质及产量等。

（一）肉羊所需的营养物质及其作用

1. 水　不同种类、不同部位、不同器官的饲料，水分含量不同（5%～95%），即使是同一种类的饲料，收割时期不同，水分含量也不同。一般谷类子实、糠麸、饼粕类饲料中水分含量少，而酒糟、糖渣中含水较高；同一饲料枝叶中的水分含量多，而茎秆中水分少；幼嫩时含水分较多，而成熟后水分减少。

（1）作用　水是生命之源。体内失水 10% 时，羊即感到不适，失水 20%～25% 时就会危及生命。羊饮水不足会影响其生理功能，使羊丧失食欲，代谢紊乱，生产性能下降，羊患病甚至死亡。常见的羔羊下痢死亡，其直接原因就是严重脱水所致。

（2）**来源**　羊的需水量一般是风干饲料摄入量的2倍。这些水主要有饮水，其次是饲料含水和代谢水。

（3）**需要量**　羊饮水量的多少，决定于羊的体况、季节和饲料种类。羊每采食1千克饲料干物质，需水1～2升。成年羊一般每日需饮水3～4升。夏季、春末、秋初饮水量增大，冬季、春初和秋末饮水量较少。

2. 干物质　指饲料中除去水分以外的所有固形物的总称，包括蛋白质、粗纤维、无氮浸出物等。

干物质采食量是一个综合性营养指标，其采食量的多少与羊品种、个体特点、饲料品质、饲喂方法及环境等有关。一般羊干物质采食量占体重的3%～5%，所以饲养羊时应严格控制干物质采食量。在配制羊日粮时应正确协调干物质采食量和养分浓度之间的关系。

3. 碳水化合物　在营养界常将碳水化合物分为粗纤维和无氮浸出物。粗纤维是饲料细胞壁的成分，包括纤维素、半纤维素及木质素等，是饲料中较难消化的营养物质。无氮浸出物主要存在于细胞内容物中，包括单糖、双糖和淀粉。糖类和淀粉的营养价值高，易消化利用，经消化道酶水解成葡萄糖被吸收，一般消化率在95%以上。

（1）**作用**　总的来说，碳水化合物功能的有：①羊能量的主要来源，每克碳水化合物在体内平均产生16.15千焦的热量，通过氧化供能，满足羊生理需要，羊的呼吸、运动、生长、维持体温等全部过程都需要热量，而这些热量的主要来源就是碳水化合物。②构成羊体器官的重要成分。③碳水化合物除供应热能外，剩余部分还可在体内转化成糖原和脂肪作为营养物质的储备，以备营养不足时动用，如饥饿时利用。④合成必需氨基酸的原料。⑤乳糖和乳脂的原料。⑥羊瘤胃中微生物繁殖及菌体蛋白质的合成也受碳水化合物的影响。

常将碳水化合物分为粗纤维和无氮浸出物。其作用分别如下：

①粗纤维　粗纤维对羊的饲养具有特殊作用和意义。粗纤维不易被消化，吸水性好，吸水量大，可填充羊的胃肠道，给羊以饱感。对肠黏膜有一定的刺激作用，可促进肠的蠕动和粪便排出。纤维素和半纤维素能被瘤胃微生物发酵，在瘤胃纤维分解菌的作用下，可将不溶性纤维分解为可溶性的糊精和糖，再分解成低级挥发性脂肪酸，既是重要的能量来源，又是合成乳汁成分的重要来源。

粗纤维中的木质素不能被羊瘤胃利用，并且饲料由于它的存在，妨碍羊对纤维素、半纤维素及其营养物质的利用。一般饲料中木质素每增加 1%，羊对饲料有机物的消化率下降 0.8%。

②无氮浸出物　糖和淀粉可以作为快速降解的机质，用来满足瘤胃微生物在进食和食糜推进过程中自身生长和繁殖时能量的需求。

无氮浸出物不足时，纤维素分解菌得不到充分发育，导致纤维素消化率下降。无氮浸出物过多，瘤胃环境将向不利于瘤胃纤维分解菌活动的方向变化，也导致纤维素消化率的下降。糖和淀粉不足或过多都会影响瘤胃中蛋白质的合成和瘤胃微生物对非蛋白氮的利用。适量的易消化碳水化合物可以保证机体对葡萄糖的需求，也可保证机体正常代谢和体况。

（2）来源　碳水化合物主要存在于植物饲料中，是羊饲料中所占数量最多的营养物质，通常占其干物质的 50%～70%。

（3）需要量　羊对碳水化合物的需要受年龄、性别、生长阶段、品种等各种因素的影响。另外，饲料中的蛋白含量影响对碳水化合物的需求。

4. 蛋白质　饲料中所有含氮的物质统称为粗蛋白，包括真蛋白和氨化物两部分。它们是由碳、氢、氧、氮 4 种元素组成许多的氨基酸，再结合成蛋白质。羊对蛋白质的需要，实质上也就是对氨基酸的需要。

但要特别指出的是，羊属于反刍家畜，具有特殊的消化器官——瘤胃，瘤胃中的微生物可以合成各种氨基酸来满足需要，因而相对于瘤胃功能已完善的羊而言，其对摄入蛋白质的数量和质量不像猪、鸡要求严格。值得注意的是，60日龄前的羔羊，瘤胃发育不全，微生物合成功能不完善，体内不能合成必需氨基酸，只能母乳或代乳品供应。随着羊瘤胃发育成熟，对日粮必需氨基酸减少，但仍必须保证蛋白数量的充分供给，使瘤胃微生物利用饲料中的蛋白氮和非蛋白氮合成各种氨基酸，满足羊迅速生长发育的需要。

（1）作用　①蛋白质是组成各种生命活动所必需的酶、激素、抗体等物质原料。②羊的肌肉、皮肤、内脏、血液、神经、结缔组织等体组织均以蛋白质为基本成分。③是体组织再生、修复、更新的必备物质。④蛋白质是肉、奶、毛、皮等羊产品的原料。⑤羊体蛋白质总量中每天有 0.25%～0.3% 需要更新，如供给不足，会影响羊只生长发育。⑥蛋白质还可作为供能物质。

（2）来源　一是饲料中的蛋白质。饲料中的蛋白质进入羊瘤胃后，大多数被微生物利用，合成菌体蛋白，然后与未消化的蛋白一同进入真胃，由消化酶分解成各种必需氨基酸和非必需氨基酸，被消化道吸收利用。二是非蛋白氮。羊瘤胃微生物在脲酶作用下，能利用非蛋白氮合成菌体蛋白，所以可利用尿素、碳酸氢铵等非蛋白氮化合物来降低成本喂羊，起到补给蛋白质的作用。

（3）羊对蛋白质的需要　羊对蛋白质需要量受生长、妊娠、泌乳、体重、体况、增长速度及蛋白质与能量比例等因素的影响。如果日粮中能量浓度过低，而蛋白质百分率不变，羊为了能量的需要，势必增加采食量，出现摄入蛋白质过多的问题。因此，日粮中必须保持合适的能量蛋白质比例。

羊对粗蛋白质的消化率为80%左右。一般每兆焦消化能约需配合4.78克可消化蛋白质，就能满足非哺乳期母羊对蛋白质的需要；对泌乳、生长和育肥羊，则要求配合更多一些的可消化蛋白质；身体瘦弱的母羊在开始妊娠时，对蛋白质的需要量比体况好的要多些；育肥羔羊的蛋白质需要量，随着增重速度的增加而增加。

5. 脂肪　脂肪不仅是构成羊机体的重要成分，也是热量的重要来源。脂肪能溶解脂溶性维生素 A、维生素 D、维生素 E、维生素 K、胡萝卜素和一些生殖激素，便于羊体吸收利用。多余的脂肪则以体脂肪的形式储存于体内，并在日粮条件差时，转化为热量维持生命和生产。

凡是体内不能合成，必须由日粮或通过体内特定先体物质形成，对机体正常功能和健康具有重要保护的脂肪酸称为必需脂肪酸。成年羊可以自身合成必需脂肪酸，而幼龄羔羊瘤胃功能尚不完善，需要从日粮中摄入部分必需脂肪酸。

（1）**作用**　①脂肪是羊体组织的重要成分，羊的各种器官、组织如神经、肌肉、皮肤及血液等都含有脂肪。②是羊产品的组成成分，如羊乳中含脂肪约 3.5%，羊肉中含 16%～20% 的脂肪。③是脂溶性维生素的溶剂。日粮中的维生素 A、维生素 D、维生素 E、维生素 K 及胡萝卜素，只有被日粮中的脂肪溶解后，才能被羊吸收利用。

（2）**来源**　各种饲料中均含有脂肪，但含量不高，在 1%～4%，所以羊的日粮中脂肪含量不高。饲料中的多数脂肪在常温下呈液态，这是因为植物脂肪含有大量的不饱和脂肪酸，其硬度小、熔点低。

（3）**需要量**　脂肪对羊来说在营养是必要的，但在羊常用饲料中脂类含量较低，且由于羊瘤胃中有大量的微生物存在，使羊脂肪的消化、代谢、体脂和腹脂的合成有别于其他家畜。

6. 矿物质　饲料燃烧后剩下的物质就是矿物质，过去常称为灰分。饲料中的矿物质主要有钾、钠、磷、锰等。一般禾本科作物中钾和钠高于豆科作物，而豆科作物中的钙和磷高于禾本科作物。

饲料作物的部位不同，矿物质含量也就不同。一般茎叶的矿物质含量较高。随着植物生长，矿物质问题虽逐渐减少，但其中钠和硅的含量则逐渐增加。

一般植物饲料都缺钙，但豆科牧草如苜蓿、红豆草等含钙量较高，农作物秸秆含磷较低。谷实类如玉米、高粱等和糠麸含磷较高；

动物性饲料如鱼粉、骨粉等钙、磷含量都十分丰富。

饲料植物是从土壤和水中取得矿物质的，土壤和水中的矿物质种类和含量直接影响植物中的矿物质的种类和含量。土壤中缺什么，植物中相应缺什么，因此在该地区放牧的羊就会患相应的矿物质不足症。

羊体的矿物质含量虽然只占体重很小的比例，却是生命活动的必需物质，几乎参与所有生理过程，是体组织和细胞，特别是形成骨骼、牙齿的主要成分，调节渗透压和酸碱平衡，参与三大有机营养物质代谢，维持细胞膜渗透性及神经肌肉的兴奋性等。

7. 维生素　维生素既不是能量来源，也不构成体组织的成分，它以辅酶和催化剂的形式广泛参与体内代谢的多种化学反应，是维持羊体正常生理功能所必需的具有高度生物活性的有机化合物，即维持生命的基本要素。

维生素在体内起催化作用，能促进主要营养素的合成和降解，从而控制机体代谢。各种维生素化学性质不同，生理营养功能也不同。目前，许多维生素的生物学功能仍没有彻底弄清，已确定的仅有 14 种，这些维生素按其溶解性分为脂溶性维生素（维生素 A、维生素 D、维生素 E、维生素 K）和水溶性维生素（B 族维生素和维生素 C）两大类。

羊体内维生素可以由饲料获得，也可以由羊自身合成部分维生素。成年羊瘤胃微生物合成 B 族维生素及维生素 C、维生素 K，一般不缺乏，但瘤胃功能尚未健全的幼龄羔羊不能自身合成，需要人为添加。维生素 A、维生素 D、维生素 E 则对羊的生产影响十分大。羊日粮中应注意补给维生素 A、维生素 D、维生素 E，哺乳羔羊还应补给维生素 B_2。

（二）肉羊常用饲料及其营养特性

饲料为肉羊提供维持、生长、繁殖的一切营养物质。肉羊常用的饲料主要包括粗饲料和精饲料，其中精饲料主要有能量饲料、蛋白质饮料、矿物质饲料、维生素饲料及饲料添加剂；粗饲料主要有青绿饲料、青贮饲料、青干草和秸秆类饲料等。

1. 肉羊常用能量饲料原料　以干物质计，粗蛋白质含量低于20%，粗纤维含量低于18%，每千克干物质含有消化能10.46兆焦以上的一类饲料即为能量饲料。这类饲料主要包括谷实类、糠麸类、脱水块根、块茎及其加工副产品、动植物油脂及乳清粉等。能量饲料在动物饲粮中所占比例最大，一般为50%～70%，对动物主要起着供能作用。

（1）谷实类饲料　谷实类饲料是指禾本科作物的籽实，如玉米、高粱、小麦、大麦等。谷实类饲料富含无氮浸出物，一般都在70%以上；粗纤维含量少，多在5%以内，仅带颖壳的大麦、燕麦、水稻和粟可达10%左右；粗蛋白质含量一般不及10%，但也有一些谷实如大麦、小麦等达到甚至超过12%；谷实蛋白质的品质较差，乃因其中的赖氨酸、蛋氨酸、色氨酸等含量较少；其所含灰分中，钙少磷多，但磷多以植酸盐形式存在，对单胃动物的有效性差；谷实中维生素E、维生素B_1含量较丰富，但维生素C、维生素D贫乏；谷实的适口性好；谷实的消化率高，因而有效能值也高。正是由于上述营养特点，谷实是动物的最主要的能量饲料。

①玉米　是肉羊的主要能量饲料，所含能量在谷食中最高，而且适口性好，易于消化。玉米的代谢能为14.06兆焦/千克，高者可达15.06兆焦/千克，是谷实类饲料中最高的。这主要由于玉米中粗纤维很少，仅2%；而无氮浸出物高达72%，且消化率可达90%；另一方面，玉米的粗脂肪含量高，在3.5%～4.5%。玉米为1年生禾本科植物，又名苞谷、棒子、六谷等。据研究测定，每100克玉米含热量106千卡、纤维素2.9克、蛋白质4.0克、脂肪1.2克、碳水化合物22.8克，另含矿物质元素和维生素等。玉米中还含有大量镁，镁可加强肠壁蠕动，促进机体废物的排泄。玉米的亚油酸含量达到2%，是谷实类饲料中含量最高者。玉米的蛋白质含量为8.6%左右，且氨基酸不平衡，赖氨酸、色氨酸和蛋氨酸的含量不足。

玉米因适口性好，能量含量高，在瘤胃中的降解率低于其他谷类，可以通过瘤胃到达小肠的营养物质比较多，因此可较多地用于肉羊日粮中。

②小麦　小麦的粗蛋白含量较高，在12%左右，高者可达16%。由于小麦中木聚糖含量较高，进入肠道后黏性增加，影响消化，在我国较少用于饲料。小麦是否用于饲料取决于玉米和小麦的价格。

③大麦　大麦子实有两种，即带壳的草大麦和不带壳的裸大麦。带壳大麦，即通常所说的大麦，其能量含量较低。大麦谷粒坚硬，饲喂前必须压碎或碾碎。大麦中无氮浸出物与粗脂肪含量均低于玉米，粗脂肪中的亚油酸含量很少，仅为0.78%左右。粗纤维含量因带壳而在谷类饲料中是较高的，为5%左右。粗蛋白质含量11%～14%，且品质较好。赖氨酸含量比玉米、高粱含量高1倍。

④高粱　高粱作为世界上主要粮食作物之一，其总产量仅次于小麦、水稻和玉米。高粱子实能量水平因品种不同而不同，带壳少的高粱子实能量含量与玉米相近，蛋白质含量略高于玉米，氨基酸组成与玉米相似，缺乏赖氨酸、蛋氨酸、色氨酸和异亮氨酸。高粱含有单宁，有涩味、适口性差，单宁可以在体内与蛋白质结合，从而降低蛋白质和氨基酸的利用率，是影响高粱利用的主要因素。

⑤燕麦　燕麦的麦壳占的比重较大，约为28%，整粒燕麦子实的粗纤维含量较高，达8%左右。主要成分为淀粉，其含量为33%～43%，较其他谷实类少。含油脂较其他谷类高，约5.2%，脂肪主要分布于胚部，脂肪中40%～47%为亚麻油酸。燕麦子实的粗蛋白含量高达11.5%，与大麦含量相似，但赖氨酸含量低。富含B族维生素，烟酸含量较低，脂溶性维生素及矿物质含量均较低。

（2）糠 麸 类

①小麦麸　小麦麸俗称麸皮，是以小麦为原料加工面粉时的副产品。麸皮的质量相差很大，如生产的面粉质量要求高，麸皮的质量也相应较高。麸皮的消化能、代谢能较低，麸皮中B族维生素及

维生素 E 含量较高，可以作为肉羊配合饲料中维生素的重要来源。

②米糠及米糠饼粕 米糠是糙米（稻谷去壳）加工精米时分离出来的一种副产品，加工的精米越白，米糠的质量越好。米糠中粗脂肪含量高达 16.5%，易被氧化发热，不易保存。经提油后利于保存，提油采用压榨法时，经过烘、炒、蒸煮、预压等工艺后，适口性和消化性都有所改善。

（3）块根块茎类 块根块茎类饲料的特点是水分含量高，达 70%～95%，松脆可口，易消化，干物质含量低，按干物质计，能量相当于玉米、高粱等。干物质中粗纤维含量低，为 2.5%～3.5%。无氮浸出物含量很高，占干物质的 65%～85%，多是宜消化的糖、淀粉等。蛋白质含量低，但生物学价值很高，而且蛋白质中的非蛋白质含氮物质占的比例较高，矿物质和 B 族维生素含量不足。一般缺钙、磷，富含钾。冬季在以秸秆、干草为主的肉羊日粮中添加块根块茎类饲料，能改善日粮适口性，提高饲料利用率。

①甘薯 又称红薯、白薯、红苕、地瓜等。甘薯中粗蛋白质含量较低，占干物质的 3.3%，粗纤维少，富含淀粉，钙的含量特别低。甘薯怕冷，宜在 13℃左右储存。甘薯粉渣是用甘薯制粉后的残渣。鲜粉渣含水分 80%～85%，干燥粉渣含水分 10%～15%。粉渣中的主要营养成分为可溶性无氮浸出物，容易被肉羊消化吸收。由于甘薯中含有很少的蛋白质和矿物质，故其粉渣中也缺少蛋白质、钙、磷和其他矿物质。甘薯是肉羊的良好能量饲料，甘薯粉和其他蛋白质饲料配合制成颗粒饲料，应添加全面均衡的矿物质饲料。

甘薯易患黑斑病，患有黑斑病的甘薯不宜作为羊饲料，因为这种霉菌产生一种苦味，不仅适口性差，还可导致羊发病。有黑斑病的甘薯及其制粉和酿酒的糟渣，有异味且含毒性酮，饲喂羊易导致气喘病，甚至死亡。

②马铃薯 又称土豆。马铃薯含有 70%～80% 的无氮浸出物，其中大部分为淀粉，约占干物质的 70%。风干的马铃薯中粗纤维含量为 2%～3%，粗蛋白质含量为 8%～9%，非蛋白氮较多，约占粗

蛋白质含量的 50%。每千克中含消化能 14.23 兆焦左右。

马铃薯在块茎青绿皮上、芽眼与芽中含龙葵素，在幼芽及未成熟的块茎和经日光照射变成绿色的块茎中含量较高，喂量过多可引起中毒。饲喂时要切除发芽部位并仔细选择，以防中毒。

马铃薯制粉后的副产品为马铃薯粉渣，粉渣中淀粉很丰富。干粉渣含蛋白质 4.1% 左右，含可溶性无氮浸出物约 70%，羊可以很好地利用马铃薯的非蛋白质含氮物和可溶性无氮浸出物，在日粮中用量应控制在 20% 以下。

③胡萝卜　按干物质计，胡萝卜中含无氮浸出物约 47.5%，属能量饲料，但由于其鲜样中水分含量大、容积大，主要作为冬季羊的多汁饲料。每千克胡萝卜含胡萝卜素 36 毫克以上及 0.09% 的磷，高于一般多汁饲料。胡萝卜含铁量较高，颜色越深的胡萝卜素和铁含量越高。胡萝卜中淀粉和糖类含量高，因含有蔗糖和果糖，多汁味甜。由于胡萝卜产量高、耐储存、营养丰富，冬季青饲料缺乏时，在喂干草或秸秆类饲料比例较大的羊日粮中添加一些胡萝卜，可以改善日粮的适口性。

2. 蛋白质饲料原料　蛋白质饲料是指饲料干物质中粗蛋白质含量在 20% 以上，粗纤维含量 18% 以下的饲料。这类饲料通常在羊的饲养中只作为补充料，因而称为蛋白质补充料。蛋白质饲料分为植物性蛋白质饲料和动物性蛋白质饲料，肉羊用的大多为植物性蛋白质饲料。蛋白质饲料还包括单细胞蛋白质饲料（如各种酵母饲料、蓝藻类等）和非蛋白氮饲料（如尿素、铵盐及磷酸脲等）。

（1）大豆饼粕　是指大豆榨油产生的副产品。一般大豆不直接用作肉羊饲料，豆类饲料中含抗营养物质——胰蛋白酶抵制剂，生喂时影响肉羊的适口性和饲料的消化率，需要通过 110℃、3 分钟的加热可以消除。榨油时未加热的或加热不足的豆粕在使用前也需加热处理，破坏其中的抗营养物质后才可饲喂。

大豆饼粕的粗蛋白质含量较高，为 40%～44%，蛋白质品质好，必需氨基酸的比例好，尤其是赖氨酸含量可达 2.5%～2.8%，是棉仁饼、菜籽饼及花生饼的 2 倍。蛋氨酸含量不足，因而在玉米—豆粕型日粮中需要添加蛋氨酸，才能满足肉羊的营养需要。质量好的大豆饼粕色黄味香、适口性好，但在日粮中用量不宜超过 20%。

（2）**菜籽饼粕**　菜籽饼粕的原料是油菜籽。菜籽饼粕的粗蛋白质含量在 36% 左右，矿物质和维生素含量比豆饼丰富，含磷较高，硒含量比大豆饼粕高 6 倍，居各饼粕之首。菜籽饼粕中的抗营养因子主要是从油菜中所含的硫葡萄苷枉酯类衍生出来的，这种物质分布于油菜籽的柔软组织中。此外，菜籽中还含有单宁、芥子碱、皂角苷等有害物质，味苦涩，影响适口性和利用率。这些物质在瘤胃中被分解，需限量饲喂，羔羊、妊娠母羊最好不喂。

目前，菜籽饼粕脱毒处理方法有 2 种，第一种为草木灰或生石灰法，第二种为热水蒸煮法。

饲用菜籽饼粕应掌握以下要点：①饼粕来源要清楚。最好采用浸提法生产的菜籽粕，蛋白质含量高，毒性成分少，严禁使用霉变饼粕。②控制用量，一般占肉羊日粮的 2%～3%，幼龄羊、种羊不宜饲用。③与豆饼、棉籽饼合理搭配使用。

（3）**棉籽饼粕**　棉花子实脱油后的饼粕，因加工条件不同，营养价值相差很大，主要影响因素是棉籽壳是否去掉。完全脱壳棉仁制成的饼粕，叫做棉仁饼粕，其粗蛋白质含量可达 40% 以上，与大豆饼不相上下。不脱壳棉籽制成的棉籽饼粕，粗蛋白质含量在 22% 左右，在使用中应加以区分。

棉籽内含有棉酚和环丙烯脂肪酸，棉酚可引起畜禽中毒。瘤胃微生物可以分解棉酚，降低毒性，可作为肉羊良好的蛋白质饲料来源，是棉区喂羊的好饲料。肉羊育肥饲料中，棉籽饼粕可用到 50%，种羊如果长期过量使用则影响其种用性能。棉籽饼粕长期大量饲喂（日喂 1 千克以上）会引起中毒。羔羊日粮中棉籽饼粕用量不宜超过 20%。棉籽饼粕常用的去毒方法为煮沸 1～2 小时，冷却后饲喂。

（4）**向日葵饼粕**　又叫葵花仁饼粕，是向日葵榨油后的副产品。向日葵饼粕的饲用价值视脱壳程度而定。我国的向日葵饼粕，一般脱壳不净，粗蛋白质含量在28%～32%，赖氨酸含量不足。向日葵仁饼粕与其他饼粕类饲料配合使用效果较好。向日葵的适口性好，是羊的优质蛋白质饲料，与棉籽饼粕有同等价值。

（5）**花生仁饼粕** 花生的品种很多，脱油方法不同，因而花生饼粕的性质和营养成分也不相同。花生仁饼粕营养价值高，是饼粕类饲料中可利用能量水平最高的粗蛋白质，含量高达44%，花生仁饼粕适口性极好，有香味，所有动物都爱吃。但花生仁饼粕易染上黄曲霉，花生的含水量在9%以上，在温度30℃、空气相对湿度80%时，黄曲霉即可繁殖，引起中毒，因此花生饼粕储存时间不宜过长。

瘤胃微生物有分解毒素的功能，因此羊对黄曲霉素不很敏感。感染黄曲霉素的花生仁饼粕，可用氨处理去毒。花生仁饼粕在瘤胃中的降解速度很快，羊只采食后几小时85%以上的干物质即被降解，因此不适合作为羊唯一的蛋白质饲料原料。花生仁饼粕可用于羔羊的开食料。

（6）**芝麻饼粕** 芝麻饼粕不含抗营养物质，粗蛋白质含量可达40%，蛋氨酸含量是大豆粕、棉仁粕含量的2倍，比菜籽粕、向日葵粕约高1/3，是所有植物性饲料中含蛋氨酸最多的饲料。赖氨酸含量不足，配料时应予以注意。适用于羔羊和育肥羊日粮，可使羊被毛光泽好。但用量过多，可引起体脂软化，在生产中应注意搭配使用。

（7）**亚麻籽饼粕** 亚麻俗称胡麻，亚麻籽脱油后的残渣即为亚麻籽饼粕。亚麻籽饼粕代谢能较低，脂肪含量高，在贮藏过程中容易变质，不利保存。经过高温高压榨油的亚麻籽饼粕容易引起蛋白质褐变，降低其利用率。亚麻籽饼粕含粗蛋白质30%～34%，适口性差，赖氨酸含量不足。亚麻籽饼粕有促进胃肠蠕动的功能。羔羊、成年羊及种用羊均可饲用，并且表现出皮毛光滑、润泽。亚麻籽饼粕用量应占肉羊日粮的10%以下。每日采食量在500克以上时，羊有稀便倾向。

（8）**非蛋白氮物质** 非蛋白质氮物质，严格地说，非蛋白质氮不是蛋白质饲料，但由于它能被肉羊瘤胃中的微生物用来合成菌体蛋白，微生物又被肉羊的真胃（皱胃）和肠道消化，所以肉羊能间接利用非蛋白质氮，可以在肉羊饲料中适当添加非蛋白质氮，以替代部分饲料蛋白质。在肉羊生产中，常用的非蛋白氮物质有：尿素、磷酸脲、缩二脲、异丁叉二脲和铵盐。

3. 常用粗饲料　粗饲料指绝干物质中粗纤维含量在 18% 以上的饲料，主要包括青干草、农副产品类（秸秆、秕壳）、树叶、糟渣类等。羊日粮中的粗饲料含量占 60%～70%。饲喂时禾本科干草应与豆科干草配合使用，有条件的再配合青绿饲料更好。饲喂前应除去杂质、泥土及霉变物，要经过铡短、揉碎或氨化、碱化、发酵等处理。豆科作物的粗蛋白含量稍高，如苜蓿营养价值较高，适宜调制干草。而秸秆、秕壳、树枝和树叶等粗饲料中粗纤维含量较高，适口性差，在饲喂时要限制其用量。羊常用的粗饲料主要有青干草、秸秆、秕壳和糟渣类。

粗饲料是牛羊反刍动物不可缺少的日粮成分，在维持反刍动物生理健康和良好生产性能等方面发挥着不可替代的作用。

（1）青干草　包括豆科干草（苜蓿、红豆草、毛苕子等）、禾本科干草（狗尾草、羊草等）和野干草（野生杂草晒制而成）。优质青干草含有较多的蛋白质、胡萝卜素、维生素 D、维生素 E 及矿物质。青干草粗纤维含量一般为 20%～30%，所含能量为玉米的 30%～50%。豆科干草蛋白质、钙、胡萝卜素含量较高，粗蛋白质含量一般为 12%～20%，钙含量 1.2%～1.9%。禾本科干草含碳水化合物较高，粗蛋白质含量一般为 7%～10%，钙含量 0.4% 左右。野干草的营养价值较以上两种干草要差些。青干草的营养价值取决于制作原料的植物种类、生长阶段与调制技术。禾本科牧草在孕穗期或抽穗期收割，豆科牧草应在结蕾期或开花初期收割，晒制干草时应防止暴晒和雨淋。最好采用阴干法。

（2）秸秆　即各种农作物收获子实后剩余的茎秆和叶片。秸秆的粗纤维含量一般为 25%～50%，粗蛋白质含量低（3%～6%），除维生素 D 之外，其他维生素均缺乏，矿物质钾含量高，缺乏钙、磷。秸秆的适口性差，木质素含量高消化率低，为提高秸秆的利用率，喂前应进行切短、氨化、碱化处理。

（3）**秕壳**　包括子实脱粒时分离出的颖壳、荚皮、外皮等，如麦糠、谷糠、豆荚、棉籽皮等，与秸秆相比，蛋白质多，纤维少，总营养价值高。一般来说，荚壳的营养价值略好于同作物的秸秆，但稻壳和花生壳例外。

（4）**糟渣类**　此类饲料主要包括白酒糟、啤酒糟、酱醋糟、淀粉渣、豆渣、糖渣及果渣等，是食品工业和发酵工业的主要副产品之一。

（三）常用粗饲料调制技术

粗饲料经过科学的加工调制，可以改善适口性、提高其营养价值和饲料转化率，从而达到提高饲喂效果的目的。粗饲料和青绿饲料在肉羊日粮中占有很大的比例，经过加工调制后可以提高肉羊采食量、营养价值和饲料转化率，能使养羊生产获得更大的效益。

1. 干草的加工调制　干草是指青草或栽培青绿饲料的生长植株地上部分在未结子实前刈割下来，经一定干燥方法制成的粗饲料。是草食动物最基本、最主要的饲料；是畜牧食草动物的必备、贮备饲料。

（1）**干草调制原理**　青饲料水分含量高，细菌和霉菌容易生长繁殖使青饲料发生霉烂腐败，所以在自然或人工条件下，使青饲料迅速脱水干燥，至水分含量为 14%～17% 时，所有细菌、霉菌均不能在其中生长繁殖，从而达到长期保存的目的。也就是说，通过自然或人工干燥方法使刈割后的新鲜饲草迅速处于生理干燥状态，细胞呼吸和酶的作用逐渐减弱直至停止，饲草的养分分解很少。饲草的这种干燥状态防止了其他有害微生物对其所含养分的分解而产生霉败变质，达到长期保存饲草的目的。

干草调制过程一般可分为两个阶段：第一阶段，从饲草收割到水分降至 40% 左右。这个阶段的特点是：细胞尚未死亡，呼吸作用继续进行，此时养分的变化是分解作用大于同化作用。为了减少此阶段的养分损失，必须尽快使水分降至40%以下，促使细胞及早萎亡，这个阶段养分的损失量一般为5%～10%；第二阶段，饲草水分从40%降至17%以下。这个阶段的特点是：饲草细胞的生理作用停止，多数细胞已经死亡，呼吸作用停止，但仍有一些酶参与一些微弱的生化活动，养分受细胞内酶的作用而被分解。此时，微生物已处于生理干燥状态，繁殖活动也已趋于停止。

（2）**干草的种类**　按照饲草品种的植物学分类分，常见的可将干草分为禾本科、豆科、菊科、莎草科、塞科、十字花科等，在每个科里面，可根据饲草品种的名称命名干草名，如苜蓿干草为豆科干草、黑麦草干草为禾本科干草等。

①豆科干草　豆科类干草包括苜蓿干草、三叶草、草木樨、大豆干草等。这类干草富含蛋白质、钙和胡萝卜素等，营养价值较高，饲喂草食家畜可以补充饲料中的蛋白质。

②禾本科干草　包括羊草、冰草、黑麦草、无芒雀麦、鸡脚草及苏丹草等。这类干草来源广、数量大、适口性好。天然草地绝大多数是禾本科牧草，是牧区、半农半牧区的主要饲草。

③谷类干草　为栽培的饲用谷物在抽穗—乳熟或蜡熟期刈割调制成的青干草。包括青玉米秸、青大麦秸、燕麦秸、谷秸等。这一类干草虽然含粗纤维较多，但却是农区肉羊的主要饲草。

④其他青干草　以根茎瓜类的茎叶、蔬菜及野草、野菜等调制的青干草。

（3）**干草的优点**　干草有机物质消化率为46～79%，其总营养价值而言，劣质干草不如藁秆，而优质干草接近小麦麸。干草除了相对精饲料的一定价格优势外，其资源丰富，单位重量比新鲜草料、青贮饲料等能提供更多的干物质，而更符合肉羊的消化生理，同时还能减轻对羊消化道的容积压力和负担，提高生产效益。新鲜饲草通过调制干草，可实现长时间保存和商品化流通，保证草料的异地异季利用。调制干草可以缓解草料在一年四季中供应的不均衡性，也是制作草粉、草颗粒和草块等其他草产品的原料。制作干草的方法和所需设备可因地制宜，既可利用太阳能自然晒制，也可采用大型的专用设备进行人工干燥调制，调制技术较易掌握，制作后取用方便，是目前常用的加工保存饲草的方法。

（4）**干草饲用价值**　青干草是肉羊最基本最主要的饲料，生产实践中，干草不仅是一种必备饲料，而且还是一种贮备形式，以调节青饲料供给的季节性淡旺，缓冲枯草季节青饲料的不足，特别是优质干草是羊很好的饲料。将干草与多汁饲料配合饲喂羊，可增加干物质和粗纤维采食量。

干草具有营养好、易消化、成本低、简便易行、便于大量储存等特点。在肉羊养殖的日粮组成中，干草的作用越来越被生产者所重视，它是秸秆、农副产品等粗饲料很难替代的肉羊饲料。它不仅提供了羊生产所需的大部分能量，而且豆科牧草还可作为羊的蛋白质来源。

2. 秸秆氨化

（1）**秸秆氨化的基本原理**　氨化处理的原理是：当氨与秸秆中的有机物相遇发生氨解反应，破坏木质素与纤维素、半纤维素链间的酯键的结合，并形成铵盐。铵盐是一种非蛋白氮化合物，同时氨水中的氢氧化氨离解出的氢氧根离子对秸秆又有碱化作用。秸秆经氨化处理中的氨化与碱化双重作用，粗蛋白质含量可提高1倍左右，纤维素含量降低10%，有机物消化率提高20%以上。

（2）**氨化设施设计**　氨化处理可用氨化壕、氨化池、平地堆垛氨化法，窖氨化法，农村小户可以用塑料袋氨化法、缸氨化法等多种氨化方法，可根据当地条件任意选择。

氨化池的设计，重点考虑容积和形状。

容积主要根据牛羊的养殖数量、氨化时间、氨化饲料的周转数量等因素，确定每次氨化秸秆量的大小来确定。可按 1 米^3 净容积氨化秸秆 140～150 千克设计所建池的容积。

氨化池的形状，主要根据使用对象和地址条件的不同，来进行选择确定。目前常见池形，按形状分类有：长方形、正方形、梯形和窖形等。按修建形式分类有：单池、双联池和多联池。按相对位置分类有：地上池、半地上池和地下池。选择哪一种池形合适，需视具体情况决定。

（3）**加工方法步骤**　氨化秸秆的主要氨源：有液氨、尿素、碳铵和氨水，其中以液氨和尿素处理效果好。液氨处理需一定的设备，宜在集约化饲养或有氨化站为千家万户服务的条件下推广。国内目前多用尿素处理，并获得了十分理想的效果。

尿素氨化法是我国农村使用最广的氨化处理法。它简单易行，原料来源广，尿素可以方便地在常温下运输，氨化时不需要复杂的设备，对健康无害。用尿素溶液处理秸秆，对密封条件的要求也不像液氨那样严格，处理效果好，仅次于液氨。秸秆中存有尿素酶，加进尿素，用塑料膜覆盖，在适宜的温度和湿度下，尿素在尿素酶的作用下分解出氨对秸秆进行氨化。将麦秸、稻草铡碎，一般铡成 3 厘米以下短节。玉米秸要铡短，以易于压实，增加氨化原料与氨源的接触面，增强氨化作用。

按秸秆重的 3%～5% 加尿素，首先将尿素按 1∶（10～20）的比例溶解在水中，均匀地喷洒在秸秆上，喷洒时要尽力设法使每根麦秸都喷洒上尿素溶液。这样就要用喷壶一层一层地喷匀，使溶液与秸秆充分接触，边喷洒溶液，边搅拌，边装入氨化设施。要分层，一层秸秆喷洒一层尿素溶液，均匀地浇遍、浇透。千万不要一下子从上全倒下来，以免影响氨化效果。每层的厚度不应超过 30～45 厘米。每 100 千克秸秆用 3～5 千克尿素，加 30～60 升水，逐层添加堆放。用塑料薄膜覆盖密封。用尿素氨化处理秸秆要有一个分解成氨的过程，一般较液氨和氨水处理要求时间稍长一些，在寒冷地区要想尿素分解快，在氨化过程中最好加些脲酶丰富的东西，如新鲜的生大豆粉等。

密封时间大体上是：日间气温在 30℃ 以上时，需 10～15 天；日间气温在 20℃～30℃ 时，需 12～21 天；日间气温在 10℃～20℃

时，需 19～35 天；日间气温在 0℃～10℃时，需 33～65 天。

应该注意，在华北、华中一带夏季温超过 35℃时，塑料薄膜内的温度可增到 50℃～80℃，这时由于温度过高，不利于细菌分泌脲酶，脲酶的活性受到抑制，不仅不利于尿素的分解，而且造成喜高温的腐败菌大量活动，引起酪酸发酵，发出恶臭味。因此，在夏季日间温度超过 35℃时，应用尿素溶液氨化时不宜在露天用堆贮法氨化，应在荫蔽的条件下氨化。

（四）青贮饲料的加工调制

青贮饲料是牧草、饲料作物或农副产物等在一定含水量时，铡碎装入密闭的容器（塔、壕、窖、袋、堆）内，通过原料含有的糖和乳酸菌在厌氧条件下进行乳酸发酵的一种贮藏饲料。

1. 青贮过程中各种微生物的作用　青贮发酵过程与多种微生物活动相关，要取得青贮发酵成功，就要创造有益于乳酸菌活动的最适宜环境，促进乳酸菌正常大量繁殖，并有效地抑制其他有害微生物的活动。

（1）乳酸菌　乳酸菌种类较多，根据细胞形态可分为球菌和杆菌，按其葡萄糖的发酵形式可分为同质型和异质型。同质型乳酸菌发酵后只产生乳酸，异质型乳酸菌发酵除产生乳酸外，还产生乙醇、醋酸、甘油和二氧化碳等物质。对青贮有益的主要有乳酸球菌和德氏乳酸杆菌，均属于同质型乳酸菌，乳酸链球菌属兼性厌氧菌，在有氧或无氧条件下都能生长繁殖，耐酸能力较低，在青贮饲料中含酸量达 0.5%～0.8%，pH 值为 4.2 时停止活动。乳酸杆菌为厌氧菌，耐酸能力强，在青贮饲料中含酸量可达 1.5%～2.4%，pH 值为 3 时停止活动。各类乳酸菌在条件适宜的环境下，生长繁殖得很快，使糖类物质（主要是单糖、双糖）分解产生大量乳酸，乳酸的大量产生，为乳酸菌本身生长繁殖创造了条件，同时也抑制并促使酪酸菌、腐败菌等其他微生物死亡。随着乳酸浓度逐渐增大，酸度增强，乳酸自身活动也受到抑制而停止。在质量良好的青贮饲料中，乳酸含量一般占 1%～2%，当 pH 值下降到 4.2 以下时，只有少量的乳酸菌存在。

（2）**酪酸菌** 酪酸菌又称梭状芽胞杆菌，简称梭菌，主要有丁酸梭菌、蚀果胶梭菌、巴氏固氮梭菌等。酪酸菌是一种厌氧菌，耐高温而不耐酸，当 pH 值为 4.7 以下时不能繁殖。酪酸菌活动的结果促使葡萄糖和乳酸菌分解产生丁酸，丁酸具有挥发性臭味。酪酸菌还能分解蛋白质，最终可形成具有刺激性气味的氨等产物，降低青贮饲料的品质。若青贮原料幼嫩，含水量高，可溶性糖量低，高温贮藏，都会促使酪酸菌的活动和增殖。因此，在青贮过程中要注意消除酪酸菌增殖因素，尽量创造适宜乳酸菌活动的条件，使酪酸菌活动受到抑制而死亡。

（3）**腐败菌** 腐败菌的种类很多，有好氧的如枯草杆菌、马铃薯杆菌，有厌氧的如腐败梭菌，也有兼性厌氧的如普通变形杆菌。这些细菌对温度的要求各不相同，当空气较多、密封不严、温度适宜时都能大量繁殖，分解青贮饲料中的蛋白质、脂肪、碳水化合物等物质，产生硫化氢、氨、甲烷、二氧化碳和氢气等，使青贮原料中的营养物质变成这些简单物质，养分流失，并且具有不良气味。在正常青贮条件下，乳酸菌很快生长繁殖，使乳酸浓度迅速增大，pH 值下降，氧气耗尽时，腐败菌的活动受到抑制以至死亡。

（4）**酵母菌** 酵母菌是好氧性菌，不耐酸，在青贮时附于青贮原料表层生长繁殖，可分解可溶性糖，产生乙醇、正丙醇、异丁醇及其他物质。产生的少量乙醇等物质，使青贮饲料具有特殊的芳香气味。当青贮作业完毕封窖后，随着氧气的逐渐减少，酸性逐渐增强，酵母菌的活动减弱以至停止。

（5）**醋酸菌** 醋酸菌属于好氧性菌，青贮初期，有空气时附于青贮原料表面的醋酸菌迅速繁殖。醋酸菌发酵能将乳酸菌和酵母菌发酵产生的乙醇变为乙酸，增强青贮饲料的酸性，有助于抑制不耐酸的微生物如酪酸菌、腐败菌、霉菌的活动与繁殖。如青贮方法不当，青贮窖内氧气残存过多，醋酸发酵产生的过多乙酸，会使青贮饲料有过强的乙酸气味而影响饲料的品质和饲用价值。

（6）霉菌 霉菌是导致青贮饲料变质的主要好氧性微生物，青贮时如果踩压不紧、封闭不严、原料水分含量不适当，附于青贮饲料表层或边缘部分的霉菌就会生长繁殖，分解蛋白质产生氨，出现白色或黄色丝状结块，使青贮饲料发霉变质并有不良气味，降低青贮饲料品质甚至不能利用。

2. 青贮发酵过程 根据青贮条件、微生物种类和青贮饲料物质变化，可将正常的青贮发酵过程大体分为3个阶段，即好氧性菌活动阶段、乳酸菌发酵阶段和发酵稳定阶段。

（1）**好氧性菌活动阶段** 这一阶段包括植物呼吸期和好氧性细菌繁殖期。植物呼吸期的主要活动是：青贮初期，新鲜原料植物细胞并未立即死亡，仍有生命活动，利用原料装窖后残存的氧气，继续进行呼吸作用，氧化分解有机物，产生二氧化碳（CO_2）、水（H_2O）和热量，该呼吸作用直到青贮饲料内氧气耗尽而形成厌氧环境时停止。

青贮开始时，由于青贮窖内尚存氧气，附着在原料上的好氧性细菌，如腐败菌、酵母菌、醋酸菌和霉菌等，就会利用青贮原料细胞受机械压榨而排出的富含可溶性碳水化合物的汁液，迅速活动，进行繁殖，分解蛋白质和糖类等营养物质，形成大量气体及其他物质。

如果青贮原料中只有少量氧气，由于植物细胞呼吸和好氧性细菌活动就会很快被耗尽而形成厌氧环境，有利于乳酸菌的发酵；如果青贮原料中氧气过多，植物呼吸时间长，而且好氧性细菌活动旺盛，使青贮饲料营养成分损失过多，还会使原料内温度升高，乳酸菌活动能力降低，影响青贮饲料的品质。因此，青贮时速度要快，原料要切短压实，青贮窖要密封好，以减少呼吸作用和好氧性细菌繁殖的有害影响，提高青贮饲料的质量。

（2）**乳酸菌发酵阶段** 青贮饲料内的氧气被呼吸作用和好氧性微生物耗尽，形成厌氧环境和其他适于乳酸菌活动的条件后，乳酸菌就迅速繁殖，分解可溶性碳水化合物而产生大量乳酸，迅速降低 pH 值，致使腐败菌、酪酸菌等活动受到抑制、停止，以至死亡。当 pH 值下降到 4.2 以下时，各种有害微生物都不能生存，乳酸链球菌的活动也受到抑制。当 pH 值降到 3 时，乳酸杆菌也停止繁殖，乳酸发酵阶段基本结束。

（3）**发酵稳定阶段**　乳酸发酵结束后，青贮饲料内除只有少量乳酸菌存在外，其他各种微生物停止活动，青贮发酵进入稳定状态，饲料中的营养物质不再损失，若密封条件良好，青贮饲料可长期贮藏。

3. 制作优质青贮饲料成功的条件　为了保证制作的青贮饲料优质，就要促进乳酸菌快速生长繁殖，增加酸度，使饲料的 pH 值迅速下降。有利于乳酸菌生长繁殖的条件是：青贮原料应具有适宜的含糖量、适宜的含水量和厌氧环境。

（1）**适宜的含糖量**　为保证乳酸菌生长繁殖，产生足量的乳酸，青贮原料中必须含有足够数量的可溶性糖分。通常把 pH 值为 4.2 时乳酸菌形成乳酸所需的原料含糖量称为最低需要含糖量，原料中实际含糖量大于最低需要含糖量，称为正青贮糖差；原料实际含糖量小于最低需要含糖量，称为负青贮糖差。最低需要含糖量（%）根据饲料的缓冲度计算：

$$饲料最低需要含糖量 = 饲料缓冲度 \times 1.7$$

饲料缓冲度是中和 100 克全干饲料中的碱性元素，并使 pH 值降低到 4.2 时所需要的乳酸克数。青贮发酵消耗的葡萄糖只有 60% 变为乳酸，即形成 1 克乳酸需要葡萄糖 1.7 克（即得 100 ÷ 60＝1.7 的系数）。例如，玉米秸的实际含糖量为 26.8%。最低需要含糖量为 4.95%，青贮糖差 21.85%，为正青贮糖差。一般情况下，禾本科饲料作物和牧草含糖量最高，容易青贮；豆科饲料作物和牧草含糖量低，不易青贮。所以，要保证青贮饲料质量，最好选用正青贮糖差原料。

（2）**适宜的含水量**　青贮原料中含有适量水分，是保证乳酸菌正常活动的重要条件。含水量过多或过少，都能影响青贮发酵效果和青贮饲料的质量。如水分过多，易将原料压实结块，利于酪酸菌的活动，植物细胞汁液也被挤压流失，使养分损失。水分过少时青贮原料不易压实，窖内残存较多空气，使好氧性细菌大量繁殖，易使饲料变质。

适宜乳酸菌活动的含水量因青贮原料的种类不同而异，一般禾本科植物为65%～75%、豆科植物为60%～70%。生产现场判断适于青贮的原料含水量的简单方法是：抓一把切碎的原料或揉成团的牧草，紧握在手掌中握成拳约1分钟，此时手指缝中有汁液流出，说明原料含水率大于75%，以汁液多少来判断为80%或85%等；若指缝无汁液流出，松开手掌，饲料成团，含水率为68%～75%；若饲料不成团慢慢松散开来，含水率为60%～67%；手放开，饲料也散开，含水量在60%以下，含水量过多或过少的青贮原料，青贮时应进行适当的处理和调节，使其水分含量达到技术要求后再青贮，以保证青贮饲料的质量。

（3）创造厌氧环境　厌氧环境有利于乳酸菌的生长繁殖，因此在青贮操作时，要做到原料切短、装紧压实、密封良好。原料切短或粉碎后青贮，使原料植物细胞汁液渗出，溶于其中的糖分附于原料表层，有利于乳酸菌的繁殖。同时，原料切短后青贮也易于装紧压实，尽量减少窖内残存空气并迅速密封，以降低植物细胞呼吸作用造成的损失，造成厌氧环境，使好氧性细菌的活动受到抑制以至死亡，促进乳酸菌的快速繁殖，酸度下降，使青贮饲料制作成功。

4. 青贮制作的方法步骤

（1）青贮设施　常用的青贮设施的形式有青贮塔、青贮窖、青贮壕等青贮设施及青贮袋等。应选地势干燥、地质坚实、地下水位低，距羊舍较近而又远离水源和粪坑的地方。青贮设施应不透气，要有一定的深度，宽度或直径一般应小于深度，宽深比为1∶1.5或1∶2以利于借青贮原料本身重量而压紧压实。不漏水，远离水源和粪坑，密封性好。永久性窖底部应用黏土夯实，然后用砖垫底，四周用砖砌平，内部表面光滑平坦垂直。建造要简便、造价低。

①青贮壕 青贮壕是指大型的壕沟式青贮设施，适应于大中型养殖场，可分为地下式、半地下式和地上式。地下式、半地下式适应于地下水位低，我国北方的寒冷季节。此类建筑应选择在地势高、干燥或有斜坡的地方，开口在低处，以便夏季排出雨水，青贮壕一般宽4～6米。

便于链轨拖拉机压实，深6～9米，宽深之比以1：（1.5～2）为宜，如是半地下式地上部分一般为2～3米，长度可根据饲养的肉牛头数和贮量而定，一般为20～40米。青贮壕三面为墙，地势低的一端为开口，以便人工式机械化机具装填压紧操作，有条件的地方应建筑永久性的青贮壕。用砖、石、水泥建成的永久性青贮设施，坚固耐用，内壁光滑，不透气，不漏水，可保证青贮效果。

②青贮袋 选用质量好的较厚实的塑料膜制成圆筒形的塑料袋，作为青贮"容器"，进行少量青贮。塑料袋用两层塑料膜制成，小型袋一般宽0.5米、长0.8～1.2米，每袋可装40～50千克，大型袋可根据需要而定。"袋式青贮"也适合苜蓿、玉米秸等青贮原料的大批量青贮，就是将原料切碎后，高密度地装入由塑料拉伸膜制成的专用青贮袋密封后青贮，还可将原料揉碎后用打捆机高密度压实打捆，再用囊包机把草捆用青贮塑料拉伸膜囊包进行青贮。

经"袋式青贮"和"囊包青贮"加工制作的青贮饲料，质量好，消化率高，适口性好，储存、取饲方便，饲养场可根据生产、资金等实际情况选用这项青贮设备和技术。

（2）青贮设施容量的确定 建造青贮设施的容积要依羊的数量、青贮饲料饲喂天数、每天的用量、原料的多少而定。在实际饲用中，要考虑到饲用青贮饲料期间每日由青贮设施中取出青贮饲料的厚度不应少于0.1米，才能保证羊每日能吃到新鲜的青贮饲料。如果羊的头数少、青贮设施容积大，每日不能由整个青贮饲料的表面均匀地取出一层，则表面青贮饲料必将引起二次发酵，霉败变质或丧失水分而干枯。即使是优质的青贮饲料，在实际饲喂时，羊采食到的也只是干枯和霉败青贮饲料，造成浪费。另一种情况，羊的头数多、青贮设施的容积小，每日必须挖取很厚的一层青贮饲料，青贮容量不够，保证不了供应。原则上用量少宜做成青贮窖，用料多宜做成长方形青贮壕。青贮设施大，储存原料多，四壁和底部损失原料的比例相对较少，深度大，青贮易下沉压紧，浅则压不紧，容易变坏，同样容积青贮设施，四壁面积愈小，贮藏损失愈少。

第一步，要根据青贮饲料单位体积的重量进行计算，由各种青贮设施的有效容量等于有效容积即体积［圆形窖（米^3）＝内径底面积×内径高；长方形设施（米^3）＝设施的内容积（长×宽×高）］乘以各种原料的单位体积重量（表3-1）。

表3-1 青贮饲料原料重量估计

青贮原料种类	青贮饲料重量（千克/米^3）	青贮原料种类	青贮饲料重量（千克/米^3）
全株玉米、向日葵	500～550	萝卜叶、芜菁叶	600
玉米秸	450～500	叶菜类	800
甘薯藤	700～750	牧草、野草	600

第二步，设计养羊场每天消耗的青贮料量。例如，某肉羊全年育肥1000头育肥羊，每头育肥羊每天平均饲喂全株青贮玉米1.5千克，全年则需547500千克（1.5×1000×365天）。

第三步，养羊场全年的饲料量除以青贮玉米单位体积的重量500千克，即为所需的青贮设施的容量1095米^3（730000÷500）。

第四步，确定每天取料的容积。由每天的饲喂量1500千克除以青贮玉米单位体积重量，得出每天取料容量为3米^3。初步设计青贮壕深为3米，取料进度约为0.33米，那么宽为3米。壕的建筑要求，宽3米，深为3米。

第五步，确定青贮壕的长度。由每天的取料进度 0.33 米乘以 365 天，就得出青贮壕的长度约为 120 米。

由以上 5 个步骤计算出，全年饲养 1 000 头育肥羊的青贮壕的尺寸为宽 3 米、深 3 米、长 120 米，每天取 0.33 米，可满足全年 365 天的需要。如果全株玉米青贮结合豆科玉米青贮，可取得良好的饲喂效果，节省精饲料的饲喂量。

切碎长度对细茎牧草如禾本科牧草、豆科牧草、其他科牧草，一般切成 2.0～3 厘米长的小段，而粗茎或粗硬的牧草或饲用植物，如玉米、向日葵等，切成 0.5～2 厘米的小段为宜。一些柔软的幼嫩牧草可不切而直接青贮。原料的含水量越低，切割应越短。

青贮原料切碎的目的是便于压实，增加青贮饲料密度，排出空隙间的空气，并使植物细胞渗出汁液，浸湿饲料表面，有利于乳酸菌的生长发育，同时便于以后取用和羊的采食。

（3）青贮原料选择 凡无毒的新鲜植物均可作青贮，尤其是在我国目前饲料不足的条件下，作物秸秆、人工栽培牧草、青绿饲草都可作为青贮饲料的原料，保存饲料营养提高利用率。主要的青贮原料有青饲料和秸秆类饲料。

人工栽培牧草及饲料作物。人工栽培牧草是主要的青贮原料。人工栽培牧草有豆科牧草和禾本科牧草，它们是羊的优良饲草资源。

①豆科牧草 豆科牧草不宜单独青贮，由于其蛋白质含量较高而糖分含量低，满足不了乳酸菌对糖分的需要，单独青贮时容易腐烂变质。为了增加糖分含量，可采用与禾本科牧草或饲养作物混合青贮。

②禾本科牧草 主要的禾本科牧草有多年生黑麦草、鸡脚草、无芒雀麦、牛尾草、羊草、披碱草、象草、苏丹草。禾本科牧草青贮的适宜收割期为抽穗期。单在实际生产中，常不能做到适时收割，而根据牧草的含水量，可采用高、中、低水分青贮法。

③禾谷类作物 禾谷类作物是目前我国专门种植作为青贮原

料的最主要作物。其中，首推玉米，其次是高粱等。青玉米秸分布广、产量大，为高产饲料作物，每公顷可产5万千克以上的青绿饲料，富含糖分被认为是近似完美的青贮原料，是我国青贮的主要禾谷类作物原料。玉米干物质含量及其可消化的有机质含量均较高，富含水溶性碳水化合物。其主要组分为蔗糖、葡萄糖和果糖，很容易被乳酸菌发酵而生成乳酸，成熟期全株玉米干物质（DM）含量为23.6%～33.5%，干物质中可消化有机物质为69.2%～77.2%。

（4）**青贮饲料方法步骤**　常规青贮前要做好准备和组织工作，事先要对青贮设备、机械、车辆进行检查，特别是要搞好青贮窖等青贮容器的卫生清理工作，合格后再使用。要组织好人员，连续作业，尽量使制作工艺紧凑，以便在尽可能短的时间内完成。

①**适时刈割**　收获优良的青贮原料是制作优质青贮饲料的物质基础。选择适宜的刈割期，不但能在单位面积上获得最大营养物质产量，而且还可使原料含水量适中，可溶性碳水化合物含量较高，有利于乳酸发酵，制成优质青贮饲料。一般情况下，根据青贮原料种类、品种及青贮饲料的品质要求等确定适宜的刈割期，禾本科牧草宜在孕穗至抽穗期刈割，豆类牧草在现蕾至开花初期刈割，整株玉米青贮应在蜡熟期刈割（蜡熟期的标志是靠近籽粒尖的几层细胞变黑而形成黑层），果穗收获后的玉米秸青贮，宜在果穗成熟，仅下部1～2片叶枯黄时收割；或果穗成熟时，在果穗上部保留1片叶削尖后青贮。

②**原料切短**　原料刈割后应立即运送到青贮地点切短青贮。切短可使原料踩压紧实，排出空气，还可使原料汁液渗出，润湿表面，有利于乳酸发酵，提高青贮饲料的品质。

切短的程度根据饲喂家畜的种类和原料性质确定，饲喂牛、羊的禾本科和豆科牧草宜切成2～3厘米，玉米秸等切成0.5～2厘米，幼嫩原料可长些；在进行栽培牧草与饲料作物青贮时，应根据牧草茎秆柔软程度，决定切碎长度，禾本科牧草及一些豆科牧草（苜蓿、三叶草等）茎秆柔软，切碎长度应为3～4厘米。沙打旺、红豆草等茎秆较粗硬的牧草，切碎长度为 1～2 厘米。小量青贮可用人工铡草机切短，大量青贮可用青贮切碎机。使用青贮玉米联合收割机，一次完成割、切作业效率更高。

③调节含水量　含水量按青贮温度要求进行。一般青贮原料含水量宜在 65%～75%，半干青贮可低于 50%～55%。刈割的青草含水量过高（在 75% 以上），可加入干草、秸秆、糠麸等，或稍加晾晒以降低水分含量。一些谷物秸秆含水量过低，可以与含水较多的青绿原料混贮，也可以根据实际含水情况加水，添加的水应与原料搅拌均匀，水分含量可用手挤压测定。

④装填与压实　切短的原料应立即填入窖压实，以防水分损失。原料入窖时，要层层装填层层压实，尤其要注意窖的四周边缘和窖角，大型长形青贮壕用链轨拖拉机反复压实，中小型青贮壕最好用拖拉机反复压实，或用重锤人工捣实，或人工用脚踩实，压不到的地方一定要人工踩实，如果用脚踩实，踩至脚踏堆贮物没有弹性时，可认为紧密了。为了保证青贮原料的人工踩实，每平方米最少需要 1 人。当不易青贮的植物、非青贮植物与易青贮植物混合青贮时，以及含水量多的与干饲料混合青贮时，必须保证原料搅拌均匀。尽管青贮原料经过压实处理，但几天后也要发生下沉，所以装填青贮原料应高出青贮设施的边缘。一般高出 1 米左右。一般来说，一个青贮设施，要在 2～5 天装满压实，装填时间越短，青贮品质越好。对青贮壕装填采用分段装填较好，从壕的一端开始，每天必须装满一段。

⑤密封覆盖　原料装填压实后，应立即密封和覆盖。先在原料上面盖一层切短的秸秆或软草（厚 20～30 厘米），草上再铺塑料薄膜，然后再用土覆盖拍实（土厚 30～50 厘米），窖顶呈馒头状以便排水，窖周围（距窖 1 米）再挖排水沟。密封后还要经常检查，发现裂缝及时补好。不能拖延密封期，否则温度上升，pH 值增高，营养损失增加，青贮饲料品质差。密封后，尚需经常检查，发现漏缝处及时修补，杜绝透气并防止雨水渗入室内。

5. 青贮饲料的品质鉴定　青贮饲料在饲用前，应进行质量鉴定，以判定青贮饲料品质的好坏。青贮饲料品质鉴定方法分为两种：感官评定和实验室鉴定。

（1）**感官评定** 青贮饲料开窖取用时，从饲料的色泽、气味和质地等方面进行感官评定（表3-2）。

①色泽 青贮饲料的颜色，一般是越接近原料的颜色品质越好，品质优良的青贮饲料呈青绿色或黄绿色，中等的呈黄褐色或暗绿色，品质低劣的多呈褐色或黑色。

②气味 优良的青贮饲料具有轻微的酸味和水果香味，中等的具有刺鼻的酸味，劣质的具有腐败的臭味或霉烂味不能饲用。

③质地 优良的青贮饲料，在窖内挺坚实，但拿在手上却较松散，质地柔软、湿润，茎叶花保持原样。中等的茎叶部分保持原样，柔软，水分略多。劣质的分不清原来结构，黏结成团。

表3-2 青贮饲料的感官鉴定标准

等级	颜色	气味	酸味	质地
优良	青绿色或黄绿色，有光泽	芳香酸味，水果酒酸味	浓	茎叶结构良好，叶脉明显，柔软湿润
中等	黄褐色或暗绿色	刺鼻酸味，香味淡	中等	叶茎部分保持原样，柔软，水分稍多
劣等	褐色或暗黑绿色	腐臭味或霉烂味	淡	腐烂，污泥状黏滑，黏结成团，或干燥，无结构

（2）**实验室鉴定** 用化学分析方法测定青贮饲料的酸度、氨态氮和有机酸含量，判定发酵情况。

①酸度 青贮饲料的酸度（pH值）实验室可用酸度计测定，生产现场可用精密石蕊试纸测定。优良的青贮饲料pH值在4.2以下，中等pH值为4.2～4.8，劣质的pH值为5.5～6，甚至更高。

②氨态氮 青贮饲料氨态氮与总氮的比值反映了蛋白质及氨基酸分解程度，比值越大，表明蛋白质分解越多，青贮饲料品质

较差。

③有机酸含量 青贮饲料中有机酸总量及其构成能反映青贮发酵程度，优良的青贮饲料含有较多的乳酸和少量乙酸（乳酸所占比例越大越好），不含酪酸。品质低劣的青贮饲料含酪酸多，乳酸少。

［案例3-3］ 肉羊全混合日粮配制技术与实例

全混合日粮是根据动物需要的粗蛋白质、能量、粗纤维、矿物质、维生素等，按照营养需要提供的配方，用特制的搅拌机对所有日粮组分（如粗饲料、精饲料和各种添加剂等）进行切割、揉搓和搅拌而形成的精粗比例适宜、营养均衡的全价日粮。全混合日粮各组分比例适当、营养均衡、精粗比适宜，可减少肉羊消化道疾病、食欲不振、营养应激等的发生，显著提高肉羊生产性能及饲料利用效率，是肉羊标准化养殖的必然选择。全混合日粮配制及生产技术的核心是日粮配方，本文介绍了全混合日粮配方的设计方法，旨在推动肉羊全混合日粮的普及和应用，促进肉羊规模化、标准化养殖的发展。

1. 全混合日粮配方设计的步骤和方法

（1）明确营养需要量 根据羊的品种、经济类型、生长发育阶段、生产性能等条件，确定营养指标及需要量。

（2）选择饲料原料 在充分调查和了解当地饲料原料生产和供应情况、饲料价格等的基础上，本着"因地制宜、就地取材、经济实用"的原则，选择饲料原料并确定其营养成分及含量。

（3）确定青粗饲料用量 根据干物质需要量、青粗饲料营养特性、青粗饲料资源状况及价格等，确定粗饲料比例及各种粗饲料用量，并计算青饲料、粗饲料及青贮饲料的营养物质提供量。

（4）确定精饲料用量 从特定生理状态下羊营养物质总需要量中扣除青饲料、粗饲料、青贮饲料等提供的营养物质数量，作为精饲料需要提供的营养量，然后以此为依据计算各种精饲料用量。

（5）确定矿物质及饲料添加剂用量 根据青饲料、粗饲料、精饲料等提供的矿物质数量，计算并确定矿物质饲料用量。

（6）列出配方并计算营养水平　根据各种饲料实际用量，换算出百分比配方或每批次各饲料用量，并计算日粮的营养水平。

2. 全混合日粮配方设计过程示例

现有玉米、麦麸、豆粕、棉籽粕、玉米秸、花生秧、全株玉米青贮、食盐、1%复合预混料，为体重30千克、预期日增重200克的育肥绵羊设计全混合日粮配方。

（1）确定营养需要量　从肉羊饲养标准（NY/T 816—2004）中查得体重30千克、预期日增重200克的育肥绵羊的营养需要量如表3-3所示。

表3-3　体重30千克、预期日增重200克的育肥绵羊的营养需要量

干物质自由采食量 （千克/天）	消化能 （兆焦/千克）	粗蛋白质 （克/天）	钙 （克/天）	磷 （克/天）	氯化钠 （克/天）
1.1	15.0	178.0	3.6	3.0	8.6

（2）确定饲料原料的营养成分含量　由肉羊常用饲料成分与营养价值表查得各饲料的营养成分含量如表3-4所示。

表3-4　各饲料的营养成分含量

原　料	干物质（%）	消化能（兆焦）	粗蛋白质（%）	钙（%）	磷（%）
玉米秸	90.00	5.83	5.90		
花生秧	91.30	9.48	11.00	2.46	0.04
全株玉米青贮	23.00	2.21	2.80	0.18	0.05
玉　米	86.00	14.27	8.70	0.02	0.27
麦　麸	87.00	12.10	14.30	0.10	0.93
豆　粕	89.00	12.47	44.00	0.33	0.62
棉籽饼	90.00	12.47	43.50	0.28	1.04

（3）确定粗饲料用量并计算营养物质提供量　一般来说，育肥绵羊日粮中粗饲料应占日粮干物质的30%～50%，后备种羊及育成羊应占60%以上。若按粗饲料提供干物质60%，粗饲料干物质中全株玉米青贮占60%、花生秧和玉米秸各占20%计，则各种粗饲料用量及其提供的养分量如表3-5所示。

表3-5　各种粗饲料用量及其提供的养分量

粗饲料	用量②/（千克）	干物质①/（千克）	消化能③/（兆焦）	粗蛋白质③/（克）	钙③/（克）	磷③/（克）
玉米秸	0.147	0.132	0.857	8.673		
花生秧	0.145	0.132	1.375	15.950	5.567	0.058
全株玉米青贮	1.722	0.396	3.806	48.216	3.100	0.861
合　计	2.014	0.660	6.038	72.839	6.667	0.919
标　准		1.100	15.000	178.000	3.600	3.000
与标准相差		～0.440	～8.962	～105.161	+3.067	～2.081

注：①以"DMI×60%×粗料中设定比例"计算；②以"①/原料干物质含量"计算；③以"②×各养分含量"计算。

（4）计算精饲料用量及其养分提供量　计算精饲料用量时，首先应满足干物质需要量，然后再考虑各种营养物质数量。在营养指标中，考虑的顺序依次为：消化能→粗蛋白质→磷→钙→氯化钠。由表3-5可知，青粗饲料可提供饲料干物质0.66千克，而体重30千克、预期日增重200克的育肥绵羊每天干物质的总需要量为1.10千克，尚缺0.44千克。因此，混合精料应提供的干物质数量为0.44千克。若按干物质中玉米占60%、麦麸占10%、豆粕占10%、棉籽粕占20%计，各种精饲料用量及其提供的养分量如表3-6所示。

表 3-6　各种精饲料用量及其提供的养分量

精饲料	用量 /（千克）	干物质④ /（千克）	消化能 /（兆焦）	粗蛋白质 /（克）	钙 /（克）	磷 /（克）
玉　米	0.307	0.264	4.381	26.709	0.061	0.829
麦　麸	0.051	0.044	0.617	7.293	0.051	0.474
豆　粕	0.049	0.044	0.699	21.560	0.162	0.304
棉籽饼	0.098	0.088	1.222	42.630	0.274	1.019
合　计	0.505	0.440	6.919	98.192	0.548	2.626
需精料补充		0.440	8.926	105.161	～3.067	2.081
差值		0.000	～2.043	～6.969	+3.615	+0.545

注：④以"0.44×精饲料中设定比例"计算。

　　由分析表 3-6 可知，上述日粮配方中，除了消化能和粗蛋白质不能满足需要外，其余指标均符合或超过需要量。若用玉米补充目前尚缺乏的消化能，需要额外添加玉米 0.143（2.043/14.270）千克，0.143 千克的玉米可提供粗蛋白质 12.411 克，因此粗蛋白质也能满足需要。

　　（5）确定矿物质及饲料添加剂用量　食盐按每日需要量添加即可。微量元素及维生素等微营养成分可以添加剂预混料补充。添加剂预混料的添加量一般以风干物质确定，实际生产中风干饲料中干物质的含量可以 90% 计，添加剂预混料的用量为 0.012（1.100/90%×1%）千克。

　　（6）列出配方并计算日粮营养水平　经上述计算可知，体重 30 千克、预期日增重 200 克的育肥绵羊每天的日粮组成为：全株玉米青贮 1722.0 克，花生秧 145.0 克，玉米秸 147.0 克，玉米 450.0 克，麦麸 51.0 克，豆粕 49.0 克，棉籽粕 98.0 克，添加剂预混料 12.0 克，食盐 8.6 克，合计 2682.6 克。

　　若要换算成百分比配方，用各种原料的用量除以总用量即可。经计算，百分比配方为：全株玉米青贮 64.19%，花生秧 5.41%，玉米秸 5.48%，玉米 16.77%，麦麸 1.90%，豆粕 1.83%，棉籽粕 3.65%，添加剂预混料 0.45%，食盐 0.32%，合计 100.00%。经验算，该配方含：干物质 45.71%，消化能 5.60 千焦 / 千克，粗蛋白质 6.88%，钙 0.27%，磷 0.12%。

实际生产中，为了配料方便，通常还需将百分比配方换算成每批次混合时的实际添加量。若某羊场现用全混合日粮搅拌机每批次混合 500 千克，则每批次各种原料的实际添加量均可用各种原料的百分比乘以 500 即可。

3. 全混合日粮配方设计的注意事项

为了使全混合日粮既能够满足羊的营养需要，获得较高的生产性能，又能最大限度地降低饲料成本，获得较高的经济效益，并能保障产品的安全性，设计日粮配方时必须注意以下事项。

（1）生理阶段的划分 分群饲养是应用全混合日粮的重要前提。只有根据羊的生长发育规律及营养需要特点，合理划分生理阶段，实行分群饲养，才能真正满足各阶段羊对各种营养物质的需要，实现肉羊养殖高产、高效、低成本的目标。我国肉羊饲养标准（NY/T 816—2004）将绵羊划分为生长育肥羔羊（体重 4～20 千克）、育成母羊（体重 25～50 千克）、育成公羊（体重 20～70 千克）、育肥羊（体重 20～45 千克）、妊娠母羊（前期、后期）及泌乳母羊 6 个阶段，将山羊划分为生长育肥羔羊（体重 0～16 千克）、育肥山羊（体重 15～30 千克）、后备公羊（体重 12～24 千克）、妊娠母羊（空怀期、妊娠前 90 天、妊娠 91～120 天、妊娠 120 天以上）及泌乳母羊（前期 1～30 天、后 31～70 天）5 个阶段。

上述生理阶段的划分，可以作为肉羊全混合日粮配制的参考。但由于我国羊品种较多、成年羊体型及生长速度（平均日增重）差异较大等，生产实践中还需根据不同羊场的实际情况适当调整。

（2）营养需要量的确定 营养需要量是设计全混合日粮配方的重要依据。我国肉羊饲养标准（NY/T 816—2004）中各种营养物质的需要量是根据肉羊品种（如山羊、绵羊）、生理阶段、体重、预期日增重等条件而制定的，具体应用时，对同一生理阶段或体重的肉羊，可按中等生产水平的需要量为依据进行日粮配方设计。饲喂日粮时可任羊自由采食，通过采食量的变化控制各种养分的摄入量。

（3）饲料营养成分的确定　饲料营养成分也是设计全混合日粮配方的重要依据。但羊饲料种类繁多、地域性较强，对于常规养分最好进行实际测定，而有效能（消化能或代谢能）指标则可参照相关数据库，但此时必须注意样品描述。只有样品描述相同或相近且易于测定的指标（如粗蛋白质、水分、钙、磷、粗纤维、粗脂肪等）与实测值相近，才能加以应用。

（4）精、粗饲料比例的确定　精、粗饲料比例主要取决于羊的品种、生理阶段、生产水平及粗饲料品质等因素。一般来说，山羊精粗饲料比例较低，而绵羊较高；育成羊、后备羊、妊娠母羊、非配种期种公羊精粗饲料比例可适当降低，而育肥羊、妊娠后期母羊、泌乳期母羊、配种期种公羊应适当提高；另外，粗饲料品质较好的情况下，精、粗饲料比例应适当降低。

（5）饲料原料的选择　饲料成本通常占肉羊生产总成本的60%以上，因此在设计日粮配方时，必须注意经济原则，使日粮既能满足羊的营养需要，又能尽可能地降低成本，防止片面追求高质量。所用原料要尽量选择当地生产量较大且价格较低廉的饲料，而少用或不用价格昂贵的饲料。另外，选择原料时，必须考虑其安全性，禁止使用发霉、变质、酸败、被霉菌毒素污染等不合格的饲料原料；禁止使用除乳制品以外的动物源性饲料原料；对于某些含有毒有害物质的饲料原料，应经脱毒处理后再使用或限量使用；对于饲料添加剂，必须遵守国家相关法律、法规的规定，确保羊肉产品的安全性。

全混合日粮的配制是肉羊标准化、规模化养殖的主要支撑技术，也是肉羊规模化养殖的应用趋势。而日粮配方是全混合日粮生产的主要技术依据，因地制宜地合理设计日粮配方，可实现肉羊养殖的高产、高效、低成本，从而保证肉羊生产的可持续发展。

五、肉羊的饲养管理

（一）规模羊场饲养管理重点掌握的几个原则

1. 科学饲喂原则　肉羊饲喂要合理搭配精、粗饲料，饮水充足清洁。放牧的羊群夏、秋季节只要肉羊能吃饱青绿饲料，补充食盐、骨粉，一般不需再补充精饲料。但对妊娠后期、哺乳期母羊和种公羊必须补充一定数量的精饲料。冬、春枯草季节，主要饲喂作物秸秆、青干草和青贮饲料等。由于气温低，羊体热散失大，必须补充精饲料。粗饲料以甘薯秧、花生秧为佳，精饲料要求营养配合全价，包含蛋白质、维生素及矿物质元素，饲喂方式以先粗后精为佳。精饲料饲喂前先用水泡透，冬天温热后再喂。草料要少喂勤添，以免浪费。不可突然更换草料，以防引起羊的消化道疾病。舍饲肉羊最好使用全混合日粮进行饲喂。

2. 放牧羊群四季放牧原则

（1）春季　枯草开始返青，啃食了一冬秸秆的羊，放牧时容易出现"抢青"。因此，要采用慢放的办法，前挡后让，防止肉羊过多奔跑，消耗体力，影响保膘。春季气候忽冷忽热，所以出牧宜迟，归牧宜早，中午不回圈，让羊多采食。

（2）夏季　牧草生长茂盛，是抓膘的有利时机。要延长放牧时间，早出晚归，中午让羊多休息，供足盐，饮好水，注意防暑，避免蚊蝇叮咬。

（3）秋季　牧草结籽，营养丰富，羊的食欲旺盛，是抓膘的黄金季节。放牧时应晚出晚归，避开早晨雾露，中午不回圈，尽量延长放牧时间。

（4）冬季　一般不宜出牧。有条件的地区可以利用中午时间进行短牧，但要注意结合补饲，搞好羊舍保温工作，减少羊体热散失，增强其体质。

3. 舍饲肉羊合理分群原则　肉羊的规模饲养，合理分群是一项重要的管理措施，其主要目的在于便于饲喂和管理，提高整个羊群的生产水平。分群原则如下：

（1）公、母分群　防止滥交滥配，打乱正常的配种计划。

（2）强、弱分群　同一羊群中，由于年龄、体质及好斗性各不相同，往往出现以强欺弱、弱者吃不上草料的现象，影响正常生产。

（3）妊娠后期及哺乳母羊单独饲喂　母羊在妊娠后期及哺乳期，需要大量的营养物质供给及安静的环境。如果同群饲喂，不但营养物质得不到满足，而且往往因其他羊只的顶撞容易出现流产。

（4）种公羊　要单独管理。

4. 定期驱虫、定期防疫原则

（1）定期驱虫　肉羊的寄生虫病发生较为普遍，放牧肉羊较舍饲肉羊常见。患病羊重者死亡，轻者消瘦，生长缓慢。因此，每年要进行春秋 2 次驱虫或常年 3 次驱虫。常用的药物有伊维菌素、阿苯达唑、左旋咪唑、氯氰碘柳胺钠和吡喹酮等。羊驱虫 7～10 天要再进行 1 次驱虫，以加强驱虫效果。体外寄生虫如疥螨、蜱虫、跳蚤等，可用敌百虫和溴氰菊酯等进行喷洒或药浴。驱虫后的羊粪要进行堆积发酵，以杀灭虫卵和幼虫。

（2）疫苗注射　常用的疫苗有破伤风类毒素、三联四防疫苗、羊痘疫苗、口蹄疫疫苗、山羊传染性胸膜炎疫苗和小反刍兽疫疫苗。

①破伤风类毒素　用于预防羊的破伤风，羔羊出生当日和去势前 1 个月接种，山羊、绵羊不论大小一律皮下注射 0.5 毫升。注射后 1 个月产生免疫力，免疫时间 1 年。

②三联四防疫苗　用于预防羊快疫、羊猝疽、羊黑疫和羊肠毒血病等羊类主要传染病。每年 2 月下旬至 3 月上旬和每年 9 月下旬（羔羊满月后注射，新引进羊只到场 2 周左右）接种，颈部肌内或皮下注射 1 头份（1 毫升）。免疫时间 6 个月。

③口蹄疫疫苗　口蹄疫疫苗是一种灭活苗，用于防治口蹄疫的

发生、流行。疫苗应在2℃～8℃条件下避光保存，严防冻结。每年3月份和9月份（羔羊满3个月后注射，新引进羊只随大群羊）接种，颈部皮下注射1头份（1毫升），免疫期6个月。

④羊痘疫苗　用于预防山羊痘及绵羊痘，每年2～3月份（羔羊满2个月后注射，新引进羊只到场1周左右）接种，无论大小均在尾部内侧皮内注射1头份。免疫期1年。

⑤山羊传染性胸膜肺炎疫苗　用于预防羊传染性胸膜肺炎，为灭活苗，2℃～8℃保存。春季接种（新引进羊只1个月左右），6月龄以上羊只接种5毫升，6月龄以下羊只接种3毫升，颈部皮下或肌内注射，免疫期1年。

⑥小反刍兽疫疫苗　预防羊小反刍兽疫（羊瘟），-15℃保存，颈部皮下注射1头份（稀释后1毫升）。

5. 搞好环境卫生，定期预防性消毒原则　搞好羊舍环境卫生，对减少疫病的发生有重要作用。羊舍要求清洁、干燥，空气新鲜，阳光充足，冬暖夏凉，羊粪要及时收集，并堆积发酵，以杀灭寄生虫卵。对羊舍用具和运动场要用3%来苏儿、2%甲醛溶液、20%新鲜石灰水、碘类消毒水等定期消毒。

（二）肉羊饲养管理要点

1. 种公羊的饲养管理　俗话说"母好好一窝，公好好一坡"，种公羊的好坏对羊群影响很大。因此，对种公羊的饲养管理要求比较严格。种公羊的饲养应保持中上等膘情。种公羊的饲养可分为配种期饲养和非配种期饲养。配种期饲养又可分为配种预备期（指配种前1～1.5个月）及配种期（1～1.5个月）。

（1）非配种期种公羊的饲养管理　非配种季节要保证热量、蛋白质、维生素和矿物质等的充分供给，保持较高营养水平，做到精、粗料合理搭配，补喂适量多汁饲料或青贮饲料，混合精饲料用量每天不低于0.5千克、优质干草2～3千克。

（2）配种期种公羊的饲养管理　种公羊配种要消耗大量的养分

和体力，除了饲料正常供给外，还要保证每天补饲 1.5～3 千克的混合精饲料，青干草 2 千克，食盐 15～20 克，每日饮水 3 次，并在日粮中增加部分动物性蛋白质（如鱼粉、血粉、肉骨粉和鸡蛋等）以保持良好的精液品质。种公羊配种前 1～1.5 个月开始采精，同时检查精液品质。开始时 1 周采精 1 次，以后增加到 1 周 2 次，然后 2 天 1 次，到配种时每天可采精 1～2 次。对小于 18 月龄的种公羊 1 天内采精不得超过 2 次，且不要连续采精；2 岁半以上的种公羊每天采精 3～4 次，最多 5～6 次。采精次数多时，每次间隔需在 2 小时左右，使种公羊有休息时间。公羊采精前不宜吃得过饱。对精液密度较低的种公羊，日粮中还可加一些动物性蛋白质，如鱼粉、发酵血粉等，同时要加强运动，特别是对精子活力较差的种公羊要加强运动。

2. 母羊的饲养管理　母羊的饲养管理可分为空怀期、妊娠期和哺乳期 3 个阶段。对每个阶段的母羊应根据其配种、妊娠、哺乳等不同的生产任务和生理阶段对营养物质的需求，给予合理饲养，使母羊能正常地发情配种和繁殖。产羔后，母羊体内应储备一定的营养，以满足泌乳的需求，为羔羊的生长发育奠定良好的基础。

（1）空怀期母羊的饲养管理　空怀期母羊的饲养管理相对比较粗放，一般不补饲或只补饲少量的干草。由于各地产羔季节不同，产冬羔的母羊一般 5～7 月份为空怀期，产春羔的母羊一般 8～10 月份为空怀期。空怀期的母羊主要是在羔羊断奶后，恢复体况，这期间牧草繁茂、营养丰富，抓好放牧，能很快复壮。一般经过 2 个月抓膘，可增重 10～15 千克，为配种做好准备。因此，加强空怀期母羊的饲养管理，对提高母羊的繁殖力十分重要。

（2）妊娠期母羊的饲养管理　母羊妊娠期的饲养管理无论是对羔羊还是母羊都有重要的作用。饲养效果的好坏直接影响着母羊的繁殖力和生产力。羊的妊娠期约为 5 个月，分为妊娠前期和妊娠后期 2 个阶段。妊娠前期是受胎后前 3 个月，其特点是胎儿增重较缓慢，所需营养少，所需营养与空怀期基本相同，但要避免吃霉烂饲料，不要让羊猛跑，不饮冰碴水，以防早期隐性流产。在夏、秋季节，一般以放牧为主，不补饲或少量补饲精饲料，冬季应补些精饲料或青干草。妊娠后期即妊娠的最后 2 个月，此时胎儿生长迅速，妊娠期胎儿增重的 80%～90% 是在此阶段完成的。因此，这一阶段需要给母羊提供营养充足、全价的饲料。如果此期母羊营养不足，母羊体质差，会影响胎儿的生长发育，羔羊出生体重小，抵抗力弱，极易发生疾病，羔羊成活率低。所以，母羊除放牧外，还需补饲一定的混合精料和优质干草。一般每天可补精饲料 0.45 千克，干草 1～1.5 千克，青贮饲料 1 千克，胡萝卜 0.5 千克。

精饲料参考配方见表 3-7 至表 3-10。

表 3-7　空怀和妊娠前期母羊配方一

饲料原料	配比（%）	营养成分	含　量
玉　米	57.5	干物质（%）	86.82
大豆粕	20	粗蛋白质（%）	16.43
麦　麸	18	粗脂肪（%）	3.15
石　粉	1.5	粗纤维（%）	3.54
磷酸氢钙	1	钙（%）	0.86
食　盐	1	磷（%）	0.61
预混料	1	食盐（%）	0.98
合　计	100	消化能（兆焦/千克）	13.09

表 3-8　空怀和妊娠前期母羊配方二

饲料原料	配比（%）	营养成分	含　量
玉　米	58	干物质（%）	86.90
棉籽粕	13	粗蛋白质（%）	14.99
麦　麸	10	粗脂肪（%）	4.31
米　糠	10	粗纤维（%）	3.96

续表 3-8

饲料原料	配比（%）	营养成分	含　量
大豆粕	5	钙（%）	0.90
石　粉	2	磷（%）	0.63
预混料	1	食盐（%）	0.49
磷酸氢钙	0.5	消化能（兆焦/千克）	13.16
食　盐	0.5		
合　计	100		

表 3-9　妊娠后期母羊混合精饲料配方一

饲料原料	配比（%）	营养成分	含　量
玉　米	55	干物质（%）	86.87
大豆饼	20	粗蛋白质（%）	17.41
麦　麸	15	粗脂肪（%）	3.81
亚麻仁粕	6	粗纤维（%）	3.65
石　粉	1.5	钙（%）	0.76
食　盐	1	磷（%）	0.53
预混料	1	食盐（%）	0.98
磷酸氢钙	0.5	消化能（兆焦/千克）	13.24
合　计	100		

表 3-10　妊娠后期母羊混合精饲料配方二

饲料原料	配比（%）	营养成分	含　量
玉　米	55	干物质（%）	87.02
米　糠	15.5	粗蛋白质（%）	16.72
棉籽粕	14	粗脂肪（%）	4.80
菜籽粕	12	粗纤维（%）	4.59
石　粉	2	钙（%）	0.83
预混料	1	磷（%）	0.63

续表 3-10

饲料原料	配比（%）	营养成分	含　量
食　盐	0.5	食盐（%）	0.49
合　计	100	消化能（兆焦/千克）	13.17

3. 哺乳期母羊的饲养管理　一般哺乳期为 120 天，哺乳期分为哺乳前期和哺乳后期。

哺乳前期，尤其是出生后 15～20 天，母乳是羔羊唯一的营养来源。为满足羔羊快速生长发育的需要，必须提高母羊的营养水平，提高泌乳量。饲料应尽可能多地提供优质干草、青贮饲料及多汁饲料，饮水要充足。

哺乳后期，哺乳后期母羊泌乳力下降，加之羔羊前 3 胃发育基本完成，已初步具备消化粗纤维的能力，因此哺乳后期舍饲羊即可恢复正常饲养水平。放牧母羊除放牧采食外，还可酌情补喂精饲料。

哺乳母羊补饲精饲料配方见表 3-11、表 3-12。

表 3-11　哺乳母羊精饲料配方一

饲料原料	配比（%）	营养成分	含　量
玉　米	55	干物质（%）	87.08
菜籽粕	15	粗蛋白质（%）	17.67
棉籽粕	14	粗脂肪（%）	2.76
麦　麸	12	粗纤维（%）	5.13
石　粉	1.5	钙（%）	0.92
磷酸氢钙	1	磷（%）	0.72
预混料	1	食盐（%）	0.49
食　盐	0.5	消化能（兆焦/千克）	12.86
合　计	100		

注：舍饲母羊日粮混合精饲料喂量为 0.4～1.0 千克，哺乳高峰期应加大精料喂量，粗饲料喂量为 0.7～2.0 千克。

表 3-12　哺乳母羊精饲料配方二

饲料原料	配比（%）	营养成分	含　量
玉　米	55	干物质（%）	87.48
大豆粕	12	粗蛋白质（%）	17.94
玉米 DDGS	10	粗脂肪（%）	4.60
玉米胚芽饼	10	粗纤维（%）	3.74
棉籽粕	9	钙（%）	0.86
石　粉	1.5	磷（%）	0.70
磷酸氢钙	1	食盐（%）	0.49
预混料	1	消化能（兆焦 / 千克）	13.51
食　盐	0.5		
合　计	100		

注：舍饲母羊日粮混合精饲料喂量为 0.4～1 千克，哺乳高峰期应加大精饲料喂量，粗饲料喂量为 0.7～2 千克。

4. 羔羊饲养管理　羔羊生长发育快，可塑性大，合理地进行羔羊的培育，可促使其充分发挥先天的性能，又能加强对外界条件的适应能力，有利于个体发育，提高生产力。研究表明，精心培育的羔羊，体重可提高 29%～87%，经济收入可增加 50%。初生羔羊体质较弱，抵抗力差，易发病，搞好羔羊的护理工作是提高羔羊成活率的关键，管理要点如下：

（1）**尽早吃饱初乳**　初乳是指母羊产后 3～5 天分泌的乳汁，其乳质黏稠、营养丰富，易被羔羊消化，是任何食物不可替代的食料。同时，由于初乳中富含镁盐，镁离子具有轻泻作用，能促进胎粪排出，防止便秘；初乳中还含有较多的免疫球蛋白和白蛋白，以及其他抗体和溶菌酶，对抵抗疾病、增强体质具有重要作用。羔羊在初生后 0.5 小时内应该保证吃到初乳，对吃不到初乳的羔羊，最好能让其吃到其他母羊的初乳，否则很难成活。对不会哺乳的羔羊要进行人工辅助羔羊哺乳；对出生的孤羔、缺奶羔羊和多胎羔羊，在保证吃到初乳基础上，要尽快找到保姆羊寄养或人工哺乳，人工哺乳务必做到清洁卫生，定时、定量和定温（35℃～39℃）。哺乳工具用奶瓶或饮奶槽，但要定期消毒、保持清洁，否则容易患消化道疾病。

（2）**及时做好羔羊的补饲** 羔羊补饲一般从10～15日龄开始，训练吃草料，以刺激消化器官的发育，促进心、肺功能健全。补饲时在圈内安装补饲栏，让羔羊自由采食，少喂勤添，待全部的羔羊会吃料时，改为定时定量补喂，每日补饲混合精饲料50～75克。羔羊1月龄后，逐渐转变为以采食为主，除哺乳、放牧采食外，还可补给一定量的草料，1～2月龄每天喂2次，每次100～150克，2～3月龄200克，3～4月龄250克，1个哺乳期（4个月）需精饲料10～15千克。

羔羊混合精饲料参考配方见表3-13、表3-14。

表3-13 羔羊混合精饲料配方一

饲料原料	配比（%）	营养成分	含 量
玉 米	70	干物质（%）	87.03
大豆饼	20	粗蛋白质（%）	15.55
麦 麸	7	钙（%）	0.54
石 粉	1	总磷（%）	0.43
预混料	1	粗纤维（%）	2.7
磷酸氢钙	0.5	粗脂肪（%）	3.95
食 盐	0.5	消化能（兆焦/千克）	13.68
合 计	100		

本配方适用于隔栏补饲羔羊。羔羊补饲的粗饲料以苜蓿干草和优质青干草为好，用草架或吊把让羔羊自由采食。

表3-14　羔羊混合精饲料配方二

饲料原料	配比（%）	营养成分	含　量
玉　米	55	干物质（%）	86.86
大豆粕	24	粗蛋白质（%）	18.87
麦　麸	11	粗脂肪（%）	2.91
棉籽粕	6	粗纤维（%）	3.69
石　粉	2	钙（%）	0.93
预混料	1	磷（%）	0.54
磷酸氢钙	0.5	食盐（%）	0.49
食　盐	0.5	消化能（兆焦/千克）	13.17
合　计	100		

（3）适时断奶　羔羊在4月龄必须断奶，这样有利于母羊恢复体况，促进羔羊生长发育，锻炼独立生活的能力。羔羊断奶常采用一次性断奶法，断奶后母羊移走，羔羊继续留在原舍饲养，尽量给羔羊保持原来环境。母仔隔离4～5天，断奶成功。羔羊断奶后按性别、体质强弱分群饲养。如同窝羔羊发育不整齐，可采用分批断奶的方法。

5. 育成羊的饲养管理　育成羊是指从断奶到第一次配种期的羊只。育成羊仍处于快速生长发育期，营养物质需要较多，如果此期营养供应不足，则会出现四肢较高、体狭窄而胸浅、体重小、剪毛量低等问题。应通过加强饲养管理，尽可能地减少断奶对育成羊生长发育的影响。公、母羊在发育近性成熟时应分群饲养，进入越冬舍饲期，以舍饲为主、放牧为辅。冬羔由于出生早，断奶后正值青草萌发，可以放牧采食青草。春羔由于出生晚，断奶后采食青草的时间不长即进入枯草期，这时要提前准备充足的优质青干草和混合精饲料。对育成羊要定期称重，检验饲养管理和生长发育情况。

育成羊精饲料参考配方见表3-15、表3-16。

表3-15　育成羊精饲料配方一

原料名称	配比（%）	营养成分	含量
玉　米	63	干物质（%）	88.23
菜籽油饼	20	粗蛋白质（%）	16.13
麦　麸	13	粗脂肪（%）	3.78
石　粉	2	粗纤维（%）	3.23
食　盐	1	钙（%）	0.81
预混料	1	磷（%）	0.62
合　计	100	食盐（%）	0.98
		消化能（兆焦/千克）	13.56

表3-16　育成羊精饲料配方二

原料名称	配比（%）	营养成分	含量
玉　米	60	干物质（%）	87.27
麦　麸	18	粗蛋白质（%）	15.60
棉籽粕	7.5	钙（%）	0.82
大豆饼	5	总磷（%）	0.62
花生饼	5	盐（%）	1.03
石　粉	1.5	粗纤维（%）	3.88
磷酸氢钙	1	粗脂肪（%）	3.55
食　盐	1	消化能（兆焦/千克）	13.13
预混料	1		
合　计	100		

（三）肉羊生产的关键技术

1. 肉羊发情控制技术 控制发情是指人利用激素或激素类似药物，使母羊群在同一段时间内同时发情的一种方法。这样，就可根据生产实际需要，对母羊同期配种，使其在预定的时间内集中产羔。用这种方法配种，不仅更有利于普及羊的人工授精工作，更能充分发挥优良种公羊的作用，同时还能使母羊群按照要求，分批分期地集中配种和产羔，使羔羊更为整齐化。此方法能节省时间、劳力，降低养羊的成本，适于集约化、工厂化生产。

（1）诱导发情 即人工引起发情。指在母羊乏情期内，借助外源激素引起发情并进行配种，缩短母羊的繁殖周期，变季节性配种为全年配种，实行密集产羔，达到一年两胎或两年三胎；提高母羊的繁殖力。肉羊诱导发情可通过羔羊早期断奶、激素处理和生物学刺激 3 个途径实现。

①早期断奶 实际上是控制母羊的哺乳期，缩短母羊的产羔间隔，以控制繁殖周期，使母羊早日恢复性周期的活动，提前发情。早期断奶的时间，应根据生产需要与断奶后羔羊的体况及养殖场的管理水平来决定。一年两胎者，羔羊出生后 0.5～1 月龄断奶；三年五胎者，产后 1.5～2 月龄断奶；两年三胎者，产后 2.5～3 个月龄断奶。早期断奶要解决人工哺乳及人工育羔方面的技术问题。

②激素处理 先对羔羊进行早期断奶，然后给母羊用 10 天左右的孕激素，停药后注射孕马血清促性腺激素，即可引起发情排卵。

③生物学刺激 可通过调节光照周期，使白昼缩短，促使母羊发情排卵；在正常配种季节开始之前，向母羊群引入公羊；使配种提前，缩短产后到排卵的间隔时间。

（2）同期发情 是用外源激素或其他类似物干预母羊的生殖生理过程，把发情周期的进程控制并调整到相同的阶段，使母羊在 2～3 天集中发情。对于季节性发情或生理性乏情的母羊，须用促卵泡素或孕马血清，激发母羊卵巢功能的活动。最好结合使用孕激素。具体做法是：连续 12～16 天给母羊注射孕酮，每次用量 10～12 毫克，随后在 1～2 天一次注射孕马血清 750～1 000 单位，便可引起母羊发情和排卵。须注意，单纯施用孕马血清（或孕马血）及绒毛膜促性腺激素，可以引起母羊排卵，但不一定有发情的征状；相反，只给母羊注射雌激素，虽可以使母羊有发情的表现，但不能使其排卵。诱使母羊发情的另一种方法是补饲催情法，在配种前 1 个月，改善日粮组成，提高母羊营养水平，特别是补足蛋白质饲料。通过补饲，既能提高母羊的发情率，又能增加排卵数，这也是提高产羔率的有效措施。

2. 肉羊人工授精技术

（1）采精 采精前应准备好人工授精器械、种公羊、母羊及制订好选配计划，同时选好台羊。台羊应与采精公羊的体格大小相适应。

①假阴道的准备 安装假阴道时，注意内胎不要出褶。装好后用 75% 酒精棉球消毒，再用生理盐水棉球擦洗数次。假阴道的一端装上集精杯，在另一端内腔前部 1/3～1/2 处涂擦少量凡士林，然后向假阴道夹层内灌注 50℃～55℃ 的热水约 150 毫升，吹气加压，使未装集精杯的一端内胎呈三角形，松紧适度，不漏气、漏水。采精前，用消毒的温度计检查假阴道内的温度，以 39℃～42℃ 为宜（气温低时，温度可适当高些；气温高时，温度可低些）。

②采精操作方法 选择发情旺盛、个体中等以上的母羊作台羊，保定在采精架上。台羊的外阴部用 2% 来苏儿溶液消毒，再用温水清洗，洗净擦干。也可用木制的假台羊。采精前应将公羊腹下的污染物擦拭干净。采精员右手紧握假阴道，用食指、中指夹好集精杯，使假阴道活塞朝下方，蹲在台羊右侧后方。待公羊

爬跨台羊、阴茎伸出时，采精人员用左手轻托（勿捉）公羊包皮（勿接触龟头阴茎），将阴茎导入假阴道内。当公羊耸身向前完成射精从台羊身上滑下时，采精员顺着公羊的动作将假阴道慢慢向后移动轻轻取下，将假阴道安装集精杯的一端向下，以免精液流失。放出假阴道内的空气，擦干外壳，取下集精杯，收集精液，待检查。

（2）**精液品质检查** 精液品质与受胎率有着密切的关系，必须经过检查，评定合格者方可输精。通过精液品质检查确定稀释倍数和能否用于输精，这是保证输精效果的一项重要措施，也是对种公羊种用价值和配种能力的检验。精液品质检查要快速准确，取样要有代表性。

①肉眼检查 正常精液颜色呈乳白色或奶酪色，略有腥味。其他颜色或有腐臭味的均不能用来输精。肉用羊精液量一般为 0.5～2 毫升，外观呈回转滚动的云雾状态者，说明品质优良。

②显微镜检查 在 18℃～25℃室温下进行。用滴管取一滴新鲜精液置于洁净载玻片上，加载玻片（不要发生气泡），置于 400～600 倍的显微镜下检查精子活力、密度及形态。活力：在显微镜下（30℃～40℃）观察，做直线运动的精子所占的比例占 50% 以上者，方可用于输精。密度：镜检的视野中，精子间可容 1 个精子时，评密度为"中"；高于或低于测评"密"或"稀"。精子形态：凡断尾、无尾、卷曲、双头等均属畸形精子。畸形精子所占比例超过 15% 时，不能用于输精。

（3）**精液的稀释** 稀释精液的目的在于扩大精液量，提高优良种公羊的配种效率，促进精子活力，延长精子存活时间，使精子在保存过程中免受各种物理、化学、生物因素的影响。人工授精所选用的稀释液要力求配制简单，费用低廉。经鉴定合格的精液，应及时进行等温稀释，将消毒的稀释液按一定比例缓慢加入精液中，根据精液的密度，一般可做 1～6 倍稀释。常用的稀释液是由糖类和无机盐类按一定比例配制而成，经煮沸消毒后待用。

（4）**精液保存**　为扩大优秀种公羊的利用率，须有效地保存精液，延长精子的存活时间。

①常温保存　精液稀释后，保存在20℃以下的室温环境中，只能保存1～2天。

②低温保存　在常温保存的基础上，进一步缓慢降低到0℃～5℃。保存的有效时间为2～3天。

③冷冻保存　肉用羊精液的冷冻保存，是人工授精技术的一项重大革新。采用此方法，精液可长期保存。

（5）**输精技术**

①鲜精的使用　采精、稀释后马上输精的不需特殊处理。如需向输精点输送精液，可用广口保温瓶输送；用灭菌试管为容器输送精液时，一定要装好封严，装入广口保温瓶内。小试管外面应贴一个标签，注明公羊号、采精时间、精液量及其等级。运送时尽可能缩短途中时间，严防剧烈振动。如运送精液的距离较远，可先将广口保温瓶用冷水浸一下，填装半瓶冰块，使温度保持在0℃～5℃。精子对温度变化极为敏感，所以降温、升温都须缓慢进行。精液送到取出后，置于18℃～25℃室温下慢慢升温，经镜检合格后即可用于输精。

②冷冻精液的使用　冻精解冻后，精子活力不低于0.3，输精量为0.2毫升，每一输精剂量中含活精子数不少于0.9亿个。安瓿及细管精液，解冻后精子活力要求在0.35以上，输精量中的活精子数要在0.8亿个以上。

③输精前的准备　输精前所有的器材要消毒灭菌，输精器及开膣器最好蒸煮或在高温干燥箱内消毒。输精器以每只母羊准备1支为宜，当输精器不足时，可在每次用后先用蒸馏水棉球擦净外壁，再以酒精棉球擦洗，待酒精挥发后再用生理盐水冲洗3～5次，才能使用。连续输精时，每输完1只羊后，输精器外壁要用生理盐水棉球擦净，才可继续输精。

④输精人员的准备　输精人员穿好工作服，修好手指甲，手洗

净擦干，用 75% 酒精消毒，再用生理盐水冲洗。

⑤待输精母羊的准备　把待输精母羊放在输精室，如没有输精室，可在一块平坦的地方进行。保定母羊正规操作应设输精架；若没有输精架，在地面埋上 2 根木桩，相距 1 米宽，绑上一根 5～7 厘米粗的圆木，距地面高约 70 厘米，将输精母羊的两后肢提在横杠上悬空，前肢着地，一次可使 3～5 只母羊同时提在横杠上。另一种较简便的方法是由一人保定母羊，使母羊自然站立在地面，输精人员蹲在输精坑内，给母羊输精。还可采用两人抬起母羊后肢保定的方法，抬起的高度以输精人员能较方便地找到子宫颈口为宜。

⑥输精　用小块消毒纱布（或白平布）擦净发情母羊的外阴部。纱布使用后必须洗净，蒸煮消毒，以备下次再用。输精时，输精员左手握开膣器，右手持输精器，先将开膣器慢慢插入母羊阴道，轻轻旋转，打开开膣器，找到子宫颈口，然后把输精器插入子宫颈 0.5～1 厘米，拇指轻轻推动输精器活塞，注入精液 0.05～0.1 毫升，含活精子数 0.6 亿个以上。输精后，先取出输精器，然后使开膣器保持一定的开张度而取出，以免夹伤阴道黏膜。一般在母羊发情开始后 12 小时进行第一次输精为宜，但生产上较难掌握适时输精，故一般采用早晨一次试情，早、晚两次输精；对第二天继续发情的母羊，重输 1 次。对已输精的母羊及试情挑出的发情母羊，应分别做好标记，以便识别。人工授精中必须做好种公羊精液品质检查，发情母羊输精情况及选配记录工作。记录务必清晰、准确，并进行统计分析，以便不断改进工作。

3. 选择杂交亲本应掌握的要点　杂种是否有优势和究竟有多大的杂种优势，主要还得看杂交亲本群体是不是好，以及其相互之间配合得是否恰当。一般在以下几种情况下杂交，均得不到理想的杂种优势：①亲本群体缺乏高产优良基因。②亲本群体的基因型一致性太差。③两个亲本群体之间的主要经济性状的基因频率差异不大。④两个亲本基因间的显性和上位效应都很小。⑤杂种得不到充分发挥其优势的饲养管理条件。进行经济杂交前，可按以下条件选择最适宜品种。其一，应选择那些分布距离远、来源差别大的品种，特别是选用两个长期相互隔绝的品种或品系，或在其生产类型和特点上存在着较大差别的品种进行杂交，有可能获得较高的杂种优势。其二，遗传力较低和近交衰退较严重的品种，以及种群变异系数较小的品种，杂交效果较好。其三，各具不同的优良基因，纯度较好的优良品种。

[案例3-4] 羊同期发情技术方案与操作流程图

1. 放 栓

（1）用品清单及准备 ①孕激素阴道栓（每只羊1支）；②润滑剂；③消毒剂（0.1%高锰酸钾，或1:4稀释的新洁尔灭溶液）；④母羊通道；⑤垃圾桶。

同期发情药品计算方法：按20只羊为一组，羊用阴道栓一盒共20支，1000单位孕马血清（PMSG）7支，D-氯前列烯醇1盒（共10支）。

（2）同期发情处理对象 8月龄以上的后备母羊；断奶后未配种的空怀母羊；分娩后20天以上的哺乳母羊。

（3）建议处理时间 每年8月10日至翌年5月20日（这个阶段是母羊较易发情的时期）。夏季也能处理，但同期发情率和受胎率均较低。羊场隔热条件好的，不受季节影响。

（4）操作流程

第一，放栓。将母羊用围栏集中到一起，将母羊逐只放入保定架内，用消毒剂喷洒外阴部，用消毒纸巾擦净后，再用一张新的纸巾将阴门裂内擦干净。

第二，操作者戴一次性PE手套，从包装中取出阴道栓，拿着导管的后端，在导管前端涂上足量的润滑剂。

第三，分开阴门，将导管前端插入阴门至阴道深部，然后将打推杆前推，使棉栓应尽量放深一些，以免脱栓。初学者，容易将栓放得过浅。为了确定不脱栓，建议用止血钳夹住推杆后端，这样在推动时能很好地控制深度。以拉线露出阴门外3～4厘米为宜。

第四，次日逐只检查是否脱栓，对脱栓者进行补放栓。

2. 注射孕马血清（PMSG）和氯前列烯醇（PG）

（1）注射时间　放栓当天为第0天，绵羊在第9天，山羊在第11天，中午或下午注射PMSG和PG。

（2）连续注射器的准备

①定刻度　将连续注射器进液的长针头插入30毫升的蒸馏水瓶中，按动手柄，使蒸馏水吸入注射器中，直到蒸馏水排出；用于注射PMSG的注射器，一次注射量为2毫升，将一个玻璃瓶放在电子天平上，除皮，将连续注射器调到2毫升位置，向玻璃瓶中注水，连续5次的总量应为10毫升，说明定位准确。否则再进行调试。用于注射PG的注射器，一次注射量为1毫升，用电子天平定刻度，5次按压为5毫升。然后将全部蒸馏水用完，再排空注射器。

②消毒　在家用蒸锅中放入足够的水，将注射器放在蒸屉内，至沸腾开始计时，消毒15～20分钟，自然放凉，不要取出，用前再取出来。

（3）注射针头准备　将7号短针头放在针头盒中，用蒸馏水浸泡，冲洗2遍，沥干水分，与连续注射器一起放入蒸锅内消毒。

（4）PMSG的稀释与装瓶

①药品瓶的准备　先将30毫升玻璃瓶放在电子天平上称重记录或除皮。30毫升玻璃瓶可使用空的羊用精液稀释蒸馏水瓶（已经消毒过）。

②PMSG的稀释　用一次性注射器抽取2毫升左右的PMSG稀释剂，注入PMSG瓶中，完全溶解后，抽出注入30毫升瓶中，再在PMSG瓶中注入少量稀释剂冲洗一遍后，吸出注射到30毫升

玻璃瓶中。一般按每只母羊330～500单位计算用量。非繁殖季节用400单位，其他季节用330单位。PMSG按总量加足后，再用稀释剂定总量。每只母羊一般按2克（2毫升）定总量，以15只间为例，每只羊为400单位，则总PMSG为6000单位。即用PMSG共6支，每只母羊注射2毫升，因此，最后用稀释剂定总量为30克（体积为30毫升），如果总量不足，可用生理盐水代替稀释剂。最后在瓶上做上标记。

（5）氯前列烯醇的装瓶 按每只母羊注射0.05毫克D-氯前列烯醇（普通氯前列烯醇注射0.1毫克）。通常每支总量为2毫升，每支羊注射1毫升。将D-氯前列烯醇注射液全部注入30毫升玻璃瓶内。

（6）激素注射

①用品清单 稀释后装瓶的PMSG注射液；装瓶后的D-氯前列烯醇注射液；连续注射器2把（一个定量2毫升，一个定量1毫升）；75%酒精棉球1瓶；镊子2把；器械盘1个；羊保定通道1个。

②注射激素 将连续注射器进液的长针头插入药品瓶中，在连续注射器前端按上消毒后的7号针头，将针头也插入药品瓶盖上，连续按压手柄，直到导管中充满药液，并能将药液射入瓶内，拔出针头。将母羊逐只放入保定通道，由两人分别持连续注射器，并用酒精棉球消毒母羊颈部后侧两面皮肤，分别注射2毫升PMSG注射液和1毫升PG注射液。注射后，用棉球按压针孔片刻。

3. 撤　栓

放栓后第十天下午，将母羊集中，逐只通过保定通道，操作人员拉住栓后的拉线，缓缓用力，将栓从母羊阴道撤出。图3-13为绵羊同期发情集中供精流程图。

第0天：放置阴道栓　选择空怀母羊（产后30天以上），组成一群，外阴部消毒，擦干后在导管前端涂上润滑剂后，右手分开母羊阴门，左手持导管插入母羊阴门；右手持止血钳，夹住内管后端，向前推至拉线露出3厘米左右，然后抽出导管和内管。

第9天：注射激素　一般应在当日上午10时后开始注射。每只母羊同时注射D-氯前列烯醇0.05毫克；孕马血清促性腺激素333单位（即每3只母羊注射PMSG 1000单位）。

第10天：撤栓　撤栓时间一般应在下午3～6时。拉住阴道栓露出的拉线，均匀用力，使阴道栓缓缓拉出。检查阴道栓是否干净，并记录发生炎症的母羊号码。

第11、12天：公羊试情　每次试情1～2小时，凡接受公羊爬跨的母羊应标记后转入其他圈。撤栓后次日开始试情，上下午各1次，共进行4次。

第12、13天：输精　撤栓后48小时左右，对所有处理的母羊（包括没有发情的母羊）进行第1次输精，60小时左右进行第2次输精。

第27～30天：不返情检查　每天用试情公羊查情1～2次，对返情母羊进行输精。统计不返情率。

第60天：B超妊娠诊断　在返情检查中没有返情的母羊用B超进行诊断。并统计记录受胎率。

图3-13　绵羊同期发情集中供精流程图

六、肉羊疾病防治

（一）肉羊常见病的分类与诊断

1. 肉羊常患哪些疾病　在羊的饲养过程中，所发生的疾病是多种多样的，根据发病的性质一般可分为传染病、寄生虫病和普通病3大类。

传染病是由病原微生物如细菌、病毒、支原体等引起的具有传染性的疾病。病原微生物是通过在动物体内生长繁殖，放出大量毒素或致病因子，损害动物机体，使动物发病，表现出明显的临床症状并通过动物的排泄物造成污染，使疫病流行。羊注射了某种传染病的疫苗或得过某种传染病痊愈后就具有了对这种疾病的免疫能力。一类传染病可引起大批死亡，造成严重的经济损失。

寄生虫病是由线虫、蛔虫、绦虫、蜱、虱、螨等寄生于羊体引起的疾病，有季节性和群发性。寄生虫对羊体的危害主要是夺取营养、造成组织器官的机械性损伤、产生毒素和免疫损伤，使羊消瘦、贫血、营养不良、继发感染其他疾病、生产性能下降等，严重者可导致羊只死亡。

普通病包括内科病（如代谢病、中毒病）、外科病、产科病等。这类疾病是由于饲养管理不当、营养代谢失衡等原因造成的，不具有传染性，多为散发。中毒病则能造成大批死亡，如有机磷杀虫剂中毒。

2. 怎样鉴别羊是否患病　羊对疾病的抵抗能力比较强，病初症状往往表现不明显，不易及时发现，一旦发病，往往病情比较严重，造成较大的经济损失。因此，在养羊生产过程中及早发现病羊，及时进行隔离和治疗，有利于控制疾病的扩散、蔓延和流行，使损失降低到最低限度。辨别羊是否患病的主要方法如下：

（1）**看精神**　健康羊采草时争先恐后，草料抢着吃。病羊则精神萎靡，不愿抬头，听力、视力减弱，或流鼻涕、淌眼泪，行走缓慢重者离群掉队。

（2）**看动态** 健康羊不论采食或休息，常聚集在一起，休息时多呈半侧卧势，人一接近即行起立。病羊则常掉群卧地，出现各种异常姿势。

（3）**看鼻镜** 健康羊的鼻镜湿润、光滑，常有微细的水珠。病羊鼻镜干燥、不光滑，表面粗糙。

（4）**观毛色** 健康羊膘肥体壮，被毛光亮且整洁、有光泽、富有弹性。病羊则体弱，被毛粗硬、蓬乱易折、暗淡无光泽。健康羊的皮肤在毛底层或腋下等部位通常呈粉红色，病羊则颜色苍白或潮红。

（5）**视粪尿** 健康羊的粪呈椭圆形粒状，成堆或呈链条状排出，粪球表面光滑、较硬。补喂精饲料的羊粪便呈较软的团块状，无异味。健康羊尿清亮无色或微带黄色，并有规律。病羊粪尿无度，大便或稀或硬甚至停止，尿黄或带血。若羊患寄生虫病多出现软便，颜色异常，呈褐色或浅褐色且异臭，重者带有黏液，粪便多粘在肛门及尾根两侧。

（6）**辨眼状** 健康羊眼珠灵活，明亮有神，洁净湿润，听觉灵敏；病羊眼睛无神，眼窝下陷。健康羊眼结膜呈鲜艳的淡红色，若结膜苍白，可能是患贫血、营养不良或感染了寄生虫；若结膜潮红是发炎和患某些急性传染病的症状；若结膜发绀呈暗紫色则为病情严重。

（7）**查反刍** 反刍是健康羊的重要标志，一般在采食后30～50分钟进行第一次反刍。反刍时每个食团要咀嚼50～60次，每次反刍持续30～60分钟，24小时内要反刍4～8次。健康羊嗳气（反刍后将胃内气体从口腔排出体外即为嗳气）10～12次/小时；病羊则反刍无力、嗳气次数减少，甚至停止。

（8）**听声音** 健康羊发出洪亮而有节奏的叫声。病羊叫声高低常有明显变化，有时不用听诊器即可听见呼吸声、咳嗽声及肠音，将耳朵贴在羊胸部肺区，可清晰听到肺脏的呼吸音。健康羊呼吸 10～20次/分，能听到间隔均匀且带"嘶嘶"声的肺呼吸音；病羊则出现"呼噜、呼噜"节奏不齐的拉风箱似的肺泡音。

（9）**观耳** 健康羊双耳竖立而灵活。而病羊则耳垂头低，且不摇动。

（10）**摸角** 健康羊角尖凉，角根温和。病羊角根过凉或过热。

（11）**观舌** 健康羊的舌呈粉红色且有光泽、转动灵活、舌苔正常。病羊舌则活动不灵、软绵无力、舌苔薄而色淡或舌苔厚且粗糙无光。

（12）**看口腔** 健康羊口腔黏膜呈淡红色，手摸感觉温暖，无异味。病羊口腔时冷时热，黏膜淡白流涎或潮红干涩，有恶臭味。

（13）**量体温** 体温是羊健康与否的重要标志之一。山羊的正常体温是37.5℃～39℃，绵羊是38.5℃～39.5℃，羔羊比成年羊要高1℃左右。若测量肛门温度超过其正常体温0.5℃以上则是发病的征兆。

（14）**测心跳** 健康羊的脉搏，成年羊为70～80次/分，羔羊为100～130次/分，且心音清晰，心跳均匀、搏动有力。病羊则心音强弱不均，搏动无力。

[案例3-5] 羊病的观察诊断

诊视直接观察羊的精神状态和所呈现的各种异常变化。

健康羊一般争相采食，两眼有神，反应敏捷；病羊常表现掉群、停食、呆立或卧地。

1. 姿 势

健康羊眼睛炯炯有神，行动活泼平稳，当羊患病时常表现行动不稳或不愿行走，有些疾病还呈现特殊姿势，如破伤风表现为四肢僵直，患有脑包虫或羊鼻蝇的羊转圈、跛行。

2. 膘 情

一般患有急性炭疽、羊快疫、羊黑疫、羊猝疽、羊肠毒血症等，病羊身体仍可表现肥壮；相反，一般患有慢性传染病和寄生虫病时病羊多为瘦弱。

3. 被毛和皮肤

健康羊的被毛平整，不易脱落，有光泽；病羊的被毛常粗乱无光、质脆、易脱落，如羊螨病常表现被毛脱落和结痂，皮肤增厚，蹭痒擦伤。在检查皮肤时除注意皮肤的外观还要注意有无水肿、炎性肿胀和外伤（寄生虫病常于颌下、胸前等部位出现水肿）。

4. 可视黏膜

健康羊可视黏膜、眼结膜、鼻腔、口腔、阴道、肛门等黏膜呈粉红色，湿润光滑。黏膜变为苍白，则为贫血征兆；黏膜潮红，多为体温升高，热性病所致；黏膜发黄，说明血液内胆红素增加，肝病胆管阻塞或溶血性贫血等。如羊患焦虫病、肝片吸虫病等，可视黏膜均呈现不同程度的黄染现象；当黏膜的颜色为紫红色（又称发绀），说明血液中的还原血红蛋白增加，严重缺氧的征兆。常见于呼吸困难性疾病、中毒性疾病和某些疾病的垂危期。

5. 采食反刍的检查

食欲的好坏直接反映出羊全身及消化系统的健康状况，饮食废绝说明病情严重，若吃而不敢嚼，应查口腔和牙齿有无异常。健康羊通常鼻镜湿润，饲喂后半小时开始出现反刍，持续 $30 \sim 40$ 分钟，每一食团嚼 $50 \sim 70$ 次，每昼夜反刍 $6 \sim 8$ 次。鼻镜干燥，反刍减少或停止，多因高热、严重的前胃及真胃肠道炎症；热性病初期常表现出饮欲增加。

（二）羊常见传染病防治

1. 概述 传染病的病原体一般为细菌、支原体、衣原体和病毒等有害微生物，其无处不在，传染迅速，很容易侵入羊机体内进行破坏，致使羊发病。带病羊通过直接或间接的方式将病原体微生物传给了健康羊，使得羊群大规模发病。传染病一般分为病毒性传染病、细菌性传染病和其他类型传染病。

病毒性传染病由病毒引起，如口蹄疫、羊疱等疾病都属于病毒性疾病。此类疾病危害性很大，羊一旦传染应立即采取有效措施，隔离治疗。若防治不当会造成大规模的传播，甚至致使整个羊场传染，造成羊大量死亡。

细菌性传染病是由细菌、结核菌、布鲁氏菌等病原微生物引起的疾病，如羊结核病、布鲁氏菌病等都是细菌性疾病，其有较强的传染性，容易感染人类。因此，应选用对细菌病原有效的药物进行治疗，乱用药不仅不利于疾病的治疗，还增加了细菌的抗药性，更加不利于羊病的治疗。

其他类型的传染病是由衣原体、支原体引起的疾病，如羊皮肤霉菌病、羊传染性胸膜炎等疾病的危害极大，同时对一些药物有一定的抗药性，则更不易治疗。因此，不应采取日常措施进行防治，应先进行药敏试验，再对症下药。

2. 羊传染病的防制措施

（1）搞好饲养管理　增强个体的抗病能力，加强饲养管理严格遵守原则，不喂发霉变质饲料，不饮污水和冰冻水，使羊膘肥体壮，提高个体的抗病能力。

（2）搞好环境卫生　圈舍做好清扫消毒工作。圈养羊应保持圈舍、场地和用的卫生。经常清扫圈舍，对粪便、尿等污物集中堆积发酵 30 天左右。同时，定期用消毒药（如百毒杀、易克林惠昌消毒液等高效低毒药物）对圈舍场地进行消毒，防止疾病的传播。

（3）有效免疫　有计划地搞好免疫接种工作对羊群进行免疫接种，是预防和控制羊传染病菌的重要措施。目前，预防羊主要传染病菌的疫苗有以下几种：

①无毒炭疽芽胞苗　用于预防羊炭疽。绵羊皮下注射 0.5 毫升，注射后 14 天产生坚强免疫力，免疫期 1 年（此苗不能用于山羊）。

②破伤风明矾沉降类毒素　用于预防破伤风。羊颈部皮下注射 0.5 毫升，1 个月后产生免疫力，免疫期 1 年，第二年再注射 1 次，免疫期可持续 4 年。

③绵、山羊痘弱毒冻干苗　用于预防绵、山羊痘。按瓶签上的

头数应用，每头份用 0.5 毫升生理盐水稀释；每只羊皮内注射 0.5 毫升（无论大小瘦弱、妊娠母羊均可同量）。注射后 5～8 天局部出现肿胀，硬结，5～10 天逐渐消失。注射后 4～6 天可产生坚强免疫力，免疫期 1 年。

④三联四防苗　用于预防上述 4 种疾病，即羊快疫、羊猝疽、羊肠毒血症和羔羊痢疾。干粉苗：用 20% 铝胶盐水溶解，不论羊只年龄大小均皮下或肌内注射 1 毫升，14 天产生免疫力，免疫期 1 年。湿苗（又称羊四联苗）：应用前摇匀后每只皮下或肌内注射 5 毫升，免疫期 6 个月。

⑤O 型口蹄疫灭活疫苗　用于预防羊 O 型口蹄疫。肌内注射：成年羊每只 2 毫升，羔羊每只 1 毫升。注射后 15 天产生免疫力，免疫期 4 个月。注射后出现不良反应的用肾上腺素救治。

免疫接种对体质健壮的成年羊会产生很强的免疫力，对幼龄羊、体弱或患慢性疾病的羊效果不佳。而对于妊娠母羊，特别是临产前的母羊，接种时由于驱赶、捕捉和疫苗反应等有时会引起流产、早产，影响胎儿发育和免疫效果不佳。应该严格执行交通法规，于疾病威胁区不应考虑上述结果，为确保羊群健康，应紧急预防接种疫苗。

第四，发生传染病时应采取措施。

羊群发生传染病后，应立即进行隔离、封锁，逐级上报畜牧兽医部门，由市、县级兽医部门确诊，按《中华人民共和国动物防疫法》做无害化处理。

3. 常见传染病防治

（1）口蹄疫　它是由偶蹄兽共同晚染口蹄疫病毒引起的一种急性、烈性传染病。

【流行特点】　该病侵害多种动物（羊、牛、猪、骆驼等）和人。传染源是病畜和带毒动物，经消化道和呼吸侵入，也可随空气流动传播，无季节性。

【症　状】　患羊发病后体温升高到 40.5℃～41.5℃。精神不振，口腔黏膜、蹄部皮肤形成水疱，破溃后形成溃疡和糜烂。病羊表现疼痛、流涎，涎水呈泡沫状。常见的部位唇内面、齿龈，舌面及颊部黏膜，有的在蹄叉、蹄冠，有的在乳房，水疱破裂后形成瘢痕。羔羊易发生心肌炎死亡。有时呈现出血性胃肠炎。

临床与羊传染性脓疱病鉴别：羊传染性脓疱病发生于1周岁以下的幼龄羊，特征：口唇颊部水疱、脓疱及疣状痂，在齿龈，舌面、唇内也有脓疱、疣状厚痂的疱，但不流涎。初期体温变化不大。

【防　治】

①发病后要及时上报，划定疫区，由动物检疫部门扑杀销毁疫点内的同群易感家畜；被污染圈舍、用具，环境严格彻底消毒；封锁疫区防止易感畜及其产品运输，把病原消灭在疫区内。②对威胁区的易感家畜紧急接种疫苗防止疫病的扩散。③该病只能预防，无治疗药品，不准治疗。

（2）**羊快疫**　本病病原为腐败梭菌引起的、发生于绵羊的一种急性传染病。特征是发病突然和病程短，真胃出血，炎性损害。

【流行特点】　腐败梭菌常以芽孢形式分布于低洼草地、耕地及沼泽之中。羊采食被污染的饲料和饮水，芽孢进入羊消化道，多数不发病。在气候骤变，阴雨连绵、秋、冬寒冷季节，引起羊感冒或机体抗病能力下降，腐败梭菌大量繁殖，产生外毒素引起发病死亡。

【症　状】　发病突然，不见症状在放牧或早晨死亡。急性病羊表现为不愿行走，运动失调，腹围膨大，有腹痛，腹泻，磨牙，抽搐，最后衰弱昏迷，口流带血泡沫。多在数分钟至几小时死亡，病程极为短促。

【防　治】　该病以预防为主。用羊三联苗预防注射。湿苗每年春、秋各1次，干苗每年1次。羊以舍饲为好，防止放牧时误食被病菌污染的饲料和饮水。注意舍内的保暖通风，饲料更换时要逐渐完成，不要突然改变。

治疗可肌内注射青霉素每次80万～160万单位，首次剂量加倍，每天 3 次，连用 3～4 天。或内服磺胺脒 0.2 克 / 千克体重，第二天减半，连用 3～4 天。

（3）**羊肠毒血症** 该病是由魏氏梭菌，又称产气荚膜杆菌引起的一种急性毒血症。死后肾组织易于软化，又称软肾病。

【流行特点】 魏氏梭菌为土壤常在菌，羊采食被芽孢污染的水和饲草进入消化道，当机体抵抗力下降时发病。多表现在春夏之交和秋季牧草结籽后呈散发性流行。

【症 状】 多数突然死亡。病程略长，分 2 种类型，一类是抽搐为其特征，另一类是昏迷安静死亡。前者倒前四肢强烈划动，肌肉颤抖，眼球转动，磨牙，口水过多，头颈抽搐 2～4 小时死亡。后者病程不急，早期步态不稳，卧倒，并有感觉过敏，流涎，上下颌"咯咯"作响，继昏迷后角膜反射消失；有的病羊发生腹泻，常 3～4 小时静静死去。

【防 治】 预防参照羊快疫。治疗：用抗生素或磺胺药结合强心、镇静等对症治疗。也可灌服 10%～20% 石灰水，大羊 200 毫升，小羊 50～80 毫升。

（4）**羊猝疽** 该病是由 C 型魏氏梭菌所引起的一种毒血症，以急性死亡、腹膜炎和溃疡性肠炎为特征。

【流行特点】 与羊快疫和羊肠毒血症相同。

【症 状】 C 型魏氏梭菌随饲草和饮水进入消化道，在小肠的十二指肠和空肠内繁殖，产生毒素引起发病。病程短，未见症状突然死亡，有时病羊掉群，卧地、表现不安、衰弱或痉挛，数小时内死亡。

【防 治】 参照羊快疫。

（5）**羊传染性脓疱病（又称羊口疮）** 该病由传染性脓疱病毒（又称羊口疮病毒）引起的，羔羊多群发，特征为口唇处皮肤和黏膜形成丘疹、脓疱、溃疡和结成疣状厚痂。

【流行特点】 绵羊、山羊以 3～6 月龄羔羊发病最多，成年羊同样易感，人和猪也可感染，无季节性，以夏、秋季多发。自然感染主要由购入病羊或带毒羊转入健康羊群引起群发，通过被污染的圈舍、牧场、用具而引起，病毒的抵抗力较强，所以本病在羊群中危害多年。

【症　状】　分3种类型：唇型、蹄型、外阴型。

唇型：口唇嘴角部、鼻子部位形成丘疹、脓胞，破溃后成黄色或棕色疣状硬痂，无继发感染的1～2周痊愈，痂块脱落，皮肤新生肉芽不留瘢痕。严重的，颊面、眼睑、耳廓、唇内面、齿龈、颊部、舌及软腭黏膜也有灰白色或浅黄色的脓疱和烂斑，这时体温升高，还可能在肺脏、肝脏和乳房发生转移性病灶，继发肺炎或败血症而死亡。

蹄型：多数单蹄叉、蹄冠、系部形成脓疮。

外阴型：少见。

与羊痘的鉴别：羊痘的痘疹多为全身性，而且病羊体温升高，全身反应严重。痘疹结节呈圆形突出于皮肤表面，界限明显，似脐状。

【防　治】

①本病流行时，病羊应隔离饲养，禁止放牧，圈舍每隔2天用百毒杀或其他药消毒1次，连用6～9天，防止病原体传播。

②可先用水杨酸软膏软化垢痂，除去垢痂后再用0.1%～0.2%高锰酸钾溶液冲洗创面，然后涂2%甲紫、碘甘油溶液或土霉素软膏或呋喃西林软膏，每日1～2次。口腔脓疱用0.1%～0.2%高锰酸钾溶液或生理盐水冲洗创面后，涂撒冰硼散，每天2次，连用7天，痊愈为止。继发咽炎或肺炎者，肌内注射青霉素或磺胺嘧啶钠。

（三）常见普通病防治

1. 概述　普通病发病率小，是少数或极少数羊有发病症状，大多是由于外界因素引起的疾病，如呼吸系统疾病、消化系统疾病、中毒性疾病、营养代谢病、外伤及产科病等。其基本上是由环境条件极其恶劣、饲养管理不健全、外伤等造成的，故普通病一般较易治愈。

呼吸系统疾病大多发生在气温变化频繁的春、秋季节。病羊以感冒、肺病为主，大多是因气温剧烈变化引起，因此饲养管理更应该细心、认真。

消化系统疾病多为消化道发炎，消化出现障碍等引起的。病羊多数是因为吃的食物冷硬，食物中有异物，采食变质、腐烂的饲料或者是因为突然更换饲料或饲养方式引起不适的疾病。

中毒性疾病的病因很简单，基本上是因为羊误食了毒性有害的食物，一发现此类疾病应尽快解毒，防止有害有毒物质扩散到机体内脏深部。因此，应加强对饲料质量的监督和对羊的管理。

营养代谢病基本是由于营养搭配不当，缺乏营养物质，微量营养物质缺少或过多等引起的疾病，多数为佝偻病、食毛症、羔羊白肌病等。所以，应加强食物营养的平衡调配，实现优质饲养。

外伤的病因为磕碰、压扎等意外事故造成的皮肤割破、关节扭伤、骨折、蹄匣脱落等伤害。

产科病是指羊自身健康素质低，接产措施失误等造成的流产、难产、子宫炎、乳房炎等。因此，一定要具体问题具体分析，不可胡乱施救。

2. 呼吸系统疾病防治 羊呼吸系统疾病是感冒、喉炎、支气管炎、肺炎、胸膜炎等表现为呼吸系统症状病的统称，尤其以规模较大的羊群中更易出现，有时又称为"规模化养羊病"。

（1）**发病原因** 由于对羊群管理不当，天气变化剧烈，寒冷突然袭击，羊舍条件差，圈舍潮湿与通风不良，舍内有过多的刺激性的气体，如氨气、硫化氢、二氧化硫及霉菌孢子，感染支原体、链球菌及肺丝虫等；舍饲的羊只在寒冷的天气突然外出放牧或露宿，外出放牧被雨淋风吹，剪毛或药浴后受凉；营养不良及患有其他疾病机体抵抗力减弱的情况下，均易发生此病。

（2）**临床症状** 鼻子有分泌物，初为清液，以后变为黄色黏稠的鼻涕，病羊精神不振，食欲减退，常打喷嚏、擦鼻、摇头，体温升高 0.5℃～2℃，鼻黏膜潮红肿胀，呼吸困难，咳嗽。感冒时有结膜炎发生；喉炎时喉部肿胀；支气管炎病初呈干、短并带疼痛的咳嗽，以后变为湿性长咳，痛感减轻，有时咳出痰液，同时鼻腔或口腔排出黏性或脓性分泌物，呼吸疾速，肺部有啰音；肺炎病羊由于胸部的疼痛，呈浅表的腹式呼吸，常发生痛苦的咳嗽，当胸腔内大量积聚渗出液时，由于压迫肺和心脏，使呼吸困难，心跳加快；慢性病羊日渐消瘦和贫血，直至极度衰竭而死亡。

（3）**预防**　要加强饲养管理，供给富含蛋白质、矿物质、维生素的饲料。注意圈舍卫生，不要过热、过冷、过于潮湿。圈舍通风透光，无贼风侵袭，防止羊只受冷。剪毛、药浴应该放在天气暖和的时间进行，定期防疫，接种支原体疫苗和链球菌菌苗等，定期驱除羊的各种内外寄生虫。

（4）**治疗**　①首先必须弄清疾病原因，清除病因。②加强饲养管理，把病羊隔离，给予营养丰富、易消化的饲草饲料，暂不要外出放牧，保证羊舍的通风、采光与取暖。③抗菌消炎：阿奇霉素，按 3 000 单位 / 千克体重肌内注射或静脉注射，每日 1 次，连用 3～5天。磺胺嘧啶钠，按 1～2 克 / 只进行肌内注射，每日 1 次，连用 3～5 天。土霉素按 10 毫克 / 千克体重肌内注射，每日 1 次，连用 7 天。④镇咳祛痰，镇咳可用 3% 盐酸麻黄碱注射液 1～2 毫升，肌内注射，或用复方樟脑酊 5～10 毫升内服。祛痰可口服氯化铵 1～2 克。⑤解热镇痛，30% 安乃近注射液 2～3 毫升，肌内注射。10% 复方氨基比林注射液 5～10 毫升，肌内注射。阿司匹林 2～3克，一次内服。⑥强心，10% 安钠咖注射液 2～5 毫克，皮下注射。20% 樟脑注射液 3～6 毫升，皮下或肌内注射。⑦制止渗出，10%氯化钙注射液 10～20 毫升，静脉注射，可促进渗出物的吸收。利尿素 0.5～2 克内服，可促进炎性渗出物的吸收和排除。⑧驱除寄生虫，阿维菌素或伊维菌素，按 0.2 毫克 / 千克体重皮下注射。丙硫苯咪唑按 2.5～10 毫克 / 千克体重内服。左旋咪唑按 8～10 毫克/千克体重内服。

以上治疗药物，可酌情任选。

3. 常见消化系统疾病防治

（1）瘤胃积食 常发于采食过量粗硬易膨胀的干性饲料（如豆类），又缺少饮水和运动的羊群。

【症　状】病羊精神委顿，食欲不振，反刍停止。病初不断嗳气，后停止，腹痛摇尾，拱背，回头顾腹，呻吟哞叫。鼻镜干燥，耳根发凉，口出臭气，粪少而干黑，瘤胃蠕动音弱，触诊瘤胃胀满、坚实，似面团状，指压时有压痕。后期呼吸促迫，脉搏增加，黏膜呈深紫红色。

【治　疗】以消食下泻、排除瘤胃内容物为主，辅以制酸防腐、健胃补液。用硫酸镁或硫酸钠，成年羊 50～80 克配成 6%～8% 溶液，一次灌服，或液状石蜡 100～200 毫升，一次内服。用 5% 碳酸氢钠注射液 100～200 毫升，加 5% 葡萄糖注射液 200～400 毫升静脉滴注。中药用陈皮 10 克，枳壳 6 克，枳实 6 克，神曲 10 克，厚朴 6 克，山楂 10 克，莱菔子 10 克，水煎取汁灌服。

（2）急性瘤胃臌气 常见于春季采食大量容易发酵的饲料（如嫩豆苗、麦草等）而致病。

【症　状】一般呈急性发作，初期病羊表现不安，顾腹，拱背，努责，呻吟，反刍，嗳气减少或停止，食欲减退或废绝。很快出现腹围膨大，左肋部隆起，叩诊呈鼓音，心搏较快而弱，呼吸困难。重症虚弱无力，站立不稳。

【治　疗】以胃管放气、制酵防腐、清理胃肠为主。用氧化镁 30 克，加水 300 毫升灌服；或液状石蜡 200 毫升，鱼石脂 2～4 克，酒精 10 毫升，加水适量，一次灌服；或用大蒜 200 克捣碎后加食用油 150 毫升，一次喂服。病情较重者应实施瘤胃穿刺术。

（3）胃肠炎

【症　状】病羊消化功能紊乱，发热，腹泻，食欲废绝，口腔干臭，舌面有黄白苔，不断排稀粪或水样粪便，有恶臭或腥臭，粪便混有血液及坏死组织片，并伴有严重脱水症状。

【治　疗】 以抗菌消炎、清理胃肠、补充体液为主。可使用庆大霉素20万单位，肌内注射，每天2次。脱水严重时配以复方生理盐水或5%葡萄糖注射液200～300毫升，加10%樟脑磺酸钠注射液4毫升，10%维生素C注射液100毫克，混合静脉注射，每天1～2次。中药以黄连4克，黄芩10克，黄柏10克，白头翁6克，枳壳9克，砂仁6克，猪苓9克，泽泻9克。水煎，去渣温服。

（4）口　炎

【症　状】 病羊食欲减少，口腔流涎，咀嚼缓慢，有口臭。卡他性口炎患羊口腔黏膜发红，充血，肿胀，疼痛；水疱性口炎患羊的上、下唇内有很多大小不等的充满透明或黄色液体的水疱；溃疡性口炎患羊可见有明显溃疡性病灶，口内恶臭，体温升高。

【治　疗】 轻度口炎可用0.1%雷佛奴尔液，或0.1%高锰酸钾液或20%盐水冲洗；发生糜烂及渗出时，用2%明矾液冲洗；口腔黏膜有溃疡时，可用2%碘甘油、2%碘酊、甲紫溶液、磺胺软膏、四环素软膏等涂擦患部；体温升高时，用青霉素40万～80万单位、链霉素100万单位，肌内注射。每天2次，连用3～5天。中药用青黛散（青黛9克，黄连6克，薄荷3克，桔梗6克，儿茶6克，研细末）或冰硼散，装入长方形布袋内口衔或直接撒布于口腔，效果均较好。

4. 常见中毒病防治　羊采食有毒牧草，或因日常饲养管理不当，饲喂有毒饲料，都可导致中毒。

（1）氢氰酸中毒

【症　状】 羊采食或饲喂了含有氰苷配糖体的植物而引起中毒。氢氰酸中毒发生迅速，病羊很快出现症状，表现兴奋不安、流涎、腹痛、口流泡沫状液体，呼吸、脉搏次数增加，可视黏膜呈鲜红色（由于体内的氧不能被组织利用而蓄积于静脉血中，使静脉呈鲜红色，这与亚硝酸盐中毒时血液呈暗褐色有明显的区别），常呼出带有杏仁味的气体。病羊很快转入沉郁状态，表现极度衰弱，粪尿失禁，四肢发抖，肌肉痉挛，发出痛苦的鸣叫声，随即昏迷死亡。

【治　疗】　一旦确诊，应立即治疗。①积极催吐食入物质，同时，洗胃消除毒素，催吐常用药物为1%硫酸铜溶液，洗胃常用药物为0.1%高锰酸钾溶液，灌服效果较好。②药物治疗。可将0.2～0.3克亚硝酸钠溶入10%葡萄糖注射液50～100毫升，制成注射液，静脉注射。③静脉给药。注射10%硫代硫酸钠注射液10～20毫升。也可选择口服高锰酸钾（使用浓度0.1%，口服剂量100～200毫升）或硫酸亚铁溶液（使用浓度10%，注射剂量10毫升），可取得同样的治疗效果。④对症治疗。在药物治疗的同时，可配合使用强心剂、补充体液等对症治疗，对于疾病康复效果较好。

【预　防】　①在使用含有大量氰苷配糖体的玉米苗、胡麻苗、高粱苗等作为饲料时，一定要在投喂之前用清水浸泡24小时，或者使用0.12%～0.15%盐酸溶液，加入亚麻籽饼煮，然后再进行饲喂，注意少喂、勤喂，一次喂的量不要太多。②日常放牧不要到生长有氰苷植物的地方。③加强药物管理，尤其是富含氰化物的药物一定要妥善保管，避免羊只误食。

（2）有机磷中毒

【症　状】　由于羊接触、吸入或食入某种有机磷制剂而引起的全身中毒性疾病。病羊以流涎、腹泻和肌肉强直性痉挛等副交感神经系统兴奋为特征。病羊表现精神沉郁或狂躁不安，流涎，流泪，咬牙，口吐白沫，瞳孔缩小，眼球颤动，食欲消失，腹痛，反刍停止，严重腹泻，粪便带血，脉搏、呼吸次数增加，呼吸困难，体温一般正常；全身发抖，痉挛，运动失调后失去平衡，步态不稳，卧地不起，如不及时抢救，常因呼吸肌麻痹而窒息死亡。

【治　疗】　①清除毒物。可用盐类泻剂，使用硫酸镁或硫酸钠30～40克加水灌服，可尽快排除毒素。②解除毒素。使用特效解毒剂，如解磷定、氯磷定、双解磷、双复磷、硫酸阿托品等都有较好的治疗效果。使用剂量及防范措施：解磷定、氯磷定，可取

15～30毫克溶解于100毫升葡萄糖注射液（浓度为5%）制成注射液，静脉注射。其后可每隔2～3小时注射1次，剂量减半。双解磷、双复磷用药与解磷定、氯磷定相类似，只是使用剂量要减少一半。也可使用硫酸阿托品，每千克体重注射10～30毫克，肌内注射，效果较好。③对症治疗。临床治疗中出现呼吸困难、心力衰竭、肌肉痉挛等症状时，要积极进行对症治疗。呼吸困难可使用氯化钙注射剂、心力衰竭可使用尼可刹米、肌肉痉挛可使用镇静剂水合氯醛或硫酸镁等。④中草药治疗。

【预　防】　加强药物管理，对于使用过的农药及配好的种子要妥善保管，对于农药配制器械不要随便丢弃，避免羊只舔食；使用青绿饲料时，必须实现调查所选择作物是否被有机磷农药喷洒过。如果有有机磷农药喷洒史，必须在使用前彻底清洗干净；有使用有机磷农药的地方要事先调查、标记清楚，严禁在1个月时间内进行放牧和割草；开展羊只驱虫工作过程中，尤其是使用敌百虫进行驱虫的时候，要把握好使用剂量、浓度及方法，切记不要与碱性药物共同使用。

（3）尿素等含氮物质中毒

【症　状】　误食含氮化学肥料，或利用尿素和铵盐等非蛋白氮作为蛋白质饲料时超过了规定用量所引起的中毒。发病较急，一般采食后20～30分钟发病，表现呼吸困难，呼出气中有氨味，大量流涎，口唇周围挂满泡沫，瘤胃臌气，出现腹痛、呻吟、肌肉颤抖，最后出汗，肛门松弛，倒地死亡。

【治　疗】　治疗原则为中和瘤胃内碱性物质，降低脲酶活性。可采用酸性物质治疗，用0.5～1升食醋加入2倍水，一次内服，配合250克红糖治疗效果会更好；也可以混合葡萄糖，使用浓度25%，剂量1 500～2 000毫升。10%安钠咖注射液，10～20毫升；维生素C注射液，30～40毫升；维生素B_1注射液600～1 000毫克；制成注射剂，一次静脉注射，效果明显。

【预　防】　加强尿素等含氮物质的喂养管理措施，是预防此病的关键所在。日常添加尿素等含氮物质时，严禁单独饲喂，必须与饲料混合使用。使用有尿素等含氮物质的饲料时，少量多饮，逐量进行，使羊只对饲料有一个逐渐适应的过程。开始的时候尽量少喂，最好能够在 2 周时间内达到饲喂标准量。如果在饲喂过程中，有所中断，下次饲喂还要按照逐渐饲喂的方法。此外，饲喂含有尿素等含氮物质的饲料时，严禁混入饮水中使用。

5. 常见营养代谢病防治 每年秋、冬季节，放牧羊群需要圈舍饲养。经过了春、夏季节放牧后，羊群膘情较好。近些年来，圈舍饲养羊群开始出现异嗜、跛行、卧地不起等症状，使得羊只膘情锐减。很多养羊户没有考察原因，就更换饲料或添加含钙饲料，结果收效甚微。多年临床经验表明，以上是由营养代谢病造成的。因为舍饲使羊群的饲料发生了结构性变化，牧草营养不均衡，引起了一系列营养代谢病。

（1）**羔羊白肌病** 以骨骼肌、心肌发生变性为主要特征。病变部肌肉色淡，似煮过样，甚至苍白，故名白肌病。本病多发于幼龄羊，以骨骼肌、心肌、肝组织等病变、坏死为主要特征。剖检患羊，肌肉色淡、苍白。本病常发于秋冬或冬春时期，气温骤变、青绿饲料匮乏，临床出现羔羊拱背、四肢无力、喜卧不起等。

【病　因】 饲料中缺乏硒和维生素 E 是导致白肌病产生的主要因素，另外，羔羊体内的锌、银等微量元素超标，限制羊体对硒和维生素 E 的吸收。当饲草中硒元素含量低于千万分之一时，就可导致此病。而维生素 E 是一种抗氧化剂，日常饲料高温、淋湿、暴晒等，都可引起饲草变质，破坏维生素 E 含量，引起白肌病。多呈地方性流行，3～5 周龄的羔羊最易患病。死亡率高达 40%～60%。生长发育越快的羔羊，越容易发病，且死亡越快。

【防　治】 ①要加强母羊饲养管理，日常多饲喂豆科类牧草。也可对其进行药物预防注射，常用亚硒酸钠溶液，使用浓度为0.2%，4～6 毫升 / 次，给妊娠母羊皮下或肌内注射，预防效果明显。②加强羔羊饲养管理，尤其是在缺硒地区，在羔羊出生后 20

天，可使用 0.2% 亚硒酸钠注射液，首次皮下注射或肌内注射，使用剂量为 1 毫升，间隔 20 天之后，加强免疫注射 1 次，剂量为 1.5 毫升，可起到有效预防作用。

在日常饲养管理中，一旦发现有染病羔羊，可使用亚硒酸钠溶液配合维生素 E 的组合，亚硝酸钠溶液使用浓度为 0.1%，给病患羔羊颈部注射 2～3 毫升维生素 E 注射液，剂量为 10～15 毫升，其后间隔 20 天，再注射 1 次，治疗效果明显。

（2）**羊佝偻病**　本病是羔羊由于钙、磷代谢障碍而引起的一种骨组织发育不良症。其中，维生素 D 的缺乏起重要作用。

【病　因】　佝偻病主要是由于体内维生素 D 供应不足，影响机体对钙元素、磷元素的吸收。研究发现，即使羔羊体内维生素 D 供应充足，但是母乳或者是饲草中钙、磷比例失衡，也可诱发此病。

【症　状】　轻症患羊生长迟缓，异嗜；喜卧不活泼，卧地起立缓慢，往往出现跛行，行走步态摇摆，四肢负重困难。患病后期，病羔以腕关节着地爬行，不能站立；重症患羊卧地，呼吸和心跳加快。

【防　治】　①加强妊娠母羊及泌乳母羊的饲料管理，可预先在饲料中添加丰富的蛋白质、钙元素及维生素 D，并注意钙、磷比例要适当。此外，及时补充骨粉、青干草及青绿饲料，羊只适度运动，以及接受足够的光照时间，都可对预防羊佝偻病起到很好的作用。②加强羔羊饲料管理。尽可能加入适量的胡萝卜、青草、苜蓿等青绿多汁饲料，并补充足量的食盐、骨粉、微量元素等，以防止本病发生。确诊后，可选择维生素 A、维生素 D 注射液，肌内注射 3 毫升。或使用精制的鱼肝油，肌内注射或者是灌服 3 毫升，疗效明显。此外，补充钙制剂，建议使用 10% 葡萄糖酸钙注射液 5～10 毫升，一次注射，效果较好。

（3）**异食癖**　是由于羊体代谢功能紊乱、味觉异常而引起。临床表现为到处舔舐、四处啃咬毫无营养价值的食物，此类病症常见于冬春舍饲的羊只。

【病　因】　①矿物质缺乏，尤其是钠盐不足，也可由于钾盐过量引起；②维生素缺乏，特别是缺乏 B 族维生素，因为这些是体内相关酶及辅酶的有效成分，一旦缺乏，很容易造成机体代谢紊乱；③蛋白质、氨基酸缺乏等。

【症　状】　羊异食癖一般从消化不良开始，接着出现味觉异常和异嗜症状。患羊舔食、啃咬、吞咽被粪便污染的饲料或垫草。舔食墙壁、食槽、砖块、瓦块等，对外界刺激的敏感性增高，以后迟钝。羊有时可发生食毛癖，多见于羔羊。

【防　治】　改善饲养环境，加强饲养管理，饲喂全价日粮，调查当地土壤矿物质缺乏情况，及时补充。同时，日常要多喂青绿饲料。

（4）维生素 A 缺乏症　是由于饲喂日粮中缺乏胡萝卜素、维生素 A 而引起的一种疾病类型。

【病　因】　直接诱因是缺乏维生素 A 或胡萝卜素，如果饲料调制不当，导致脂肪酸变质，也可加速维生素 A 的氧化分解，导致羊体内维生素 A 吸收不充分。此外，如果羊体大量缺乏蛋白质，也会影响维生素 A 在肠内的溶解和吸收，发生功能性的维生素 A 缺乏症。因此，在慢性肠道疾病、肝脏疾病发生时，也非常容易诱发维生素 A 缺乏症。

【症　状】　患羊，特别是羔羊，最早出现的症状是夜盲症，常发现在早晨、傍晚或月夜光线朦胧时，患羊盲目前进，碰撞障碍物，或行动迟缓，小心谨慎；继而骨筋异常，使脑脊髓受压和变形，上皮细胞萎缩，常继发唾液腺炎、肾炎、尿石症等；后期病羔羊的干眼尤为突出，导致角膜增厚和形成云雾状。

【防　治】　针对病症诱因，建议加强饲料管理，尤其不能饲喂发热、霉变、严重氧化的饲料，避免饲料中维生素 A 遭到破坏。冬季日粮配比中，要加入适量的胡萝卜或青贮饲料。长期饲喂枯黄干草的养羊户，建议在其中加入适量的鱼肝油预防。一旦发生维生素 A 缺乏，可立即给病羊口服鱼肝油，20～30 毫升 / 次。也可使用维生素 A、维生素 D 的混合注射液，肌内注射，2～4毫升/次，1次/天，对于减缓病症效果较好。研究发现，有病羊饲料中加入适量鱼肝油或者青绿饲料，可迅速减缓症状。

（5）**羊酮尿症**　又被称之为酮病、酮血病，是由于体内脂肪、蛋白质、糖等代谢紊乱，导致体内酮化合物积聚过多而引发的一种疾病。临床常见高产母羊、妊娠母羊、营养好的羊，染病后病死率较高。

【病　因】　该病主要是由于母羊营养不足、体内蛋白质及碳水化合物供应不足，加上胎儿发育较快，母体代谢不及时，脂肪代谢失衡，酮体大量堆积而染病。

【症　状】　病羊初期掉群，不能跟群放牧，视力减退，呆立不动，驱赶强迫其运动时，步态摇晃。后期意识紊乱，不听呼唤，视力消失。神经症状常表现为头部肌肉痉挛，并可出现耳、唇震颤，空嚼，口流泡沫状唾液。病羊食欲减退，前胃蠕动减弱，黏膜苍白或黄疸；体温正常或低于正常；呼出气及尿中有丙酮气味。

【防　治】　加强母羊的饲养管理是预防关键的措施，尤其是在冬季，一定要做好防寒工作。同时，要在饲料中补充足量的维生素及矿物质，保证其生长的营养需求。此外，保证分娩前母羊适量运动，对于酮尿症预防大有帮助。治疗：调理体内氧化还原过程，在饲料中添加 15 克醋酸钠，连续使用 7 天，效果明显；治疗肝脂肪变性，可使用 25% 葡萄糖注射液，静脉注射，每次 50～100 毫升，效果显著。

（6）**食毛症**　主要发生在绵羊上，绵羊羔羊发生食毛症是羔羊的一种代谢紊乱疾病，表现为喜欢舔食羊毛。由于食毛过多，影响消化，甚至并发肠梗阻造成死亡。

【病　因】　一般认为，可能与缺乏维生素和无机盐矿物质，特别是铜、钴、硫等元素有关。舍饲成年绵羊发病有可能是一种恶癖，或由于突然改换饲料造成应激所致；日粮中含硫氨基酸（胱氨酸、半胱氨酸和蛋氨酸）缺乏，即发生食毛症；钴和铜缺乏及钙磷缺乏或比例失调发生的佝偻症亦能引发此病。放牧羊只发病可能与所处环境土壤缺硫，导致牧草含硫量不足有关。寄生虫病也可引发此病。

【症　状】　患病初期，羔羊啃食母羊被毛，有异食癖，喜食污粪或舔土和田间破碎塑料薄膜碎片等物，当形成毛球或异物团块其横径大于幽门或嵌入肠道，使真胃和肠道阻塞，羔羊呈现消化不良，便秘，腹痛及胃肠臌气。严重者表现消瘦贫血，成年羊常在一起互相啃食被毛，使整群羊全身或局部被毛脱落。

【防　治】　①治疗需真胃切开术取出毛球，除种用价值特别高外，无实际治疗价值。②对舍饲绵羊要加强饲养管理，给予全价饲料，精粗搭配合理并给予足量青绿饲料，适量增加运动；放牧羊只要经常改换放牧地，合理补饲富含维生素和矿物质添加剂的混合精饲料。另外，在羊舍中长期悬挂绵羊专用优质舔砖可有效防止此病的发生。③要坚持每天仔细观察羊只情况，羔羊发生本病后，应及时隔离并清理胃肠，维持心肌功能，防止病情恶化。成年羊发现本病后也应隔离并改善饲料的营养成分，增喂富含矿物质和维生素的饲料，加强羊只运动，防止扩及全群。

6. 常见创伤病治疗　羊体局部受到外力作用而引起的软组织开放性损伤，如擦伤、刺伤、切伤、裂伤、咬伤及因手术而造成的创伤等。创伤过程中如有大量细菌侵入，则可发生感染，出现化脓性炎症。羊发生坏死杆菌病（腐蹄病），是因蹄部受伤后感染化脓所致，羊发生破伤风，主要是由于阉割或处理羔羊脐带时伤口消毒不严，导致病原菌侵入产生毒素而引起。外伤也可成为羊流产的原因之一。

【症　状】　各种创伤的主要症状是出血、疼痛和伤口裂开，创伤严重的，常可出现不同程度的全身症状。创伤如感染化脓，创缘及创面肿胀、疼痛，局部温度增高，创口不断流出脓汁或形成很厚的脓痂。创腔深而创口小或创内存有异物形成创囊时，有时会发生脓肿或引起周围组织的蜂窝织炎（即皮下、肌膜下及肌间等处的疏松结缔组织发生急性进行性化脓性炎症），并有体温升高。随着化脓性炎症的消退，创内出现肉芽组织，一般呈红色平整颗粒状，质地较坚硬，表面附有黏稠的带灰白色脓性物。

【治　疗】

（1）一般创伤的治疗

①创伤止血如伤口出血不止，可施行压迫、钳夹或结扎止血。还可应用止血剂，如外用止血粉撒布创面，必要时可应用安络血（肌内注射 $2\sim4$ 毫克，每日 $2\sim3$ 次）、维生素 K_3（肌内注射 $30\sim50$ 毫克，每日 $2\sim3$ 次）等全身止血剂。

②清洁创围先用灭菌纱布将创口盖住，剪除周围被毛，用 0.1% 新洁尔灭溶液或生理盐水将创围洗净，然后用 5% 碘酊进行创围消毒。

③清理创腔除去覆盖物，用镊子仔细除去创内异物，反复用生理盐水洗涤创腔，然后用灭菌纱布轻轻地吸蘸创内残存的药液和污物，再于创面涂布碘酊。

④缝合与包扎创面比较整齐，外科处理比较彻底时，可行密闭缝合；有感染危险时，行部分缝合；创口裂开过宽，可缝合两端；组织损伤严重或不便缝合时，可行开放疗法。四肢下部的创伤，一般应行包扎。

若组织损伤或污染严重时，应及时注射破伤风类毒素、抗生素。

（2）化脓性感染创的治疗

①化脓创的治疗步骤是清洁创围。用 0.1% 高锰酸钾液、3% 过氧化氢溶液或 0.1% 新洁尔灭溶液等冲洗创腔；扩大创口，开张创缘，除去深部异物，切除坏死组织，排出脓汁；最后用 10% 磺胺乳剂或碘仿甘油等行创面涂布或纱布条引流。有全身症状时，可用抗菌消炎药物，并注意强心解毒。

如为脓肿，病初可用温热疗法（如热敷），或涂布用醋调制的复方醋酸铅散（安得利斯），同时用抗生素或磺胺类药物进行全身性治疗。如果上述方法不能使炎症消散，可用具有弱刺激性的软膏涂布患部，如鱼石脂软膏等，以促进脓肿成熟。出现波动感时，即表明脓肿已成熟，这时应及时切开，彻底排除脓汁，再用 3% 过氧化氢溶液或 0.1% 高锰酸钾水冲洗干净，涂布磺胺乳剂或碘仿甘油，或视情况用纱布条引流，以加速坏死组织的净化。

②肉芽创的治疗步骤：首先清理创面，然后清洁创面（用生理盐水轻轻清洗），最后再局部用药（应用刺激性小、能促进肉芽组织和上皮生长的药，如 3% 甲紫等）。如肉芽组织赘生，可用硫酸铜腐蚀。

7. 常见产科病防治 母羊在围生期和哺乳期，由于身体抵抗力脆弱，极易发生产科疾病，一些疾病的发生可导致母羊流产、死胎、繁殖障碍等，甚至会影响母羊正常产羔及羔羊的成活率。因此，做好母羊产科疾病的预防控制工作，对提高养殖效益至关重要。

（1）难 产

【症 状】 羊分娩发生困难，不能将胎儿顺利产出。临床表现为妊娠母羊阵痛，起卧不安，时有弓腰努责，回头顾腹，阴门肿胀，从阴门流出红黄色浆液，有时露出部分胎衣，有时可见胎儿蹄或头，但胎儿长时间不能产出。

【治 疗】 发现难产，要立即采取助产措施。①保定和消毒。发现难产母羊，要侧卧保定患病母羊。助产前，对所用器械、母羊外阴、术者手臂等进行彻底消毒。②检查胎儿及胎位。术者将手伸入母羊阴道检查胎儿是否死亡及其胎位是否正常，如果胎儿表现出心跳、吮吸、四肢收缩等，表明胎儿仍然存活。③助产。根据胎位情况，及时矫正胎位，将胎儿拉出。对于多胎母羊，首羔产出半小时后还未产羔的，或者努责微弱者，可立即肌内注射垂体后叶素（1～2 毫升）、麦角碱注射液（1～2 毫升），缓解病情。其中，麦角碱注射液仅用于子宫完全张开、胎位及胎向正常时使用。助产中，如果出现子宫颈扩张不全、紧缩，或者是母骨盆腔狭窄，胎儿由此不能产出时，可立即进行剖宫产急救，以保护母羊。

【预 防】 首先，严格控制配种时间，不要在母羊成熟之前进行配种，特别是那种公、母羊混放的羊群，更应该注意。其次，加强母羊妊娠期管理，尤其要照料好瘦弱、营养不良的母羊，保证母羊有一个健壮的身体抵御疾病的侵蚀。最后，做好分娩前羊羔助产各方面工作，要安排专人负责，及时处理分娩过程中出现的各种异常情况。

（2）流　产

【症　状】　母羊妊娠中断，或胎儿不足月就排出子宫而死。临床流产可细分为小产、流产、早产，突然发生流产者，产前一般无特征表现。发病缓慢者，表现精神不佳，食欲停止，腹痛起卧，努责咩叫，阴门流出羊水，待胎儿排出后稍为安静。若在同一群中病因相同，则陆续出现流产，直至受害母羊流产完毕，方能稳定下来。外伤性致病结果，可使羊发生隐性流产，即胎儿不排出体外，自行溶解，胎骨残留于子宫。由于受外伤程度的不同，受伤的胎儿常因胎膜出血、剥离，于数小时或数天排出体外。

【防　治】　发现难产，胎儿产下不足1个月或者是死亡的，应不予治疗，仅做好母羊护理即可。日常饲养管理中，如果发现有流产先兆的母羊，可立即肌内注射黄体酮注射液15毫克。如果发现有死胎滞留的，可立即采取助产或者是引产措施。如果有胎儿死亡，但是母羊子宫颈不能张开的，可首先注射雌激素，比如己烯雌酚或苯甲酸雌二醇2～3毫克，使子宫颈完全张开，然后把胎儿拉出来。治疗期间，出现全身症状时要对症治疗。

（3）胎衣不下

【症　状】　妊娠母羊产后4～6小时，尚未排出胎衣，为母羊胎衣不下。临床表现为弓腰努责，食欲减少或消失，精神较差，喜卧地；体温升高；呼吸及脉搏增快。胎衣久久滞留不下，可发生腐败，从阴门中流出污红色腐败恶臭的恶露，其中杂有灰白色未腐败的胎衣碎片等。当全部胎衣不下时，部分胎衣从阴门中垂露于后肢跗关节部。

【治　疗】　分娩母羊胎衣不下在24小时之内的，可使用缩宫素、垂体后叶素、麦角碱等注射液继续肌内注射治疗，剂量为0.8～1毫升，用药后48～72小时尚不见好转者，可立即采取手术治疗。手术步骤：①保定和消毒。发现有胎衣不下的母羊，可取侧卧保定。术前，对所用器械、母羊外阴、术者手等进行彻底消毒。②手术治疗。手术者一手紧握病羊露出胎衣，稍微向外牵拉。另一手顺着胎衣逐渐伸入母羊子宫内，并用中指和食指夹住胎盘周边的绒毛，用拇指逐渐剥离开母羊与羔羊胎盘粘连的周围边缘，大约剥离半周之后，手顺时针向手背方向翻转可扭转绒毛膜，使胎盘从小窦中拔出，与母体胎盘分离。子宫角尖端难以剥离时，常借子宫角的反射收缩而上升，再行剥离。③术后处理。手术结束之后，可向母羊子宫内灌注抗生素或防腐消毒药水，常用土霉素2克，混合生理盐水100毫升，将其注入子宫内。也可直接灌注0.2%普鲁卡因溶液，用量为30～50毫升，治疗效果较好。

此外，临床治疗中未采用手术剥离的，可直接使用防腐消毒药水或者是抗生素，让胎膜自溶排出，也可达到自行剥离的目的。还可选择土霉素胶囊，治疗效果也较为明显。

【预　防】①日常要加强对妊娠母羊的饲养管理，做好日粮配制，保证日粮中有充足的钙、磷、钾及维生素A、维生素D。注意：在产前5天内不要饲喂过多的精饲料，并保证妊娠母羊接受充足的光照。②保证饲养母羊有足够的运动量，积极做好布鲁氏菌病的防治工作。③注意保证舍内及产房内环境的清洁卫生，为临产母羊创造一个良好的生产环境。临产前后，做好消毒工作，对所用器械、母羊外阴、术者手部等进行彻底消毒。分娩过程中，要保证舍内安静、清洁。分娩结束后，让母羊将羔羊身上的黏液舔舐干净。羔羊清整干净后，尽量保证羔羊早吮乳，可有效防治胎衣不下症状的出现。

（4）子宫炎

【病　因】羊子宫炎是因分娩、助产、子宫脱垂、阴道脱垂、胎衣不下、腹膜炎、胎儿死于腹中等导致细菌感染而引起的子宫黏膜炎症。临床诊断有急性和慢性2种。按炎症的性质可分为卡他性、出血性和化脓性子宫炎。

【症　状】　急性病例初期病羊食欲减少，精神欠佳，体温升高；因有疼痛反应而磨牙、呻吟；可表现前胃弛缓；拱背、努责，常做排尿姿势；阴门内流出污红色内容物。慢性病例病情较急性轻微，病程长；子宫分泌物量少，如不及时治疗可发展为子宫坏死，继而全身状况恶化，发生败血症或脓毒败血症，有时可继发腹膜炎、肺炎、膀胱炎、乳房炎等。

【防　治】　防治方法是净化清洗子宫，用0.1%高锰酸钾溶液或0.1%普鲁卡因溶液300毫升，灌入子宫腔内，然后用虹吸法排出灌入子宫内的消毒液，每日1次，可连用3～4次。消炎可在冲洗后给羊子宫内注入2%碘甘油3毫升，或投放土霉素（0.5克）胶囊；用青霉素980万单位、链霉素50万单位，肌内注射，每日早、晚各1次。治疗自体中毒，应用10%葡萄糖注射液100毫升、林格氏液100毫升、5%碳酸氢钠注射液30～50毫升，一次静脉注射，肌内注射维生素200毫克。

（5）**假死羔羊**　假死是指刚产出的羔羊由于窒息而呈呼吸困难或无呼吸而仅有心跳，如不及时抢救，往往造成死亡。抢救时，首先用干布擦净羔羊鼻孔及口腔内的羊水；为了诱发呼吸反射，可用草秆刺激鼻腔黏膜，或用浸有氨水的棉花放在鼻孔上；若仍不见效，可将其倒提起来抖动，并有节律地轻压胸腹部以诱发呼吸，同时使呼吸道内的液体流出。

（6）**乳房炎**　乳房炎是常见疾病，隐性乳房炎无明显临床症状。临床型病羊体温升高，心跳加快，精神沉郁，反刍停止，乳房红肿、热痛，且有时有硬结，乳汁稀薄，两后肢叉开，不愿行走，手指触诊敏感，不让羔羊吮乳。临床型乳房炎患羊用抗生素治疗。向乳头内注射青霉素80万单位、链霉素100万单位，每天2次。全身症状明显者，肌内注射或静脉注射上述抗生素。

[案例 3-6] 冬季羊普通病预防措施

1. 冬季羊普通病的发生有什么特点

冬季天气寒冷、夜长，牧草枯萎，青饲料缺乏，饲草营养价值较低，羊体热量散失较多，而这时又正值大多数母羊的妊娠期，育成羊则进入第一个越冬期。此时，羊群对营养物质的需求较多，一旦饲养管理不当，很容易发生乳房炎、感冒、瘤胃臌气、皱胃阻塞等疾病。养羊户一定要加强管理，努力做好各种疾病的预防和治疗，不能掉以轻心。

2. 冬季羊易发生的普通病有哪些

据调查，冬季羊易发生的普通病主要有：乳房炎、前胃弛缓、瘤胃臌气、皱胃阻塞等。因此，要提前做好这几种常发普通病的预防措施。

3. 如何预防羊冬季普通病的发生

针对冬季的特点，应该做好保暖通风，清洁卫生。采取加大圈舍采光面积、烧火取暖、封堵门窗、保持干燥等措施，以提高圈舍温度。同时，每天定时开窗3～4次，排出羊舍内的污浊气体。经常打扫圈舍，及时清除粪便，保持环境卫生。

加强营养，加强运动。在保证羊每天吃足青干草的同时，喂给全价日粮，以满足羊的营养需要。羊转入舍饲后，每天要将其赶到运动场上自由活动2～3小时。常刷拭羊体。

做好保胎工作。冬季绝大多数母羊处于妊娠期，因此要抓好保胎工作，公、母羊分开饲养。放牧时妊娠母羊不可吃霜冻草。防止打斗、冲撞、挤压及跌倒和人为急追猛打等引起流产。多给母羊喂精饲料和淡盐温水。

4. 冬季为预防春季羊普通病应做哪些准备工作

加强管理，防寒保暖，加强羊的运动，合理搭配营养，增强羊的抗病能力，做好预防工作。

（四）常见寄生虫病防治

1. 概述　羊寄生虫病是指寄生在羊体内导致羊病发生的一种疾病。羊寄生虫病是一种慢性消耗性疾病，对羊的危害十分严重，常在春季引起羊只的大量死亡。寄生虫病具有传染性，可根据羊得病部位确定其寄生部位，可分为外寄生、内寄生和原虫病。

随着羊群饲养规模的增大、带虫羊粪中虫卵对牧地的污染，以及圈舍狭小、密集饲养等因素引起的重复、交叉感染机会的增多，导致寄生虫病对羊群的危害越加严重，其对羊群的危害表现在以下几个方面。

（1）寄生虫对羊的危害

①夺取营养　羊消化道内的许多寄生虫往往以宿主消化好的食糜作为自己的营养，结果导致羊只营养缺乏、消瘦、生长发育受阻。如莫尼茨绦虫1天可生长达8厘米，其消耗的营养物质就可想而知了。

②吸食血液　有些寄生虫以吸食羊的血液为生，如捻转血矛线虫、蜱、血虱等。有资料表明，羊真胃中寄生2000条捻转血矛线虫1天可吸血30毫升。大量寄生时，常引起羊只贫血、腹泻、恶病质乃至死亡。

③机械损伤　寄生虫以羊的组织为食，如仰口线虫等，可以损伤肠黏膜。有的寄生虫在幼虫发育阶段在动物体内有移行蜕变过程，如蛔虫、肝片吸虫等，可以造成组织和血管的损伤；有的寄生虫在腔管中大量寄生，可造成肠道、胆道、支气管、淋巴管、胰管等堵塞，而继发组织器官的质变。

④毒素作用　许多寄生虫的代谢产物或其本身的内含物对羊均有毒害作用，引起体温升高、黄疸、血尿等症状。

⑤带入其他病原　一些寄生虫是原虫（细菌和病毒亦是）的携带者，如体外寄生虫蜱，往往可以传播巴贝斯虫、泰勒氏焦虫和边虫等血液原虫病。

（2）**寄生虫呈现混合交叉感染** 由于群体大，牧场和羊舍拥挤，寄生虫虫卵对外界的抵抗力极大，所以羊群感染的寄生虫常有肝片吸虫、莫尼茨绦虫、细颈线虫、捻转血矛线虫、疥螨、蜱等体内外寄生虫多种混合感染，羊只之间也往往呈现交叉感染。对此，在防治羊群寄生虫病时对驱虫药物的选择要求更高了。

（3）**寄生虫感染的强度显著增大** 由于寄生虫对牧地畜舍的严重污染，寄生虫对羊只的感染是多次、重复的，因此羊群饲养较零星散养的寄生虫感染强度要显著增强，这给寄生虫的防治带来了很大难度。

（4）**寄生虫病成了危害养羊业的主要疾病** 由于规模化养羊寄生虫感染的强度增大，又多出现交叉感染、混合感染现象，所以较散养比，寄生虫病已经成为危害养羊业的主要疾病。我们曾调查过一些南方养羊场，如果不注意对寄生虫的防治，羊群死亡率可达30%以上。因此，要发展养羊，特别是规模化养羊，必须有效控制寄生虫病对羊的危害。

（5）**防治羊寄生虫病仍以药物驱虫为主** 目前，防治羊寄生虫病的有效方法仍以药物驱虫为主，全球每年驱虫药物的销量约占兽药的1/3，在一些畜牧生产发达国家甚至可高达40%～50%的事实，即可说明这个问题。药物驱虫如果使用不当是会带来一些副作用，但是把握驱虫最佳时机，采用一些高效低毒广谱的驱虫药物及与规模化养羊相适应的剂型，就可收到事半功倍的效果，同时可以显著提高养羊业的经济效益。

2. 体内寄生虫病防治 生活在羊体内组织、细胞、器官和体腔中的寄生虫称为体内寄生虫。羊常见的体内寄生虫有肝片吸虫、肺丝虫、血吸虫、前后盘吸虫、莫尼茨绦虫、脑包虫、胃线虫、球虫、蛔虫、消化道吸虫等。

体内寄生虫的防治，必须贯彻"预防为主、防重于治"的方针，采取综合性的预防措施：①控制和消灭传播来源。根据寄生虫病的流行特点，在发病季节到来之前，用药物给羊群进行预防性驱虫，通常每年 2 次。2～3 月份采取幼虫驱虫技术，防止"春季高潮"的出现；8～9 月份驱虫，防止成虫"秋季高潮"和减少幼虫的"冬季高潮"。对于寄生虫感染严重的羊场，可在 5～6 月份增加 1 次驱虫。对于某些直接接触感染的寄生虫病，还应将病羊进行隔离治疗。常用的驱虫药物有阿维菌素、丙硫咪唑、阿苯达唑、氯氰碘柳胺、吡喹酮等。②切断传播途径。保持羊舍的洁净、干燥。坚持定期对羊舍、羊栏、用具和运动场等进行清扫和消毒。羊舍的粪便采取集中堆积发酵处理，以杀死病原微生物、寄生虫卵及幼虫。③保护好易感动物。要保证羊只日粮的足量供给和营养全价，保障机体有高度稳定的抵抗力，防寒保暖，减少应激。

3. 体外寄生虫病防治　羊主要的体外寄生虫有疥螨、痒螨、虱、蜱等。体外寄生虫常造成皮肤损伤，与宿主争夺营养物质，严重影响羊只生长发育和生产性能，对养羊业危害极大。

体外寄生虫病一般采取以下防治措施：①及时隔离。羊发生体外寄生虫病时，应及时治疗，并与其他羊隔离，以免造成全群感染。②阿维菌素注射液每千克体重 0.02 毫克，皮下注射。③定期对羊群进行药浴。每年应在羊只剪毛后 10 天左右给羊药浴，此时羊剪毛后的伤口已经愈合，容易适应，同时也会减少羊只药浴中毒情况的发生。药浴要选择在无风的晴朗天气进行。最好间隔 7 天再药浴 1 次，以确保效果。可选择 0.005% 溴氰菊酯水乳剂、0.006% 氯氰菊酯水乳剂等进行药浴。

4. 常见寄生虫病防治　羊的寄生虫病多呈慢性经过，由单纯的寄生虫病引起的死亡率不高，很容易被忽视，一旦诱发其他疾病还可造成羊的死亡，给养羊业带来一定的经济损失。因此，对羊寄生虫病的防治应坚持"预防为主，防重于治"的方针。

（1）肝片吸虫病　又称肝蛭病，是由肝片吸虫寄生在羊的胆管内而引起的。该病可导致感染羊精神不振、食欲减退、贫血、消瘦及眼睑、下颌、胸前、腹下水肿。

防治：①定期驱虫，每年进行驱虫 1～2 次。②羊的粪便要堆积发酵后再使用，以杀灭虫卵。③消灭该病的中间宿主椎实螺，并尽量不到沼泽、低洼地区放牧。④预防和治疗时，可用丙硫苯咪唑、左旋咪唑、硫双二氯酚、敌百虫、硝氯酚等药物。

（2）消化道线虫病　常见的线虫有捻转血矛线虫、羊仰口线虫、食管口线虫和毛首线虫等，它们可引起不同程度的胃肠炎和消化功能障碍，导致病羊消瘦、贫血，严重者可死亡。

防治：①加强饲养管理，注意饮水卫生，每年驱虫2次，粪便发酵处理。②治疗可用敌百虫、抗蠕敏、左旋咪唑、阿维菌素、伊维菌素等药物。

（3）羊螨病　又叫疥癣，是疥螨和痒螨寄生于羊体表面而引起的慢性寄生虫病，其特征是皮炎、剧痒、脱毛、结痂。该病的传染性强，对羊的毛皮危害严重，也可造成羊的死亡。

防治：①按0.2毫克/千克体重的剂量皮下注射阿维菌素，或按0.3毫克/千克体重的剂量口服阿维菌素和按0.2毫克/千克体重的剂量口服伊维菌素。②对病羊可用5%敌百虫溶液涂擦患部，每次用药面积不超过体表面的1/3。

（4）羊毛虱病　毛虱侵袭羊体后，造成皮肤局部损伤、水肿、皮肤肥厚，甚至还可进一步造成细菌感染，引起化脓、肿胀和发炎等。当幼虱大量侵袭羊体后，可形成恶性贫血。同时，毛虱可传播炭疽芽孢杆菌、立克次体等多种病原体。

防治：①消灭畜体上的毛虱。人工捕捉：在羊只饲养少、人力充足的条件下，要经常检查羊的体表，发现毛虱时应立即将其杀死。粉剂涂擦：可用3%马拉硫磷、2%害虫敌、5%甲萘威等粉剂涂擦羊的体表，在毛虱病的流行季节，每隔7～10天处理1次，羊的用量一般为30克/只。药液喷涂：可使用1%马拉硫磷、0.2%辛硫磷、0.2%杀螟硫磷、0.25%倍硫磷、0.2%害虫敌等乳剂喷涂畜体，用量为200毫升/只·次，每隔3周处理1次。药浴：可选用0.1%马拉硫磷、0.1%辛硫磷、0.05%毒死蜱、0.05%地亚农、1%甲萘威、0.0025%溴氰菊酯、0.003%氟苯醚菊酯、0.006%氯氰菊酯等乳剂，对羊进行药浴。此外，也可用阿维菌素进行皮下注射，剂量为0.2毫克/千克体重。②消灭羊舍内的虱，有些虱在圈舍的地面、饲槽等缝隙中生存，可选用上述药物喷洒或粉刷后，再用水泥、石灰或黄泥堵塞缝隙。

（5）**羊鼻蝇蛆病**　是由羊鼻蝇的幼虫寄生在羊的鼻腔及附近腔窦内所引起的疾病。病羊表现为精神不安、体质消瘦，甚至发生死亡。羊鼻蝇幼虫进入羊的鼻腔、额窦及颌窦后，在其移行过程中，由于口前钩和体表小刺损伤黏膜引起鼻炎，表现为患羊流鼻液，初为浆液性，后为黏液性和脓性，有时混有血液；当大量鼻液干涸在鼻孔周围形成硬痂时，可导致患病羊呼吸困难。病羊表现不安、打喷嚏、时常摇头、摩鼻、眼睑水肿、流泪、食欲减退、日渐消瘦。症状可因幼虫的发育期不同而持续数月。通常感染不久呈急性表现，以后逐渐好转，到幼虫寄生的末期，疾病症状加剧。此外，当个别幼虫进入颅腔损伤了脑膜或因鼻窦发炎而波及脑膜时，可引起神经症状，表现为运动失调、旋转运动、头弯向一侧或发生麻痹；最后病羊食欲废绝，因极度衰竭而死亡。

防治：可用精制敌百虫与敌敌畏进行治疗。

精制敌百虫，口服，剂量为0.12克/千克体重，配制成2%溶液灌服。肌内注射时，取精制敌百虫60克、95%酒精31毫升，在瓷容器内加热后，加入31毫升蒸馏水，再加热至60℃～65℃，待药完全溶解后，加水至总量100毫升，经药棉过滤后即可注射；根据羊的体重不同剂量也不同：10～20千克体重用0.5毫升，20～30千克体重用1毫升，30～40千克体重用1.5毫升，40～50千克体重用2毫升，50千克以上体重用2.5毫升。

敌敌畏，口服，剂量为5毫克/千克体重，每日1次，连用2天。烟雾法常用于大面积防治，按室内空间每立方米用80%敌敌畏0.5～1毫升，吸雾时间应根据小群羊安全试验和驱虫效果而定，一般不超过1小时。气雾法：该法也适合大群羊的防治，可用超低量电动喷雾器或气雾枪使药液雾化，药液的用量及吸雾时间同烟雾法。涂擦方法：用1%敌敌畏软膏，在成蝇飞翔季节涂擦良种羊的鼻孔周围，每隔5天1次，可杀死雌蝇产下的幼虫。

（6）**血吸虫病** 病羊表现为腹泻，粪便中带有黏液、血液，体温升高，黏膜苍白，日渐消瘦，生长速度明显下降，可导致母羊的不孕或流产。

防治：采取综合性措施，定期驱虫，及时治疗病羊，在发病区域做好粪便管理和用水安全等。可选用以下药物进行治疗：硝硫氰胺，按4毫克/千克体重的剂量，配成2%～3%水悬液，颈静脉注射；吡喹酮，按30～50毫克/千克体重，一次口服；敌百虫，绵羊按70～100毫克/千克体重的剂量，山羊按50～70毫克/千克体重的剂量，灌服；六氯对二甲苯，按200～300毫克/千克体重的剂量，一次灌服。

（7）**绦虫病** 感染绦虫的病羊一般表现为食欲减退、饮水增加、精神不振、虚弱、发育迟滞。病情严重时，病羊腹泻、粪便中混有成熟绦虫节片，病羊迅速消瘦、贫血；有的病羊出现痉挛或头部后仰的神经症状；有的病羊因成团的虫体引起肠阻塞，产生腹痛甚至发生肠破裂。发病末期，羊常因衰弱而卧地不起，多将头转向后方，有咀嚼运动，口周围有许多泡沫，最后死亡。

防治：①采用圈养的饲养方式，以免羊吞食含有虫卵的草而感染绦虫病；不要在潮湿地放牧，尽可能少在清晨、黄昏和雨天放牧，以免感染病菌；驱虫后的羊粪要及时集中堆积发酵，以杀死虫卵；经过驱虫的羊群，不要到原地放牧，要及时转移到安全牧场，可有效地预防绦虫病的发生；要做到定期驱虫。②治疗时，可选用下列药物：丙硫苯咪唑，按10～16毫克/千克体重，一次内服；硫双二氯酚（别丁），按50～70毫克/千克体重，一次灌服；吡喹酮，按5～10毫克/千克体重，一次内服；甲苯咪唑，按20毫克/千克体重，一次内服。

（8）**羊肺线虫病** 感染该病后，首先个别羊发生干咳，继而成群羊咳嗽，运动时和夜间咳嗽更为明显，且呼吸声亦明显粗重。在频繁而痛苦的咳嗽中，常咳出含有成虫、幼虫及虫卵的黏液团块，咳嗽时伴发啰音和呼吸促迫，鼻孔中排出黏稠分泌物，干涸后形成鼻痂，从而使呼吸更加困难。病羊常打喷嚏，逐渐消瘦，贫血，头、胸及四肢水肿，被毛粗乱。

防治：该病流行区内，每年应对羊群进行 1～2 次普遍驱虫，并及时对病羊进行治疗。驱虫治疗期应收集粪便进行生物热处理。羔羊与成年羊应分群放牧，并饮用流动水或井水。有条件的地区，可实行轮牧，避免在低湿沼泽地区牧羊。冬季应适当补饲，补饲期间每隔 1 天可在饲料中加入硫化二苯胺，按成年羊 1 克、羔羊 0.5 克剂量，让羊自由采食，能大大减少病原的感染。

（9）脑多头蚴病（脑包虫病）　是由于多头绦虫的幼虫——多头蚴寄生在绵羊、山羊的脑和脊髓内，引起脑炎、脑膜炎，甚至死亡的严重寄生虫病。该病散布于全国各地，并多见于犬活动频繁的地区。

防治：①防止犬等肉食兽吃到带有多头蚴的脑、脊髓；对患羊的脑和脊髓应烧毁或深埋；对护羊犬应进行定期驱虫；注意消灭野犬、狼、豺、狐等终末宿主，以防病原进一步散布。②该病可实施手术摘除寄生在脑髓表层的虫体，即在多头蚴充分发育后，根据囊体所在的部位施行外科手术，术部开口后，先用注射器吸去囊中液体，使囊体缩小，然后完整地摘除虫体。药物治疗可用吡喹酮，病羊按 50 毫克 / 千克体重的剂量，连用 5 天；或按 70 毫克 / 千克体重的剂量，连用 3 天。

第四章
肉羊产品加工利用与推广篇

一、羊粪的开发与利用

羊粪是家畜粪肥中养分最浓，氮、磷、钾含量最高的优质有机肥。一只羊年可排粪 750～1 000 千克，总含氮量 8～9 千克，相当于 15～20 千克硫酸铵，可施 667～1 000 米²地。羊粪肥效持久，施用 1 次，3 年有效。同时，羊粪可以晒干、过筛，避免了污染和减少堆放场所，还便于包装运输、外调增收。

羊粪虽好，但使用之前必须经过充分腐熟，否则当时施用不起作用。具体方法如下。

（一）堆肥腐熟，还田利用

优点是投资省，技术设备简单，运行费用低，操作管理方便，肥田效果明显。技术要点是：提供足够的氧，保持适当的水分和控制好发酵时间。为此，将玉米秸捆或带小孔的竹竿在堆肥过程中插入粪堆，以保持堆内有好氧发酵的环境。为了保证沤制发酵所能达到的要求温度，物料的适宜含水率应在 50%～65%。当初始含水率大于 70% 时，堆制物料好氧降解不完全，所释放的能量不足以使堆肥升温到 50℃ 以上，进而影响杀灭鲜粪中的有害虫卵和微生物。低于 50% 时，发酵"过火"也同样不易成功。需保证足够的时间对粪便进行熟化以提高其安全性、稳定性和无害化程度。由于堆沤的温度、水分等环境因素的差异很大，所以夏季可缩短，冬季可略长。羊粪熟化一般需要 2～3 个月。

（二）好氧发酵干燥，制成有机肥

优点是突破了农田施有机肥的季节性与农田面积的限制，克服使用、运输、储存不便的缺点，并能消除恶劣卫生状况。同时，可以充分利用粪便中的有机质和营养元素，使羊粪转化成性质稳定、无害的有机肥料。还可根据不同作物的吸肥特性，按不同比添加无机营养成分，制成不同种类的复（混）合肥，为羊粪资源的开发利用开辟更广阔的市场空间。操作技术要点是：①控制粪便含水率。同样要求物料的初始含水率为 50%～65%。含水率合适时，有机物好氧降解使得粪堆内温度快速上升，一般可达 50℃～70℃。含水率大 70% 时，发酵完全，释放的能量不足以使堆内温度上升到 50℃以上；高于 90% 时，发酵前需添加谷糠或碎秸秆。②调节粪便的碳氮值。微生物繁衍需要碳与氮，平均每 30 份的碳需 1 份氮，即碳氮比为 26～35∶1，而羊粪的碳氮比为 12.3∶1，故操作前需添加谷糠或碎秸秆。添加后，既可降低羊粪含水率，还能调高碳氮值，使好氧发酵迅速达到高温发酵阶段。③调节粪便的 pH 值。微生物需求的 pH 值为 7 左右，而鲜粪的 pH 值一般低于 7，需要进行调节。如添加谷糠等，实际上也起到调节物料 pH 值至中性的作用。

此外，在粪肥发酵过程中，还可接种有效微生物促进好氧发酵、高温无害化处理而制成生物有机肥。技术关键是开发和筛选发酵效率高、成本低的菌种。目前，应用较多的有光合细菌、乳酸菌、酵母菌等，统称为 EM 菌。在粪堆内加少量腐杆灵等催腐剂或固氮、解磷、解钾等菌肥，效果也挺好。

为了确保鲜羊粪的熟化处理，当粪堆内温度达到 50℃以上时，应进行翻粪，边翻边打碎粪块，再起堆。继续堆腐 5 天左右，再边翻边打碎粪块，然后再起堆。经过如此 3～4 次翻倒，即可达到腐熟程度（黑、烂、臭、湿）。

二、肉羊屠宰与胴体分割

羊的屠宰方法和技术高低，直接关系着羊肉和羊皮的品质。

（一）肉羊屠宰加工流程

1. 待宰圈管理　卸车前应索取产地动物防疫监督机构开具的合格证明，并临车观察，未见异常、证货相符后准予卸车。

经清点头数，用轻拍的方式驱赶健康的羊只进入待宰圈，按羊的健康状况进行分圈管理。待宰圈的占地面积按每只羊 $0.6\sim0.8$ 米^2 设计。

待宰羊送宰前应停食静养 24 小时，以便消除运输途中的疲劳，恢复正常的生理状态，在静养期间检疫人员定时观察，发现可疑病羊送隔离圈观察，确定有病的羊送急宰间处理，健康合格的羊在宰前 3 小时停止饮水。

2. 刺杀放血

（1）卧式放血　用 V 形输送机将活羊输送到屠宰车间，在输送机上输送的过程中用手麻电器将羊击晕，然后在放血台上持刀刺杀放血。

（2）倒立放血　活羊用放血吊链拴住一后腿，通过提升机或羊放血线的提升装置将毛羊提升进入羊放血自动输送线的轨道上再持刀刺杀放血。

（3）羊放血自动输送线　轨道设计距车间的地坪高度不低于 2 700 毫米，在羊放血自动输送线上主要完成的工序：上挂、（刺杀）、沥血、去头等，沥血时间一般设计为 5 分钟。

3. 预剥扯皮

（1）倒挂预剥　用羊用叉挡将羊的两后腿叉开，以便前腿、后腿和胸部的预剥。

（2）平衡预剥　放血／预剥自动输送线的挂钩勾住羊的一后腿，

扯皮自动输送线的挂钩勾住羊的两前腿，这两条自动线的速度是同步前进的，羊的腹部朝上，背部朝下，平衡前进，在输送的过程中进行预剥皮。这种预剥的方式可有效地控制在预剥过程中羊毛粘在胴体上。

用羊用扯皮机的夹皮装置夹住羊皮，从羊的后腿往前腿方向扯下整张羊皮，根据屠宰的工艺，也可从羊的前腿往后腿方向扯下整张羊皮。

将扯下的羊皮通过羊皮输送机或羊皮风送系统输送到羊皮暂存间内。

4. 胴体加工　胴体开胸、取白内脏、取红内脏、胴体检验、胴体修割等，都是在胴体自动加工输送线上完成的。

打开羊的胸腔后，从羊的胸膛内取下白内脏，即肠、肚。把取出的白内脏放入同步卫检线的托盘内待检验。

取出红内脏，即心、肝、肺。把取出的红内脏挂在同步卫检线的挂钩上待检验。

羊胴体进行修整，修整后进入轨道电子秤进行胴体的称重。根据称重的结果进行分级盖章。

5. 同步卫检　羊胴体、白内脏、红内脏通过同步卫检线输送到检验区采样检验。

检验不合格的可疑病胴体，通过道岔进入可疑病胴体轨道，进行复检，确定有病的胴体进入病体轨道线，取下有病胴体放入封闭的车内拉出屠宰车间处理。

检验不合格的白内脏，从同步卫检线的托盘内取出，放入封闭的车内拉出屠宰车间处理。

检验不合格的红内脏，从同步卫检线的挂钩上取下来，放入封闭的车内拉出屠宰车间处理。

同步卫检线上的红内脏挂钩和白内脏托盘自动通过冷—热—冷水的清洗和消毒。

6. 副产品加工　合格的白内脏通过白内脏滑槽进入白内脏加工

间，将肚和肠的内容物倒入风送罐内，充入压缩空气将胃内容物通过风送管道输送到屠宰车间外约50米处，羊肚由洗羊肚机进行烫洗。将清洗后的肠、肚整理包装入冷藏库或保鲜库。

合格的红内脏通过红内脏滑槽进入红内脏加工间，将心、肝、肺清洗后，整理包装入冷藏库或保鲜库。

7. 胴体排酸　将修割、冲洗后的羊胴体进排酸间进行"排酸"，这是羊肉冷分割工艺的重要环节。

排酸间的温度：0℃～4℃，排酸时间不超过16小时。

排酸轨道设计距排酸间地坪高度不低于2 200毫米，轨道间距：600～800毫米，排酸间每米轨道可挂5～8只羊胴体。

8. 剔骨分割包装

吊剔骨：把排酸后羊胴体推到剔骨区域，羊胴体挂在生产线上，剔骨人员把切下的大块肉放在分割输送机上，自动传送给分割人员，再由分割人员分割成各个部位肉。

案板剔骨：把排酸后羊胴体推到剔骨区域，把羊胴体从生产线上取下放在案板上剔骨。

分割好的部位肉真空包装后，放入冷冻盘内用凉肉架车推到结冻库（–30℃）结冻或到成品冷却间（0℃～4℃）保鲜。

将结冻好的产品托盘后装箱，进冷藏库（–18℃）储存。

剔骨分割间温控：10℃～15℃，包装间温控：10℃以下。

（二）胴体分割

目前，我国大部分羊胴体的分割主要是按照市场需求而定的。需求最多的分割产品主要有方切羊排、七肋羊排、肥羊寸排、腰脊排、颈羊排、无骨卷扎6部分。其中，无骨卷扎属于鲜肉分割，其他几部分都要经过冷冻后再进行分割。

具体分割方法是：

方切羊排：从羊颈椎部到第四根肋骨切下，再从中间切开，去掉胸部，剩下的前排就是方切羊排。

七肋羊排：从第五根肋骨切下直至第十二根肋骨，然后再从中间切开，去掉胸部，剩下羊排就是七肋羊排。

　　肥羊寸排：从胸部 10 厘米处切成 1 寸宽的小排。

　　腰脊排：从第五根肋骨至后腿处切下，去掉胸腹部，剩下中间的腰脊排，然后将它切成 1 厘米厚的片。

　　颈羊排：把羊的颈部切成 1 厘米厚的片。

　　无骨卷扎：选用羊后腿，首先使用剔骨刀去除骨头，然后借助镊子去除淋巴和硬筋，再用刷子将表面的细毛刷干净，把肉卷起来放入网套里，将两头扎紧，接着装入保鲜袋，最后用塑封机塑封即可。经过冷冻以后，就可以切成我们平时吃的羊肉片了。

　　胴体分割完成以后，再经过包装、冷藏、保鲜后就可以出厂了。除了将羊胴体分割成几大块以外，羊肉还可以做成羊肉馅、羊肉串等多种形式的食品，这些羊肉产品都深受广大消费者的喜爱。

三、羊场的销售管理

（一）销售预测

　　规模羊场的销售预测是在市场调查的基础上，对羊产品趋势做出的正确估计。羊市场调查的对象是已经存在的市场情况，而销售预测的对象是尚未形成的市场情况。因此，羊产品销售预测分为长期预测、中期预测和短期预测。长期预测指 5～10 年；中期预测一般指 2～3 年；短期预测一般为每年内各季度或各月份的预测，主要用于指导短期生产活动。

　　进行预测时可采用定性预测和定量预测两种方法，定性预测是指对未来发展的性质方向进行判断性、经验性的预测，定量预测是通过定量分析对预测对象及其影响因素之间的密切程度进行预测。两种方法各有所长，应从当前实际情况出发，结合使用。

（二）销售决策

影响销售的因素有两个：一是市场需求，二是羊场的销售能力。市场需求是外因，是羊场外部环境对销售提供的机会；销售能力是内因，是羊场内部自身可控制的因素。对具有较高市场开发潜力、但目前在市场上占有率低的产品，应加强产品的销售推广宣传工作，尽力扩大市场占有率；对具有较高的市场开发潜力，且在市场有较高占有率的产品应有足够的投资维持市场占有率。但由于其成长期潜力有限，过多投资则无益；对那些市场开发潜力小、市场占有率低的产品，应考虑调整企业产品组合。

（三）销售计划

销售计划是羊场经营计划的重要组成部分，科学地制订销售计划，是做好销售工作的必要条件，也是科学地制订羊场生产经营计划的前提。主要内容包括销售量、销售额、销售费用、销售利润等。制订销售计划的中心问题是要完成企业的销售管理任务，能够在最短的时间内销售产品，争取到理想的价格，及时收回货款，取得较好的经济效益。

（四）销售形式

依据不同服务领域和收购部门经销范围的不同而各有不同，主要包括国家预购、国家订购、外贸流通、羊场自行销售、联合销售、合同销售6种形式。合理的销售形式可以加速产品的传送过程，节约流通费用，减少流通过程的消耗，更好地提高产品的价值。

（五）销售管理

羊场销售管理包括销售市场调查、营销策略及计划的制订、促销措施的落实、市场的开拓、产品售后服务等。市场营销需要研究消费者的需求状况及其变化趋势。在保证产品质量并不断提高的前提下，利用各种机会、各种渠道刺激消费、推销产品，做好以下3个方面的工作。

1. 加强宣传、树立品牌 有了优质产品，还需要加强宣传，将产品推销出去。广告是被市场经济所证实的一种良好的促销手段，应很好地利用。因此，首先必须对羊场形象及其产品包装（含有形和无形）进行策划设计，并借助报刊等媒体进行宣传，以提高自己的知名度。在社会上树立起良好的形象，创造产品品牌，从而促进产品的销售。

2. 加强营销队伍建设 一是要根据销售服务和劳动定额，合理增加促销人员，加强促销力量，不断扩大促销辐射面，使促销人员无所不及；二是要努力提高促销人员业务素质。促销人员的素质高低，直接影响着产品的销售。因此，要经常对促销人员进行业务知识的培训和职业道德、敬业精神的教育，使他们以良好素质和精神面貌出现在用户面前，为用户提供满意的服务。

3. 积极做好售后服务 种羊的售后服务是企业争取用户信任，巩固老市场，开拓新市场的关键。因此，种羊场要高度重视，扎实认真地做好此项工作。在服务上，一是要建立售后服务组织，经常深入用户做好技术咨询服务；二是对出售的种羊等提供防疫、驱虫程序及饲养管理等相关技术资料和服务跟踪卡，规范售后服务，并及时通过用户反馈的信息，改进羊场的工作，加快羊场的发展。